U0791966

全国水利行业“十三五”规划教材
“十四五”时期水利类专业重点建设教材

3S技术在水利科学中的应用

主　编　李乃稳
副主编　鲁　恒　杨正丽

中国水利水电出版社
www.waterpub.com.cn
·北京·

内 容 提 要

本书主要介绍遥感、地理信息系统和全球定位系统（简称3S技术）在水利科学中的应用。全书由五部分组成：一是3S技术基本原理（第1篇），二是3S技术在水文水资源中的应用（第2篇），三是3S技术在农业水利中的应用（第3篇），四是3S技术在水环境中的应用（第4篇），五是3S技术在水利水电工程中的应用（第5篇）。

本书可作为水利类本科生3S技术水利应用教材，也可用于研究生3S技术实践的参考教材，还可供水利、自然资源、国土、农林等单位的工程技术和运行管理人员参考。任课教师也可以将本书作为“备课、评课参考手册”来阅读。

图书在版编目（CIP）数据

3S技术在水利科学中的应用 / 李乃稳主编. -- 北京：中国水利水电出版社，2022.12
全国水利行业“十三五”规划教材 “十四五”时期水利类专业重点建设教材
ISBN 978-7-5170-8852-3

Ⅰ. ①3… Ⅱ. ①李… Ⅲ. ①遥感技术－应用－水利工程－教材②地理信息系统－应用－水利工程－教材③全球定位系统－应用－水利工程－教材 Ⅳ. ①TV

中国版本图书馆CIP数据核字(2020)第171221号

书　名	全国水利行业“十三五”规划教材 “十四五”时期水利类专业重点建设教材 **3S技术在水利科学中的应用** 3S JISHU ZAI SHUILI KEXUE ZHONG DE YINGYONG
作　者	主　编　李乃稳 副主编　鲁　恒　杨正丽
出版发行	中国水利水电出版社 （北京市海淀区玉渊潭南路1号D座　100038） 网址：www.waterpub.com.cn E-mail：sales@mwr.gov.cn 电话：（010）68545888（营销中心）
经　售	北京科水图书销售有限公司 电话：（010）68545874、63202643 全国各地新华书店和相关出版物销售网点
排　版	中国水利水电出版社微机排版中心
印　刷	清淞永业（天津）印刷有限公司
规　格	184mm×260mm　16开本　14.5印张　353千字
版　次	2022年12月第1版　2022年12月第1次印刷
印　数	0001—2000册
定　价	**48.00**元

前　言

随着信息技术的飞速发展，水利类学科越来越往信息化与信息集成的方向发展。3S（遥感、地理信息系统、全球定位系统）技术作为现代信息技术的代表，目前已广泛应用于水利科学中。研究适合当前背景下的水利信息化新技术、新方法和新设备，培养适应当前水利信息化工作的专业技术人才和管理人才刻不容缓，因此有必要按照目前3S技术水利应用的特点及技术需要编写相应的教材。

本书参照最新颁布的相关规程规范，结合3S技术水利应用的特点，全面介绍了3S技术的基本原理、3S技术的发展历程、3S技术应用于水利科学中发挥的作用、降水观测、地下水评估、蒸散发监测、区域土地资源调查、农业干旱监测、土壤侵蚀、农业种植结构提取、水体信息提取、水质监测、水库库容与湖泊面积监测、防洪减灾等内容。本书的主要特色：(1) 全面性，应用涵盖了水文水资源、农业水利、水环境、水利水电工程等大量水利科学内容；(2) 系统性，理论结合实践，既介绍了现状及理论，又阐述了具体方法和步骤，还对存在问题和发展方向进行了展望；(3) 新颖性，内容上吸收了近年来3S技术在水利科学中应用的新成果；(4) 实践性，主要章节都设置了典型案例，便于读者理解和实践应用。

本书由四川大学李乃稳主编，四川大学鲁恒、杨正丽任副主编。其中：本书第1章、第2章、第5章、第10章、第12章、第13章由四川大学李乃稳编写；第3章、第6章、第7章、第9章、第11章由四川大学鲁恒编写；第4章、第8章由四川大学杨正丽编写。

四川大学王之、丁丽莎硕士担任图、表审查，在此表示感谢。教材在编写过程中引用众多的参考文献以及相关资料，因疏漏可能未全部列出，对此表示深深的歉意。对为教材编写提供帮助和支持的所有人员和所有参考文献的作者表示诚挚的谢意，正是他们之前辛勤的工作，才使得3S技术水利应用的基本原理和方法不断发展，更加的系统化。教材编写的顺利完成，与他们的贡献及支持是分不开的。

由于教材涉及众多内容，编者水平有限，加之时间仓促，书中错漏之处在所难免，恳请广大读者批评指正。

编者

2020 年 7 月

目 录

第 3 篇　3S 技术在农业水利中的应用

第 4 篇　3S 技术在水环境中的应用

第1篇　相关概念介绍

第1章　3S 技术理论基础

1.1 遥　感

1.1.1 定义

遥感（remote sensing，RS）就是遥远感知事物，也就是不接触目标物，在距离地物几千米到几百千米，甚至上千千米的飞机、飞船、卫星上，使用光学或电子光学仪器（称为遥感器）接收地面物体反射或发射的电磁波信号，并以图像胶片或数据磁带形式记录下来，传送到地面，经过信息处理、判读分析和野外实地验证，最终服务于资源勘探、环境动态监测和有关部门的规划决策。通常把接收、传输、处理、分析判读和应用信息的全过程称为遥感技术，可以分为广义和狭义两种定义。

广义遥感：遥远的感知，泛指一切无接触的远距离探测，包括对电磁场、力场、机械波（声波、地震波）等的探测。

狭义遥感：应用探测仪器，不与探测目标相接触，从远处把目标的电磁波特性记录下来，通过分析，揭示出物体的特征性质及其变化的综合性探测技术。

1.1.2 遥感系统的组成

根据遥感的定义，遥感系统包括信息源、信息获取、信息记录和传输、信息处理和信息应用五大部分，如图 1.1 所示。

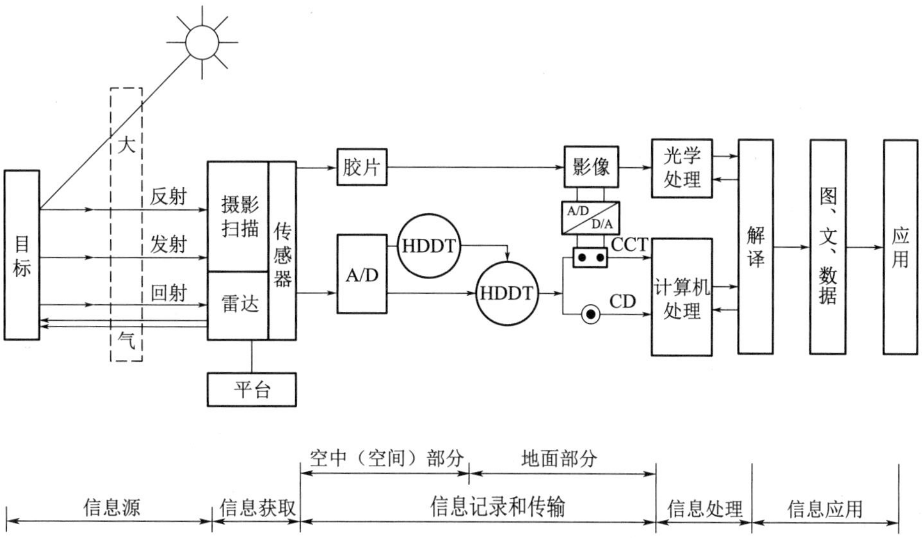

图 1.1　遥感系统的组成

（1）信息源。信息源是遥感需要对其进行探测的目标物。任何目标物都具有反射、吸收、透射及辐射电磁波的特性，当目标物与电磁波发生相互作用时会形成目标物的电磁波特性，这就为遥感探测提供了获取信息的依据。

（2）信息获取。信息获取是指运用遥感技术装备接收、记录目标物电磁波特性的探测过程。信息获取所采用的遥感技术装备主要包括遥感平台和传感器。其中遥感平台是用来搭载传感器的运载工具，常用的有气球、飞机和人造卫星等；传感器是用来探测目标物电磁波特性的仪器设备，常用的有照相机、扫描仪和成像雷达等。

（3）信息记录和传输。工作主要涉及地面控制系统。

（4）信息处理。信息处理是指运用光学仪器和计算机设备对所获取的遥感信息进行校正、分析和解译处理的技术过程。信息处理的作用是通过对遥感信息的校正、分析和解译处理，掌握或清除遥感原始信息的误差，梳理、归纳出被探测目标物的影像特征，然后依据特征从遥感信息中识别并提取所需的有用信息。

（5）信息应用。信息应用是指专业人员按不同的目的将遥感信息应用于各业务领域的使用过程。信息应用的基本方法是将遥感信息作为地理信息系统的数据源，供人们对其进行查询、统计和分析利用。遥感的应用领域十分广泛，最主要的应用有：军事、地质矿产勘探、自然资源调查、地图测绘、环境监测以及城市建设和管理等。

1.1.3 遥感的类型

遥感类型可以根据遥感平台、探测波段、工作方式和应用领域等分别进行划分。

（1）按遥感平台划分。根据传感器放置的平台，遥感分为地面遥感、航空遥感、航天遥感和航宇遥感。

地面遥感：传感器设置在地面平台上，如车载、船载、手提、固定或活动高架平台等。

航空遥感：传感器设置于航空器上，主要是飞机、气球等。

航天遥感：传感器设置于环地球的航天器上，如人造地球卫星、航天飞机、空间站、火箭等。

航宇遥感：传感器设置于星际飞船上，指对地月系统外的目标的探测。

（2）按探测波段划分。目前传感器探测的主要波段分别是紫外、可见光、红外和微波波段，对应的遥感分为紫外遥感、可见光遥感、红外遥感和微波遥感等。

紫外遥感：探测波段在 0.05～0.38μm。

可见光遥感：探测波段在 0.38～0.76μm。

红外遥感：探测波段在 0.76～1000μm。

微波遥感：探测波段在 1mm～10m。

多波段遥感：指探测波段在可见光波段和红外波段范围内，再分成若干窄波段来探测目标。

（3）按工作方式划分。遥感探测的电磁波来源于探测器发射和地物的反射或发射，可分为主动遥感和被动遥感、成像遥感与非成像遥感。

主动遥感：探测器主动发射一定电磁波能量并接收目标的后向散射信号。

被动遥感：探测器仅被动接收地物反射太阳电磁波信号或地物发射的热辐射信号。

成像遥感与非成像遥感：前者传感器接收的目标电磁辐射信号可转换成（数字或模

拟）图像，后者传感器接收的目标电磁辐射信号不能形成图像。

（4）按应用领域划分。遥感应用领域日益广泛，按照大的领域划分为外层空间遥感、大气遥感、陆地遥感和海洋遥感。在实际应用领域，具体包括资源遥感、城市遥感、农业遥感、林业遥感、渔业遥感、军事遥感、环境遥感、地质遥感、气象遥感、工程遥感、灾害遥感等，还可以划分为更细的研究对象进行各种专题应用。

1.1.4 遥感平台

接收从目标中反射或辐射来的电磁波的装置称为传感器（remote sensor），如照相机、扫描仪等。针对不同的应用波段范围，人们已经研究出很多种传感器，用以接收和探测物体在可见光、红外线和微波范围内的电磁辐射。根据传感器的基本结构原理划分，目前遥感中使用的传感器大体分为摄影、扫描成像、雷达成像和非图像四种类型。

此外，搭载这些传感器的载体称为遥感平台（remote platform），如地面三脚架、遥感车、气球、航空飞机、航天飞机、人造地球卫星等。遥感平台按其飞行高度可分为航天遥感、航空遥感和地面遥感（图 1.2）。这三种平台各有不同的特点和用途，根据需要可单独使用，也可配合使用，组成多层次立体观测系统。传感器和遥感平台是获取遥感信息的基础保证，它们具有各自的适用范围，在实际应用中往往根据解决问题的性质和要求来进行选择。

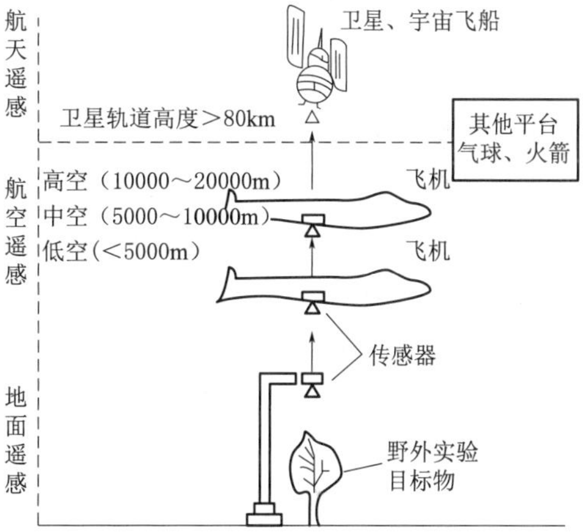

图 1.2 遥感平台

（1）航天遥感又称太空遥感（space remote sensing），泛指利用各种太空飞行器为平台的遥感技术系统，以人造地球卫星为主体，包括载人飞船、航天飞机和太空站，有时也把各种行星探测器包括在内。卫星遥感（satellite remote sensing）为航天遥感的组成部分，以人造地球卫星作为遥感平台，主要利用卫星对地球和低层大气进行光学和电子观测。

（2）航空遥感泛指从飞机、飞艇、气球等空中平台对地观测的遥感技术系统。

（3）地面遥感主要指以高塔、车、船为平台的遥感技术系统，地物波谱仪或传感器安装在这些地面平台上，可进行各种地物波谱测量。

1.1.5 遥感的特点

遥感是从空中利用遥感器来探测地面物体性质的现代技术，相对于传统技术，它有以下特点：

（1）探测范围大。航空摄影飞机高度可达 10km 左右；陆地卫星轨道高度达到 910km 左右。一张陆地卫星图像覆盖的地面范围超过 3 万 km^2，约相当于我国海南岛的面积。

（2）获取资料的速度快、周期短。实地测绘地图，要几年、十几年甚至几十年才能重复一次；以陆地卫星为例，每 16 天可以覆盖地球一遍。

（3）受地面条件限制少。不受高山、冰川、沙漠和恶劣条件的影响。

（4）手段多，获取的信息量大。用不同的波段和不同的遥感仪器，取得所需的信息；不仅能利用可见光波段探测物体，而且能利用人眼看不见的紫外、红外和微波波段进行探测；不仅能探测地表的性质，而且可以探测到目标物的一定深度；微波波段还具有全天候工作的能力；遥感技术获取的信息量非常大，以四波段陆地卫星多光谱扫描图像为例，像元点的分辨率为 79m×57m，每一波段含有 7600000 个像元，一幅标准图像包括四个波段，共有 3200 万个像元点。

（5）用途广。遥感技术已广泛应用于农业、林业、地质、地理、海洋、水文、气象、测绘、环境保护和军事侦察等许多领域。

1.1.6　遥感技术的形成与发展

最早使用“遥感”一词的是美国海军研究局的普鲁伊特（Evelyn L. Pruitt，1960）。1961 年，在美国国家科学院（National Academyof Sciences）和国家研究理事会（Nation Research Council）的资助下，于密歇根大学（University of Michigan）的威罗·兰（Willow Run）实验室召开了“环境遥感国际讨论会”。此后，在世界范围内，遥感作为一门新兴的独立学科，获得飞速的发展。但是，遥感学科的技术积累和酝酿却经历了几百年的历史和发展阶段。遥感的发展大致可分为四个阶段。

第一阶段：无记录的地面遥感阶段（1608—1838 年）。

1608 年，李波尔塞（Hans Lipperhey）制造了世界第一架望远镜，1609 年伽利略（Galileo Galilei）制作了放大倍数 3 倍的科学望远镜，从而为观测远距离目标开辟了先河。但望远镜观测不能把观测到的事物用图像的方式记录下来。

第二阶段：有记录的地面遥感阶段（1839—1857 年）。

1839 年，达盖尔（Daguarre）发表了他和尼普斯（Niepce）拍摄的照片，第一次成功地把拍摄到的事物形象地记录在胶片上。1849 年，法国人劳塞达特（Aime Laussedat）制订了摄影测量计划，成为有目的有记录的地面遥感发展阶段的标志。

第三阶段：空中摄影遥感阶段（1858—1956 年）。

1858 年，陶纳乔（Gaspard Felix Tournachon）用系留气球拍摄了法国巴黎的“鸟瞰”照片。1860 年，布莱克（Jalrles Wallace Black）与金（Sam King）乘气球升空至 630m，成功地拍摄了美国波士顿市的照片。1903 年，纽布朗纳（Julius Nenbronner）设计了一种捆绑在飞鸽身上的微型相机。这些试验性的空间摄影，为后来的实用化航空摄影遥感打下了基础。

同年，莱特兄弟（Wilbour Wright and Orvilke Wright）发明了飞机，才真正地促进了航空遥感向实用化的迈进。

在第一次世界大战期间，航空摄影成了军事侦察的重要手段，并形成了一定的规模。与此同时，照片的判读水平也得到提高。一战以后，航空摄影人员从军事转向商业应用和科学研究。美国和加拿大成立了航测公司；美国和德国分别出版了《摄影测量工程》及类似性质的刊物，专门介绍有关技术方法。1930 年起，美国的农业、林业、牧业等政府部门都采用航空摄影并应用于制定规划。

1924 年，彩色胶片的出现，使得航空摄影记录的地面目标信息更为丰富。1935 年彩色胶片投入市场初期，由于速度慢和无法消除大气雾霾的影响，加之冲印技术不过关，无法推广，但为后来的航空遥感打下了基础。

第二次世界大战前期，德国、英国等就充分认识到空中侦察和航空摄影的重要军事价值，并在侦察敌方军事态势、部署军事行动等方面收到了实际效果。

“二战”后期，美国的航空摄影范围覆盖了欧亚大陆和太平洋沿岸岛屿，包括日本在内的广大地区，制成地图，并标绘了军事目标，成为美国在太平洋战争中的有力的军事保障。

第四阶段：航天遥感阶段（1957 年至今）。

1957 年 10 月 4 日，苏联第一颗人造地球卫星发射成功，标志着人类从空间观测地球和探索宇宙奥秘进入了新的纪元。1959 年 9 月美国发射的“先驱者 2 号”探测器拍摄了地球云图，同年 10 月苏联的“月球 3 号”航天器拍摄了月球背面的照片。真正从航天器上对地球进行长期观测是从 1960 年美国发射 TIROS - IQ 和 NOAA - 1 太阳同步气象卫星开始的。从此，航天遥感取得了重大进展。同时，航空遥感仍继续发展。

1.1.7 我国遥感事业的发展

我国的遥感技术起步于 20 世纪 50 年代，组建自己的专业飞行队伍开展航空摄影和应用，70 年代开始发展，经过几十年的艰苦努力，已发展到目前实用化和国际化的阶段，具备了为国民经济建设服务的实用化能力和全方位地开展国际合作使其走向世界的国际化能力。

20 世纪 70 年代以来，我国遥感事业有了长足的进步。航空摄影测绘已进入业务化阶段，全国范围内的地形图更新已普遍采用航空摄影测量，并在此基础上开展了不同目标的航空专题遥感实验及应用研究，特别在利用航空平台进行各种新型传感器试验和系统集成试验研究方面，取得了成效。我国已经成功地研制了机载地物光谱仪、多光谱扫描仪、测试雷达、微波辐射计等传感器，为跟踪世界先进水平，推动我国传感器的发展做出了重要贡献。

我国自 1970 年 4 月 24 日发射第一颗人造地球卫星“东方红 1 号”后，遥感卫星事业不断发展，至今已迈入国际先进水平行列。1975 年 11 月 26 日返回式卫星成功，得到了卫星影像。

20 世纪 80 年代遥感卫星发展空前活跃，“六五”计划将遥感列入国家重点科技攻关项目，太阳同步的“风云 1 号”气象卫星和地球同步轨道的“风云 2 号”的发射，使我国开展宇宙探测、通信、科学实验、气象观测等研究有了自己的信息源，1999 年 10 月 14 日中国-巴西地球资源遥感卫星的成功发射，使我国拥有了自己的资源卫星，“北斗 1.2”定位导航卫星及“清华 1 号”的成功发射，丰富了我国卫星的类型。

进入 21 世纪后，我国遥感卫星的发展更是突飞猛进，先后发射的卫星有：2006 年 4 月 27 日，“遥感卫星一号”；2007 年 5 月 25 日，“遥感卫星二号”；2007 年 11 月 12 日，“遥感卫星三号”，主要用于科学试验、国土资源普查、农作物估产和防灾减灾等领域：2008 年 12 月 1 日 12 时 42 分，“遥感卫星四号”，主要用于科学试验、国土资源普查、农作物估产和防灾减灾等领域；2008 年 12 月 15 日 11 时 22 分，“遥感卫星五号”，主要用于国土资源勘查、环境监测与保护、城市规划、农作物估产、防灾减灾和空间科学试验等领域；2009 年 4 月 22 日 10 时 55 分，“遥感卫星六号”，主要用于国土资源勘查、环境监测与保护、城市规划、农作物估产、防灾减灾和空间科学试验等领域；2009 年 12 月 9 日 16

时 42 分，“遥感卫星七号”，主要用于科学试验、国土资源普查、农作物估产和防灾减灾等领域；2009 年 12 月 15 日 10 时 31 分，“遥感卫星八号”，主要用于空间科学试验、国土资源勘查、农作物估产及防灾减灾等领域；2010 年 3 月 5 日 12 时 55 分，“遥感卫星九号”，主要用于科学试验、国土资源普查、农作物估产和防灾减灾等领域；2010 年 8 月 10 日 6 时 49 分，“遥感卫星十号”；2010 年 9 月 22 日 10 时 42 分，“遥感卫星十一号”，主要用于科学试验、国土资源普查、农作物估产及防灾减灾等领域。

“十二五”至今发射了 20 多颗各型高性能民用遥感卫星：高分一号/二号/四号、资源三号 01/02、资源一号 02B、环境减灾小卫星 1A/1B/1C、资源四号（CBERS－04)、北京二号 01/02/03、吉林一号 A/B/C、实践 9A/B、风云系列卫星、海洋二号等；建成（或即将建成）各型卫星数据地面接收站超过 15 个；10m 以上大口径天线超过 40 座：中国科学院密云站、喀什站、三亚站、昆明站和基律纳站，中国气象局北京站、广州站、乌鲁木齐站、佳木斯站和基律纳站，国家海洋局北京站、牡丹江站和三亚站，以及武汉大学的武汉站、北京二十一空间技术股份有限公司的北京站和新加坡站、香港中文大学的香港站等。我国的高分遥感应用如图 1.3 所示。

图 1.3　我国高分遥感应用图

1.2　地理信息系统

计算机用于制图和空间分析的历史表明，在一些较为相关的学科领域中，数据自动获取、数据分析和数据表示等得到了同步发展。这些领域包括地形制图、专题制图、市政工程、土壤科学、测量与航测、城乡规划、公用事业网、遥感与图像分析等，军事领域也占重要地位。这样在各个领域的应用中做了许多重复的工作，在当前克服了技术和有关概念上的问题之后，有可能将多种空间数据处理学科连接在一起，组成目的广泛的地理信息系统（geographic information system，GIS），如图1.4所示。

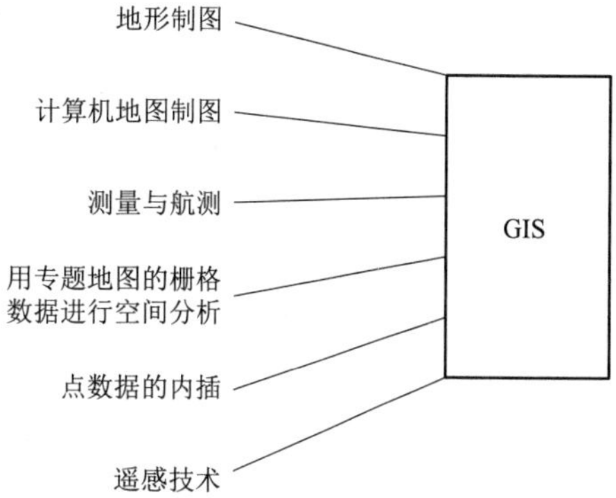

图1.4 连接多种独立空间数据处理学科组成的地理信息系统

1.2.1 地理信息系统相关概念

1. 信息、信息系统、管理信息系统

信息是现实世界在人们头脑中的反映。它以文字、数据、符号、图形、图像、声音等形式记录下来，进行交流、传递和处理，为人们的生产、建设、管理等提供依据。信息向人们提供关于现实世界各种事实的知识。例如，一个人可以从姓名、性别、年龄、籍贯、政治面貌、社会关系、职称、工资等方面的信息来描述。因此也可以说，信息是客观事物的存在及演变情况的反映。

信息系统是对信息进行采集、存储、加工和再现，并能回答用户一系列问题的系统。信息系统的四大功能为数据采集、管理、分析和表达。信息系统是基于数据库的问答系统。在辅助决策过程中，信息系统可提供有用的信息。从计算机科学角度看，信息系统是由硬件、软件、数据和用户四个主要部分组成的。在计算机时代，大部分重要的信息系统都是部分或全部由计算机系统支持的。

为了适应不同的管理层次，管理信息系统是应用最广泛的信息系统。它不但支持各种日常事务处理，同时适用于各种企事业单位的经营管理，如企业管理信息系统、财务管理信息系统、人事档案信息系统、医院管理信息系统等都属于这一类。

2. 数据、数据库、数据库管理系统

对于计算机而言，数据是指输入到计算机并能被计算机处理的一切现象（数字、文字、符号、声音、图像等）。在计算机环境中，数据是描述实体或对象的唯一工具。数据是用以载荷信息的物理符号，没有任何实际意义，只是一种数学符号的集合，只有在其上加上某种特定的含义，它才代表某一实体或现象，这时数据才变成信息。信息与数据是不可分离的，有着十分密切的联系，即信息是数据的内涵，是数据的内容和解释，而数据是信息盲目性的表达。也就是说数据是信息的载体，只有理解了数据的含义，对数据作解释，才能得到数据中所包含的信息。

数据库是按一定规律组织起来，保存在计算机中的数据集合，它具有结构化、关系化、集成、稳定等特点，以便于访问用户管理和更新。

数据库为了保证存储在其中的数据的安全和一致，必须有一组软件来完成相应的管理任务，这组软件就是数据库管理系统（data base management system，DBMS）。数据库管理系统一般包括以下几方面内容：

（1）数据库描述功能：定义数据库的全局逻辑结构、局部逻辑结构和其他各种数据库对象。

（2）数据库管理功能：包括系统配置与管理、数据存取与更新管理、数据完整性管理和数据安全性管理。

(3) 数据库查询和操纵功能：包括数据库检索和修改。

(4) 数据库维护功能：包括数据引入引出管理、数据库结构维护、数据恢复功能和性能监测。

3. 地理信息、地理信息系统

地理信息是表征地理系统诸要素的数量、质量、分布特征、相互联系和变化规律的数字、文字、图像和图形等的总称。

而地理信息系统是以地理空间数据库为基础，在计算机软硬件的支持下，对空间相关数据进行采集、管理、操作、分析、模拟和显示，并采用地理模型分析方法，适时提供多种空间和动态的地理信息，为地理研究和地理决策服务而建立起来的计算机技术系统。它在最近 30 多年内取得了惊人的发展，并广泛地应用于资源调查、环境评估、区域发展规划、公共设施管理、交通安全等领域，成为一个跨学科多方向的研究领域。地理信息从外部来看，它表现为计算机软硬件系统；从内部来理解，它则是由计算机程序和地理数据组织而成的地理空间信息模型。

1.2.2 地理信息系统的组成

地理信息系统是在计算机软硬件支持下，以采集、存储、管理、检索、分析和描述空间物体的定位分布及与之相关的属性数据，并回答用户问题等为主要任务的计算机系统，其基本组成一般包括五个主要部分：①硬件系统，包括各种硬件设备，是系统功能实现的物质基础；②软件系统，支持数据采集、存储、加工、回答用户问题的计算机程序系统；③空间数据，系统分析与处理的对象，构成系统的应用基础；④应用人员，GIS 服务的对象，分为一般用户和从事建立、维护、管理和更新的高级用户；⑤信息网络，主要作用是信息传输。一个标准的地理信息系统构成如图 1.5 所示。

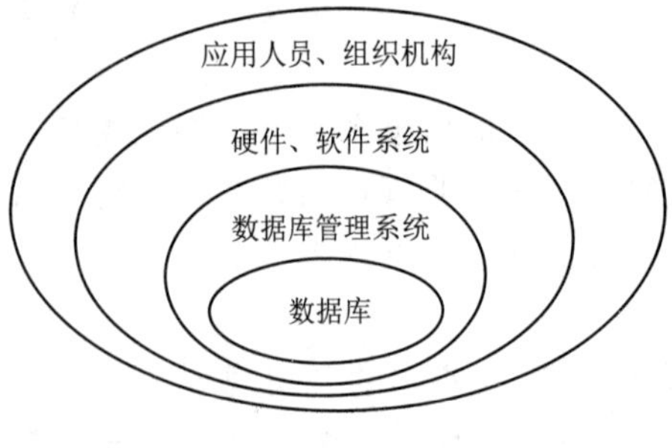

图 1.5　地理信息系统的构成

1. 硬件系统

地理信息系统的建立必须有一个计算机硬件系统作为保证，用以存储、处理、传输和显示地理信息或空间数据。计算机与一些外部设备及网络设备的连接构成了 GIS 的硬件环境。硬件系统包括：

(1) 计算机。计算机是硬件系统的核心，包括从主机服务器到桌面工作站，用作数据的处理、管理与计算。

目前运行 GIS 的计算机包括大型机、中型机、小型机，工作站、服务器/客户机和 PC 机。其中各种类型的服务器/客户机成为 GIS 的主流，特别是由 Intel 硬件和 Windows NT 技术构成的 PC 工作站正成为工作站市场的新宠，传统 UNIX 阵营的用户正在逐渐向其转移。工作站对 GIS 用户具有很大的吸引力，包括低成本、可管理性、标准图形化平台和具有 PC 结构与效率等，因此广泛应用于 GIS 和某些科学应用领域。

(2) 外部设备。外部设备包括输入输出设备，即数字化仪、扫描仪、全站型测量仪器、绘图仪、打印机等。

数字化仪由电磁感应板、游标和相应的电子线路组成。当使用者在电磁感应板上移动游标的十字丝交点对准指定图形的点位时，按动相应的按钮，数字化仪便将对应的命令符号和该点的坐标（X，r）通过接口（多用串行接口）电路传送给计算机。手扶跟踪数字化仪的速度慢，工作效率较低。大幅面图形扫描仪可以提供高分辨率、真彩色、近乎完美的图像效果，已成为图形、图像数据录入和采集最有效的工具之一。绘图仪是一种快速、可靠、便于联网且可在多种介质上进行高质量输出的绘图仪器，是目前广泛使用的主流GIS产品输出设备，可获得极高清晰度的图像。GIS还有多种表格、文字的数据需要输出，可利用多种打印机完成，打印机的类型有针式打印机、激光打印机、液晶打印机等。图形显示终端用于图形的交互式输入、编辑、分析、处理和输出，目前有多种系列和型号的显示终端。

（3）网络设备。网络设备包括布线系统、网桥、路由器和交换机等，具体的网络设备根据网络计算的体系结构来确定。

20世纪90年代以来，计算机技术的飞速发展不断改变着GIS的结构体系，从主机及终端结构到Client/Server，再到Internet/Intranet。目前，基于服务器/客户机体系结构并在局域网、广域网或互联网支持下的分布式系统结构已经成为GIS硬件系统的发展趋势，因此，网络设备和计算机通信线路的设计成为GIS硬件环境的重要组成部分。

（4）存储设备。数据存储设备有磁带机、光盘机、活动硬盘和硬盘阵列等。GIS硬件组成如图1.6所示。

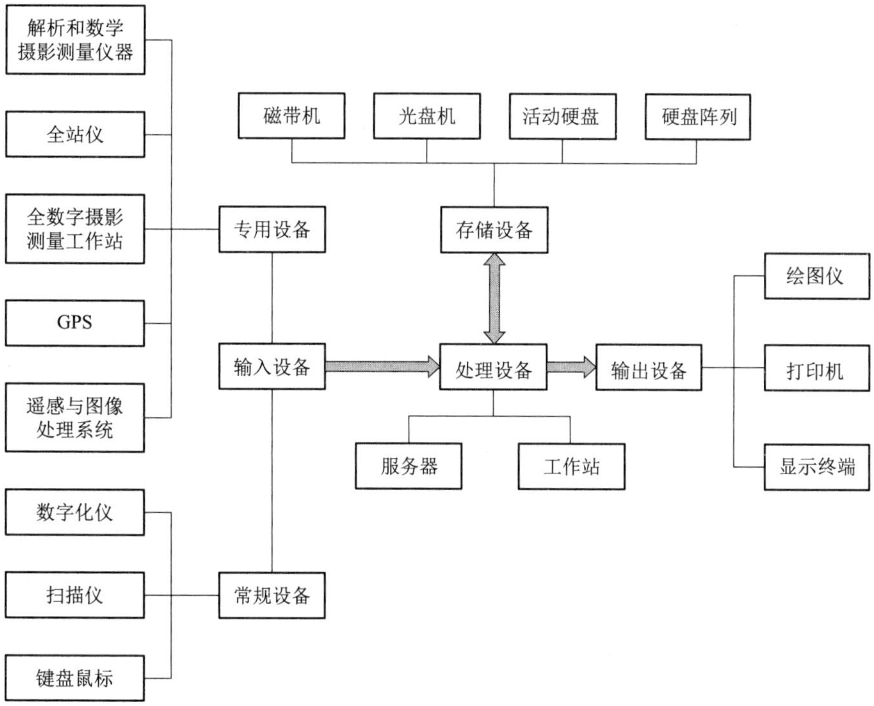

图1.6　GIS硬件组成

2. 软件系统

软件是GIS系统的核心，用于执行GIS功能的各种操作，包括数据输入、处理、数据库管理、空间分析和图形用户界面（GUI）等。按照其功能分为GIS支撑软件、GIS处理软件、GIS应用软件等。图1.7即为典型的GIS软件构成。

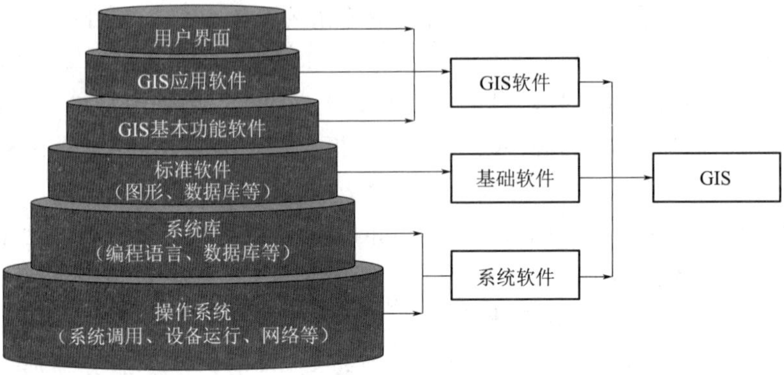

图 1.7　GIS 软件构成

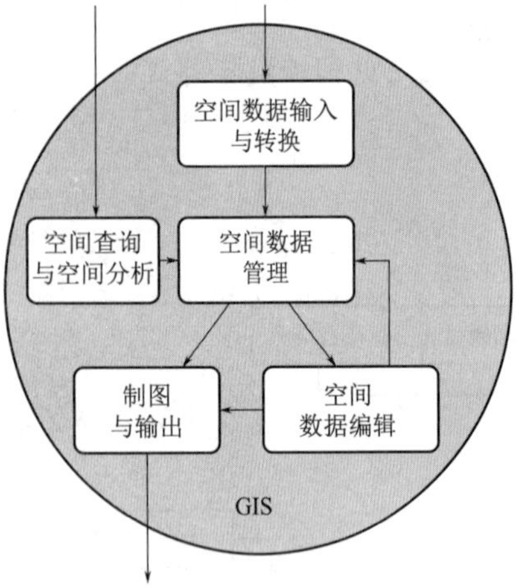

图 1.8　GIS 平台软件功能模块

（1）GIS支撑软件：是指GIS运行所必需的各种软件环境，如操作系统、数据库管理系统、图形处理系统等。

（2）GIS处理软件：包括GIS功能所必需的各种处理软件，一般包括空间数据输入与转换、空间数据编辑、空间数据管理、空间查询与空间分析、制图与输出五部分，称为GIS五大子系统，如图1.8所示。

（3）GIS应用软件：一般是在GIS平台软件基础上，通过二次开发所形成的具体的应用软件，一般是面向应用部门的。

3. 空间数据

空间数据是以地球表面空间位置为参照的自然、社会和人文景观数据，可以是图形、图像、文字、表格和数字等，由系统的建立者通过数字化仪、扫描仪、键盘、磁带机或其他通信系统输入GIS，是系统程序作用的对象，是GIS所表达的现实世界经过模型抽象的实质性内容（图1.9）。不同用途的GIS其地理空间数据的种类、精度都不同，但基本上都包括三种互相联系的数据类型。

（1）几何坐标：标识地理实体和地理现象在某个已知坐标系（如大地坐标系、直角坐标系、极坐标系、自定义坐标系）中的空间位置，可以是经纬度、平面直角坐标、极坐标，也可以是矩阵的行、列数等。

（2）实体间的空间相关性：表示点、线、面实体之间的空间联系，如网络节点与网络线之间的枢纽关系，边界线与面实体间的构成关系，面实体与岛或内部点的包含关系等。

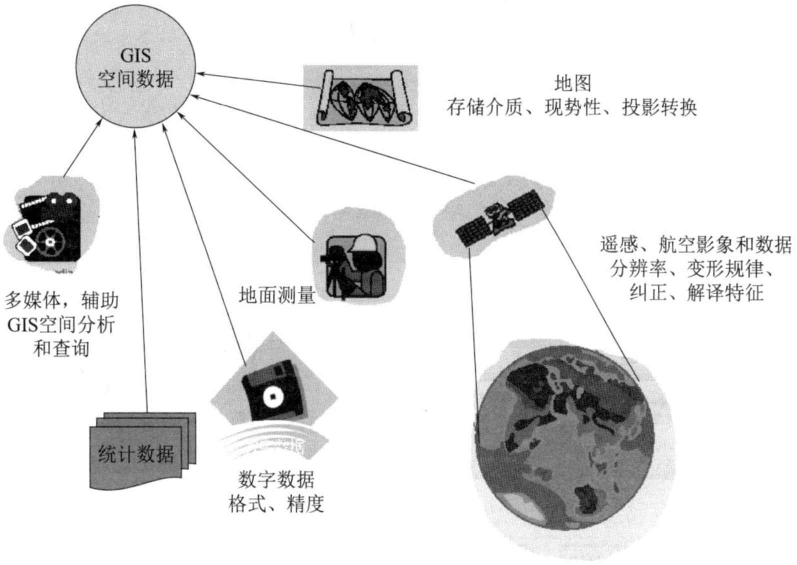

图 1.9 GIS 空间数据

空间拓扑关系对于地理空间数据的编码、录入、格式转换、存储管理、查询检索和模型分析都有重要意义，是地理信息系统的特色之一。

(3) 非几何属性：是与地理实体和地理现象相联系的地理变量或地理意义。属性分为定性和定量两种，前者包括名称、类型、特性等，后者包括数量和等级。定性描述的属性如岩石类型、土壤种类、土地利用类型、行政区划等；定量的属性如面积、长度、土地等级、人口数量、降水量、河流长度、水土流失量等。非几何属性一般是经过抽象的概念，通过分类、命名、量算、统计得到。任何地理实体和地理现象至少有一个属性，而地理信息系统的分析、检索和表示主要是通过属性的操作运算实现的，因此，属性的分类系统、量算指标对系统的功能有较大的影响。

4. 应用人员

人是 GIS 中的重要构成因素。地理信息系统从其设计、建立、运行到维护的整个生命周期，处处都离不开人的作用。仅有系统软硬件和数据还构不成完整的地理信息系统，需要人进行系统组织、管理、维护和数据更新、系统扩充完善、应用程序开发，并灵活采用地理分析模型提取多种信息，为研究和决策服务。

5. 信息网络

网络起到的主要作用是信息传输。由于 GIS 数据的海量特征，对网络的要求也比较高。GIS 中的网络形式一般有局域网、广域网、无线网络和 Internet/Intranet/Extranet 等，如图 1.10 所示。

1.2.3 地理信息系统的功能

在建立一个实用的地理信息系统过程中，从数据准备到系统完成，内部必须经过各种数据转换，每个转换都有可能改变原有的信息。GIS 基本数据流程可用图 1.11 来描述。

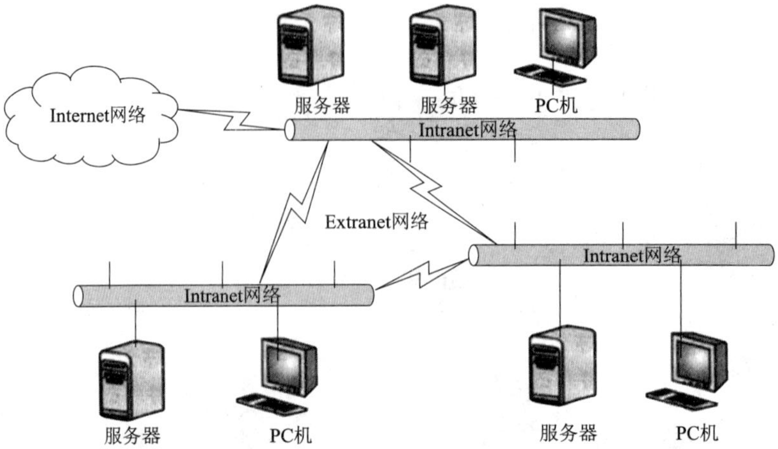

图 1.10　GIS 的网络模式

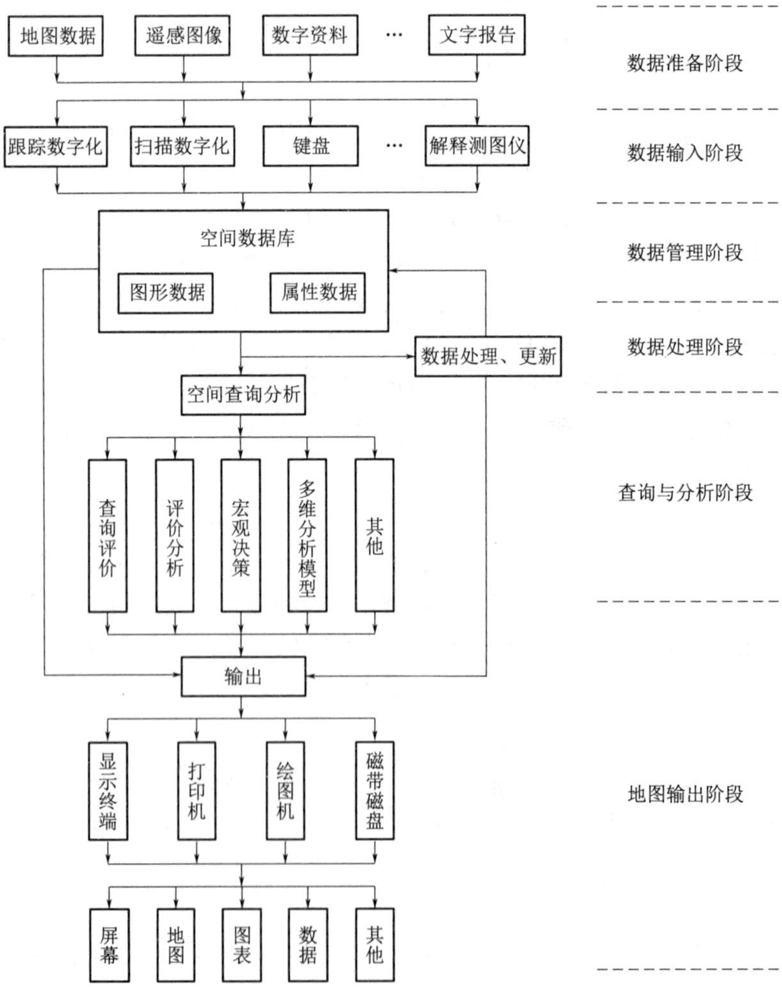

图 1.11　GIS 基本数据流程

地理信息系统的功能主要是完成流程中不同阶段的数据转换工作。一般地理信息系统包括以下几项基本功能：

(1) 数据采集与输入。即在数据处理系统中将系统外部的原始数据传输给系统内部，并将这些数据从外部格式转换为系统便于处理的内部格式的过程。对多种形式、多种来源的信息，可实现多种方式的数据输入，主要有图形数据输入（如管网图输入）、栅格数据输入（如遥感图像的输入）、测量数据输入（如全站仪测量数据的输入）、属性数据输入（如数字和文字的输入）等。

(2) 数据编辑与更新。数据编辑主要包括属性编辑和图形编辑。

属性编辑：主要与数据库管理结合在一起完成。

图形编辑：主要包括拓扑关系建立、图形编辑、图形整饰、图幅拼接、图形变换、投影变换、误差校正等功能。

数据更新即以新的数据项或记录来替换数据文件或数据库中相对应的数据项或记录，它是通过删除、修改、插入等一系列操作来实现的。由于空间实体都处于发展的时间序列中，人们获取的数据只反映某一瞬时或一定时间范围内的特征。随着时间的推进，数据会随之改变。数据更新可以满足动态分析的需要，对自然现象的发生、发展做出合乎规律的预测预报。

(3) 数据存储与管理。数据存储就是将数据以某种格式记录在计算机内部或外部存储介质上。其存储方式与数据文件的组织密切相关，关键在于建立记录的逻辑顺序，即确定存储的地址，以便提高数据存取的速度。属性数据管理一般直接利用商用关系数据库软件（如 Oracle、SQL Server、FoxPro 等）进行管理。空间数据管理是 GIS 数据管理的核心，各种图形或图像信息都以严密的逻辑结构存放在空间数据库中，以有效的数据组织形式进行数据库管理、更新、维护，进行快速查询检索。目前流行的数据库管理系统，与 GIS 中数据库管理系统在对地理空间数据的管理上，存在两个明显的不足：一是缺乏空间实体定义能力；二是缺乏空间关系查寻能力。这使得 GIS 在对空间数据管理上的应用研究日趋活跃。

(4) 空间查询与分析。空间查询与分析是地理信息系统的核心，是其最重要和最具有魅力的功能，是地理信息系统有别于其他信息系统的本质特征，也是地理信息系统得以广泛应用的重要原因之一。空间查询与分析主要包括数据操作运算、数据查询检索与数据综合分析。数据查询检索即从数据文件、数据库或存储装置中查找和选取所需的数据。为了满足各种可能的查询条件而进行的系统内部数据操作有数据格式转换、矢量数据叠合、栅格数据叠加等操作以及按一定模式关系进行的各种数据运算，包括算术运算、关系运算、逻辑运算、函数运算等。综合分析功能可以提高系统评价、管理和决策的能力，主要包括信息量测、属性分析、统计分析、二维模型分析、三维模型分析、多要素综合分析等。

(5) 可视化表现。地理信息系统的发展是从地图制图开始的，因而地理信息系统的主要功能之一便是用于地图制图，建立地图数据库。与传统的、周期长、更新慢的手工制图方式相比，利用 GIS 建立地图数据库，可以达到一次投入、多次产出的效果。它不仅可以为用户输出全要素地形图，而且可以根据用户需要分层输出各种专题，如行政区划图、土地利用图、道路交通图等。更重要的是由于地理信息系统是一种空间信息系统，它所制作的图也能够反映一种空间关系，可以制作多种立体图形，而制作立体图形的数据基础就是数字高程模型。地理信息系统不仅可以将空间地理信息以地图的形式来表示，也可以用报表、统计图表等形式显示在屏幕上，利用缩放工具可以对所显示地图中的任意点和范围进行无级缩放，也可以按照某一比例尺显示，进行分析对比。还可按照用户需要设置制图符号和颜色，并可通过绘图机、打印机等设备打印输出。

1.2.4　地理信息系统的特点

与一般信息系统相比，地理信息系统具有如下基本特征：

（1）数据的空间定位特征。地理数据的三要素中，除属性和时间外，空间位置特征是地理空间数据有别于其他数据的本质特征。一般信息系统仅包括属性和时间特征，而只有空间位置特征是地理数据所特有的，没有位置数据不能称为地理数据。地理信息系统要具有对空间数据管理、操纵和表示的能力。

（2）空间关系处理的复杂性。地理信息的属性数据或属性信息，是除空间位置及关系外的所有的描述地理对象或人文属性的定性或定量的数据信息，这相当于一般信息系统所处理的数据和信息，或者说，GIS 中的属性信息处理就相当于一个普通的事务性信息处理系统。由此可以看出，地理信息系统除要完成一般信息系统的工作外，还要处理与之对应的空间位置和空间关系，以及与属性数据一一对应的处理。图形操作本身就是一个比较复杂的问题，何况在处理空间问题的同时还要处理属性数据。因此，GIS 中空间数据处理的复杂性是一般信息系统中前所未有的技术难题。

空间关系处理复杂性的另一技术难点是数据的管理。一般事务性数据都是定长数据，而空间数据是不定长的，例如一个多边形，少则几个顶点，多则成百上千个顶点。而且新的空间数据及其关系在空间分析过程中不断产生。存储和管理这些空间数据是 GIS 数据库设计必须面对的问题。

（3）海量数据管理能力。地理信息系统海量数据特征来自两个方面：一是地理数据，地理数据是地理信息系统的管理对象，其本身就是海量数据；二是来自空间分析，GIS 在执行空间分析的过程中，不断地产生新的空间数据，这些数据也具备海量特征。地理信息系统的海量数据带来的是系统运转、数据组织、网络传输等一系列技术难题，这也是地理信息系统比其他信息系统复杂的又一个因素。

1.2.5　地理信息系统的发展历程

地理信息系统自 20 世纪 60 年代问世以来共经历了开拓时期（20 世纪 60 年代）、巩固时期（20 世纪 70 年代）、趋于成熟时期（20 世纪 80 年代），进入 20 世纪 90 年代后至今得到了高速发展，并成为信息产业的重要组成部分。

（1）开拓时期——20 世纪 60 年代。20 世纪 60 年代是地理信息系统的开拓时期，出现了许多相关组织机构。1963 年，加拿大测量学家汤姆林森（R. F. Tomlinson）博士提出把常规地图变成数字形式地图，并存入计算机的想法，建立了世界上第一个地理信息系统——加拿大地理信息系统（CGIS），用于自然资源的管理和规划。这一时期，地理信息系统发展的另一标志是许多与地理信息系统有关的组织机构纷纷建立。例如，1966 年美国成立城市和区域信息系统协会（URISA），1969 年成立州信息系统全国协会（NASIS）。此外，国际地理联合会（1GU）于1968年设立了地理数据收集和处理委员会（CGDSP）。这些组织和机构的建立，对于传播地理信息系统知识和发展地理信息系统技术，起了重要的指导作用。

（2）巩固时期——20世纪70年代。20世纪70年代是地理信息系统蓬勃发展的时期。在这期间，计算机硬件和软件技术飞速发展，尤其是大容量存取设备——磁盘的使用，为空间数据的录入、存储、检索和输出提供了强有力的手段，用户屏幕和图形、图像卡的发展大大增强了人机对话功能和高质量的图形显示功能，促使地理信息系统向实用方向迅速发展。这一时期西方国家各级机构十分关心资源和环境问题，非常需要地理信息系统处理和分析大量的地理数据，这导致地理信息系统在自然资源开发、环境保护、土地利用及规划等领域的应用，这客观上给地理信息系统的发展提供了一个机遇。例如，1970—1976年，美国地质调查局就建成50多个信息系统，作为地理、地质和水资源等领域空间信息的工具。其他如加拿大、德国、瑞典和日本等国也相继发展了自己的地理信息系统。与此同时，一些商业公司也先后开发和销售地理信息系统。据统计在70年代有300多个系统投入使用。这期间，许多大学（如美国纽约州立大学布法罗分校）开始注意培养地理信息系统方面人才，创建地理信息系统实验室。总之，在这一时期，地理信息系统技术已受到政府部门、商业公司和大学的普遍重视，成为一个引人注目的领域。

（3）趋于成熟时期——20世纪80年代。20世纪80年代是地理信息系统普及和推广应用阶段。这期间，地理信息系统的数据处理能力、空间分析功能、人机交互、地图输入、编辑和输出技术均有较大发展，使地理信息系统逐渐走向成熟。其间，推出了图形工作站，微型PC机性价比大为提高，加上计算机网络的建立，地理信息的传输效率得到极大提高。地理信息系统的系统软件和应用软件的发展，地理数据的处理开始同数学模型、模拟等决策工具相结合，应用不断向横向及纵向深入，并转向更为复杂的区域开发。市场出现一些有代表性的软件，如ARC/INFO、IGDS/MRS、TIGRIS、SICAD、GENAMAP、MGE、SYSTEM9等可在工作站或微机上运行。总之这时期，地理信息系统的技术日趋成熟。

（4）高速发展时期——20世纪90年代至今。20世纪90年代以来，随着微机的发展和数字化信息产品在全世界普及，地理信息系统应用已深入各行各业。现在的问题不再是讨论是否使用地理信息系统，而是讨论如何利用地理信息系统获取经济效益及扩大应用范围和提高开发水平的问题。

地理信息系统在我国起步于20世纪70年代，80年代进入全面试验阶段，进入90年代后，随着社会主义市场经济的发展，得到了前所未有的发展。“中国GIS协会”和“中国海外GIS协会”相继成立，并且出现一批从事地理信息学科和工程的高科技企业，开发出一批GIS软件，如MAPGIS、GEOSTAR、CITYSTAR、VIEWGIS等较流行的软件。21世纪以来，地理信息系统实用化程度不断提高，商品化进程加快，国家有关部门正在研究制定地理信息产业发展战略及有关的政策，GIS技术发展至今已步入大数据时代。GIS技术发展阶段如图1.12所示。

1.3 全球定位系统

1.3.1 定义

全球定位系统是“授时、测距导航系统/全球定位系统（navigation satellite timing

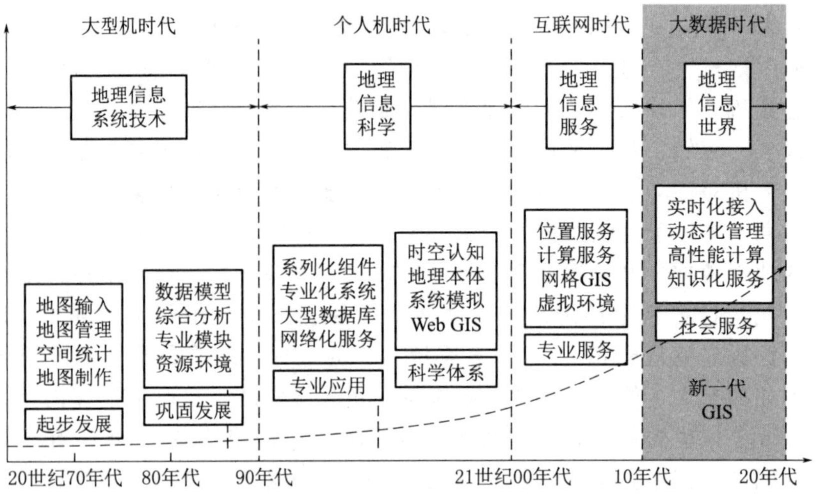

图 1.12　GIS 技术发展阶段

and ranging/global positioning system)”的简称。该系统是美国国防部从 20 世纪 70 年代开始研制的，历时 20 年，耗资 300 亿美元，主要用于军事导航的定位。GPS 就是利用卫星发射无线电信号进行导航定位的卫星无线电导航定位系统，具有全球性、全方位、全天候、高精度、快速实时的三维导航、定位、测速和授时功能。现今，GPS 技术已广泛应用于大地测量、工程测量、航空摄影测量、运载工具导航和管制、地壳运动监测、工程变形监测、资源勘查、地球动力学等多学科领域，在导航定位领域发生了影响巨大的技术变革。

1.3.2　全球定位系统的组成

GPS 系统由三部分组成，即 GPS 卫星组成的空间部分、若干地面站组成的控制部分和以接收机为主体的广大用户部分。三者有各自独立的功能和作用，但又是有机配合而缺一不可的整体系统。

1. 空间部分（GPS 卫星星座）

GPS 卫星星座主要由 24 颗卫星组成，其中 21 颗工作卫星，3 颗备用卫星。1978—1985 年发射的第一代原型卫星用于可行性验证。1989 年开始发射第二代卫星，于 1995 年 4 月完成了 24 颗卫星的发射。第二代卫星随后做了改进，包括增强型、完善型和延续型。现已开始的第三代卫星研制，主要是改进卫星性能和使用寿命，以实现 GPS 现代化，增加第三民用频率 L5。GPS 卫星分布在 6 个近圆形轨道面上（图 1.13），高度在地面以上约 20200km，轨道面相对于地球赤道面倾斜 55°，卫星运转周期约 11h58min（半个恒星日）。这样使得在地球上任何地方都可以同时观测到 4 颗以上卫星，以满足定位要求。GPS 卫星基本功能是：接收和储存由地面监控站发来的跟踪监测信息；在地面控制中心指令下，通过推进器调整卫星的姿态和启用备用卫星；进行必要的数据处理工作；通过星载高精度铯钟和铷钟提供精密的时间基准；向用户广播 GPS 信号（导航电文和测距码）。

2. 地面跟踪控制部分

地面跟踪控制系统由 1 个主控站、3 个注入站和 5 个监测站组成。控制部分的核心是主控站（MCS)，位于科罗拉多州空军基地。5个监测站分别位于科罗拉多州、夏威夷、阿松森群岛、迭哥加西亚和卡瓦加兰。

主控站的作用是收集各个监测站所测得的伪距和积分多普勒观测值、环境要素等数据，计算每颗GPS卫星的星历和卫星钟差、时钟改正量、状态数据，以及信号的大气层传播改正，并按一定形式编制成导航电文，传送到注入站，此外还控制和监视其余站的工作情况并调整卫星姿态和位置，检测和维护卫星健康，替换故障卫星。

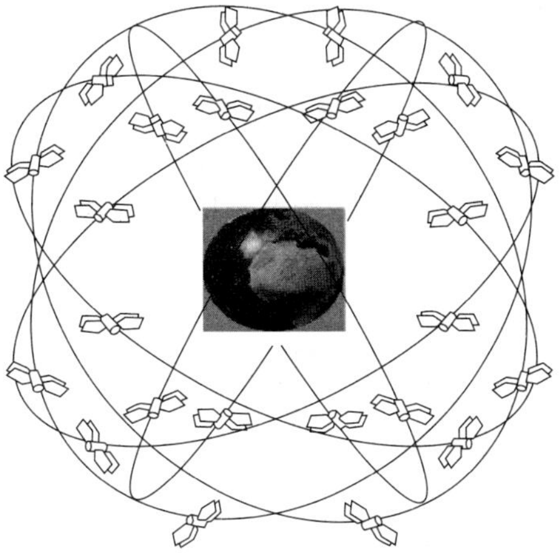

图1.13 GPS卫星轨道分布示意图

注入站的作用是将主控站传来的导航电文，用10cm波段的微波作载波，分别注入相应的GPS卫星中，通过卫星将导航电文传递给地面的广大用户，用户通过导航电文才能确定出GPS卫星在各时刻的具体位置。目前每天至少上传两次导航信息，还可以利用其相互测距功能来实现导航信息的自动更新。

监测站的主要任务是为主控站编算导航电文提供原始观测数据。每个监测站上都有GPS接收机对所见卫星做相位、伪距和积分多普勒观测，采集环境要素等数据，经初步处理后发往主控站。

3. 用户接收处理部分

用户设备主要是GPS接收机，它由天线前置放大器、信号处理、控制与显示、记录和供电单元组成。GPS接收机具有解码、分离出导航电文、进行相位和伪距测量的功能。在全球任何地方，只要能接收到4颗以上卫星，就可以实现测速、测时、计算接收机天线中心的三维坐标等功能。GPS接收机主要可以分为测地型和导航型两类，对于大地测量，一般都采用较精密的双频接收机，可做双频载波相位测量，用于长距离的精密定位，价格较高。单频接收机适用于10km以内短距离的精密定位，相对定位精度能达到5mm＋1×$10^{-6}D$（D为基线长度，以km计)，测地型GPS接收机构造如图1.14所示。导航型GPS

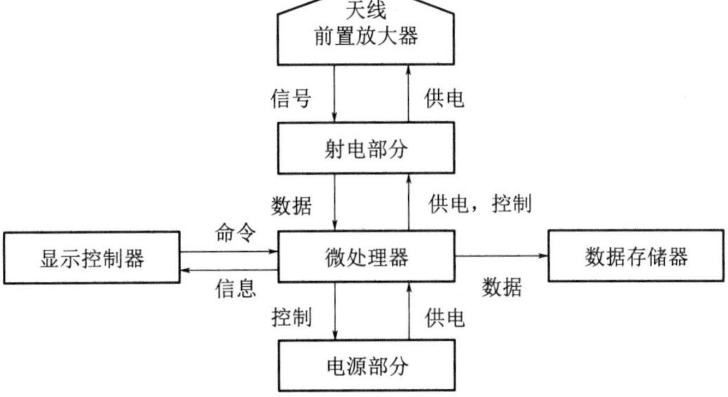

图1.14 测地型GPS接收机构造

接收机，一般情况为无数据输出的记录存储设备（手持机），通常只可观测测距码，单点定位精度为 10m，价格低廉。

1.3.3　全球定位系统的特点

（1）用途广泛。GPS 信号可以进行海空导航、车辆引行、导弹制导、精密定位、设备安装、传递时间、速度测量等。GPS 定位技术应用于民用导航和其他与定位相关的行业，具体见表 1.1。

表 1.1　GPS 技术应用

1. 陆地导航 2. 海上导航 3. 航空导航 4. 空间导航 5. 滩湾导航 6. 内河导航 7. 旅游车导航 8. 地面高精度测量 9. 机器人和其他机器引导	全球性 ↓ GPS ↑ 全天候 （24h）	1. 地籍测量 2. 大地网加密 3. 高精度飞机定位 4. 无地面控制的摄影测量 5. 变形监测 6. 海道、水文测量 7. GPS 全站仪测量和主动控制 8. 全球或区域性高精度三维网

（2）观测简单。随着 GPS 系统的不断完善，软件的不断更新，对于精密相对定位而言，目前 20km 以内的静态相对定位，仅需 10～20min；快速静态相对定位测量，当每个流动站与基准站相距在 15km 以内时，快速静态定位观测时间只需 1～2min；动态相对定位测量时，流动站初始化完成后，即可以实现实时定位。

（3）定位精度高。GPS 以其高精度、全天候、高效率、多功能、操作简便、应用广泛等特点著称。实践证明，在 300～1500m 工程精密定位中，1h 以上观测的解，其平面位置误差小于 1mm，与 ME500 电磁波测距仪测定的边长相比，其边长较差最大为 0.5mm，较差中误差为 0.3mm。

（4）观测速度快。目前，24 颗 GPS 工作卫星已全部发射升空，加上先前发射的试验卫星中仍有 2 颗继续正常工作，一测站上可以同时观测高达 5～8 颗。因此，用 GPS 接收机作静态相对定位边长小于 15km 时，采集数据的时间可缩短到 1h 左右，即可获得基线向量，两台仪器每天正常作业可测 4 条边。如果采用快速定位软件，对于双频接收机，仅需采集 5min 左右的时间；对于单频接收机，只要能观测到 5 颗卫星，也仅需采集 15min 左右的时间，便可达到上述同样的精度，作业进度更快。同济大学测量系用两台 Wild200 型接收机建立 GPS 控制网，仅花 4 个工作日就测完了全网的 27 个点。由此可见，用 GPS 定位技术建立控制网，作业迅速，比常规手段快 2～5 倍。

（5）经济效益高。某些国外大地测量实测资料表明，用 GPS 定位技术建立大地控制网，要比常规大地测量技术节省 70%～80%的外业费用，这主要是因为 GPS 卫星定位不要求站间通视，不必建立大量费时、费力、费钱的觇标。一旦 GPS 接收机成本下降，经济效益将愈益显著。更由于 GPS 定位技术具有速度快的特点，工期大大缩短，由此产生的间接经济效益更是不可估量。

1.3.4　全球定位系统的应用

GPS 系统能在全球范围内提供高精度的位置、速度和时间信息，所以在军事和民用方面应用非常广泛。例如，在军事指挥方面，GPS 系统由于提供了统一的时间标准、空间坐标以及实时位置，因而对协同作战具有重要意义。它能给各级指挥系统提供各种目标和事件所发生的时间和地点。有了统一的时间基准，就能实现快速通信同步，进行有效的电子战和反干扰。

1. 海上应用

（1）导航定位。

（2）建立浮标。

（3）水文测量。

（4）引导舰载飞机、提高导弹发射精度、海上协同作战等。

（5）应用于海陆的石油勘探、地球物理测量、大地测量。

（6）测定舰船性能：船速、旋回半径、舰船惯性等。

2. 陆上应用

（1）排除地雷。

（2）机动炮兵的定位和测距。

（3）测绘精确的军用地图。

（4）车辆、坦克的导航定位。

（5）袖珍式用户设备，可以快速测位，保证在夜间、浓雾时不致迷失方向。

（6）汽车导航和火车线路上的应用。

3. 空中应用

（1）为空中提供全球航路导航，可以有效地实施空中管制。GPS 系统能提供精度很高的数据，并保证飞行安全。

（2）提高飞机进场、着陆和照相制图精度。

（3）实施精确的投弹和武器发射。

4. 空间应用

（1）对导弹进行实时跟踪和制导。导弹装上 GPS 接收设备，可以测出飞行弹道。此外，还可用于导弹的制导，使导弹（或炸弹）不仅可以低空攻击目标，高空攻击目标也有很高的命中精度。

（2）确定空间运载体的轨道。航天飞机、轨道卫星等空间运载体上装备 GPS 接收机，可以精确确定自身的轨道。低高度（最高为 500n mile）的 GPS 用户，可以达到与地面用户相当的定位精度。空间运载体在空间应用 GPS 测量，可进行自身的实时星历表和轨道的确定，从而可快速修正轨道偏差，减少对地面跟踪网的依赖。

1.3.5 全球定位系统的形成与发展

1957 年 10 月 4 日苏联发射了有史以来第一颗人造地球卫星——斯普特尼克（Sputnik-1）。这是航天航空技术发展的一个里程碑，是人类想象力和创造力的体现。在它之后空间信息科学及其分支领域迅速发展并逐步影响人们日常的生产生活。可以毫不夸张地说，人造卫星技术的发展大大改善了人类认识和适应自然的能力，使科学技术水平跨入了一个崭新的时代。人造地球卫星技术经过半个世纪的发展已经被成功应用于通信、气象、导航、资源勘探、环境保护、城市规划、工业建设、灾害预报、天文学、地球动力学、地球物理等许多学科领域。其广泛应用推动了科学技术水平和人们生产生活水平的提高，甚至影响到国际政治、经济和军事的格局。

1958 年 12 月，美国海军武器实验室（Naval Weapon Laboratory，NWL）委托美国约翰霍普金斯大学应用物理实验室（The Johns Hopkins University Applied Physics Laboratory）研制为军用船舶提供导航服务的卫星系统，即海军导航卫星系统（Navy Navigation Satellite System，NNSS）。由于该系统中卫星轨道都经过地极，故也称子午卫星系统（Transit）。研究此系统主要是为军用的运载工具（如歼击机、军舰、导弹等）和各作战单位提供全天候的导航服务。

1964 年 NNSS 建成并投入使用。1967 年 7 月美国政府宣布解密子午卫星的部分导航电文，遂使高精度卫星导航技术得以应用于民用。由于子午卫星导航技术主要是利用多普勒频移原理实现，所以又称卫星多普勒定位技术。我国于 20 世纪 70 年代中期开始引进卫星多普勒接收机，80 年代曾进行多次大规模联测，利用此技术在西沙群岛、西北地区甚至南极乔治岛等地区施测，取得良好的定位效果。虽然 NNSS 在空间信息技术史上具有革命性突破，但由于卫星数量少（5～6 颗）、轨道高度较低（约 1000km）、卫星间隔时间较长（平均约 15h）、难以提供高程数据等原因，无法连续进行三维坐标定位，而且精度也较低（单点定位精度 3～5m、相对精度约 1m、长时间联测精度约 0.5m）。显然，无论是军事领域还是民用领域，该技术的应用都有相当的局限性。该系统于 1996 年停止工作。

1973 年美国国防部协同有关军方机构共同研究开发新一代的卫星导航系统，这就是全球定位系统（GPS）。

1994 年 GPS 系统基本建成，成为全球共享的空间信息资源，是空间信息系统的重要组成部分。1973 年至今，美国政府还在不断地研究和更新 GPS 的软硬件设备，累计耗资超过 200 亿美元。

第2章　3S 技术与水利科学

随着3S技术的日趋成熟，美国提出了以3S技术为主要支撑的数字地球战略。数字地球战略一经提出，即引起包括中国在内的广大科学家的极大重视。水利部在“十五”期间水利信息化建设的主要任务中明确指出：“到2010年，全国各大流域机构都将全面建成以3S技术为基础、以大型数据库为支撑的数字化流域，进而形成全行业的水利信息公用平台和覆盖全国的水利信息网络，规划的9个大型应用系统全面建成并投入运行，全行业实现水利信息化。”

水利是国民经济的基础设施。21世纪的中国，随着经济和社会的发展，洪涝灾害、干旱缺水、水污染严重等水资源三大问题日益突出，已经严重制约国民经济和社会发展。为了解新世纪水的问题，水利部明确提出要实现从工程水利向资源水利的转变，从传统水利向现代化水利、可持续发展水利转变。在这个历史性转变过程中，水利信息化作为水利现代化的重要内容，是实现水资源科学管理、高效利用和有效保护的基础和前提。水利信息化就是充分利用现代信息技术，深入开发和广泛利用水利信息资源，包括水利信息的采集、传输、存储和处理，全面提升水利事业活动的效率和效能。毫无疑问，水利信息化建设离不开3S技术的支持。在水利信息化建设中，涉及三个方面的内容：水利信息的采集、水利信息的存储和管理、水利信息的分析与应用。

2.1　水利信息采集

水利是一个信息密集型行业。水利信息包括水情、雨情、汛旱灾情、水量水质、水环境、水利工程等信息。为了获取这些信息，水利行业建立了一个庞大的信息监测网络，该网络在水利决策中发挥了重大作用。20世纪90年代后随着以遥感为主的对地观测技术的快速发展和日趋成熟，其已成为水利信息采集的重要手段。如：在防洪抗旱方面，洪涝灾害遥感监测经过从“七五”到“九五”连续三个五年计划科技攻关，已初步建成业务化运行系统，旱情遥感监测模型也逐渐实用化；在水土保持方面，全国性的土壤侵蚀遥感大调查已经开展了三次，第一次在“七五”期间，由水利部遥感技术应用中心负责，第二次在“九五”期间，由水利部水土保持监测中心和中国科学院遥感所负责，第三次正在进行之中；在水资源调查、水环境监测等方面，遥感的应用也越来越多。

相对于传统的信息获取手段，遥感技术具有宏观、快速、动态、经济等特点。由于遥感信息获取技术的快速发展，各类不同时空分辨率的遥感影像获取将会越来越容易，遥感技术的应用将会越来越广泛。各类遥感信息已成为水利信息化的日常信息源。

2.2　水利信息存储、管理和分析

水利信息化建设中所涉及的数据量是非常巨大的，既有实时数据，又有环境数据、历史数据；既有栅格数据（如遥感数据），又有矢量数据、属性数据。组织和存储这些不同质的数据是一件非常复杂的事情，而且水利信息中 70%以上与空间地理位置有关，关系型数据库管理系统难以管理如此众多的空间信息，而 GIS 恰好具备这一功能。实质上，地理信息系统不仅可以用于存储和管理各类海量水利信息，还可以用于水利信息的可视化查询与网上发布。地理信息系统的空间分析能力甚至可以直接为水利决策提供辅助支持，如地理信息系统的网络分析功能可以直接为防洪救灾中的避险迁安服务。

目前，GIS 在水利行业已广泛应用于防洪减灾、水资源管理、水环境、水土保持等领域。

2.3　定位信息获取

如前所述，水利信息 70%以上与空间地理位置有关，以 GPS 为代表的全新的空间定位方法，是获取水利信息空间位置的重要手段。

本书将在后续章节详细介绍 3S 技术在水文水资源、农业水利、水环境及水利水电工程中的应用。

第 2 篇　3S 技术在水文水资源中的应用

第3章 降 水 观 测

在地球水温循环的基本过程中，大气降水是其中在平衡地表能量收支，维持人类的生存地球生命等方面具有重要意义的环节。降水不仅仅是全球能量循环和水循环中最关键的变量之一，同时也是各种模型，例如：水文、气象、气候模型的主要输入条件。就目前而言，测量降水普遍使用的是地面的雨量站，然而由于降水具有较大的时空变异性，因此给雨量站的测量带来了巨大的挑战。并且，在海洋、高海拔和极地地区雨量计分布不均匀，较为稀疏。

值得高兴的是，近几十年来，空间信息技术的飞速发展使得适用于大、中尺度的遥感技术取得了飞速发展，使得获得国家尺度乃至全球尺度的降水观测成为了可能。降水观测的主要遥感技术包括了地基天气雷达和空间气象卫星这两大类。地基天气雷达与地面雨量站一样存在空间分布不均匀的问题，常用来检测城市等人口密集区域的降水过程。卫星遥感反演降水技术不仅仅在空间覆盖上具有获取大尺度降水信息的优势，同时具有可靠的长时间序列一致性，节约了地面观测网络所需的昂贵维护费用，因此具有其他两种方法不可比拟的优势。基于卫星观测的微波、红外以及地面站点实测数据可以生产降水产品。自 TRMM 卫星于 1997 年发射至今，大量卫星降水观测产品已经得到了开发和利用，例如：PERSIANN、TMPA、PERSIANN - CCS、GSMaP 和 CMORPH。随着新一代全球卫星降水观测计划（Global Precipitation Mission，GPM）的开展，人们不仅在对全球降水的现状和变化有了更加深入的了解，相关的水文模型也得到了进一步的发展。

3.1 降 水 反 演

3.1.1 卫星遥感降水传感器

卫星降水传感器主要包括红外、被动微波和主动微波传感器。人们自从第一颗气象卫星（TIROS - 1）——发射成功以来，获取了大量的空间遥感信息，由此为反演降水提供了可能。红外传感器主要搭载在地球同步轨道（GEO）卫星上，可以提供高时空分辨率的降水估计，早期的遥感降水反演主要依赖于被动遥感，包括地球静止（GEO）卫星和近地轨道（LEO）卫星上搭载的可见光、红外和主/被动微波传感器。但是由于红外信号与降水的关系是间接性的，所以红外降水估计的精度有限。中国的第一代气象卫星——风云 2 号（FY - 2），包含从 FY - 2A 到 FY - 2F 的 6 颗地球同步轨道卫星，根据其上搭载的红外传感器，可以获得大量降水观测、地表和海表温度等数据。而被动微波（PMW）传感器是搭载在近地轨道（LEO）卫星上，这两种卫星各有所长。由于被动微波信号和降水粒子具有较强的相关关系，因此被动微波降水估计的精度较红外传感器高。地球静止卫星上可见光和红外传感器通常每隔数十分钟对目标区域进行一次观测，时间分辨率高，能够提供卫星云图，抓住一些生命史较短的降水云系统。除此之外，星载雷达，也可以用来观测降水，并且它的观测精度最高，例如 CloudSat 卫星上的 W 波段云剖面雷达（CPR）、TRMM 卫星上的 Ku 波段降水雷达（PR）和 GPM 核心观测卫星上的 Ku/Ka 双频降水雷达（DPR）。被动微波和主动微波传感器的重访周期都较长，这是它们的局限之处。这几十年来，人们针对各类传感器研发的降水反演算法已达上百种，既有经验型算法，也包括基于物理原理的算法。

1. 红外传感器

地球同步卫星上搭载的红外传感器可以探测到地表、大气和云层吸收太阳的能量后发射进入外太空的那部分能量。表 3.1 为主要地球同步卫星参数。

表 3.1　主要地球同步卫星参数

卫星名称	发射机构	传感器	波段数	分辨率/km
GOES E/W	NOAA	GOES IM Imager	5	1～4
Meteosat	EUMETSAT	MVIRI 和 SEVIR	3～12	1～4
MTSAT/Himawari	JMA	Imager	5	5

2. 微波传感器

地球上所有物体都会发射其大小主要由物体的温度和其他物理特性所决定的微波，降水粒子——雨、雪也会发射微波，搭载在近地轨道卫星上的微波传感器估测降水量是通过获取这些微波并对它们的大小和频段进行分析，甚至可以区分降水类型。对微波传感器的应用始于 20 世纪 70 年代，DMSP SSM/I、NOAAAMSU、TRMM TMI、AMSR-E 和 GPM GMI 等是现在主流的微波传感器。然而即使把 3h 内所有的被动微波传感器的数据全部拼接在一起也无法弥补其在空间覆盖度上的不足，这是由被动微波传感器的时空采样精度降低造成的。

微波能进行降水观测，其主要原理是因为降水粒子冰在高频波段的微波辐射和降水粒子雨滴在低频波段的微波辐射与地面降水值有较大的相关性。

3.1.2 星载传感器的降水反演算法

1. 可见光/红外（VIS/IR）降水反演算法

最早被提出的可见光/红外降水反演算法是目前最为简单的一种降水反演方法，众所周知冷云和暖云的存在与对流有关，当冷云和暖云产生对流云系时会产生降水。利用这一降水特性，只要在可见光及红外波段测得云顶信息，就可以间接估算地表降水。具体而言，即建立云顶红外温度与降雨概率和强度之间的关系。目前最广泛被应用的是地球静止业务环境卫星（GOES）降水指数（GPI），其表达式为

$$GPI = r_c F_c t \ (\text{mm}) \tag{3.1}$$

式中：t 为持续时间，h，r_c 为转换常数，取 3mm/h；F_c 为面积不小于 50km×50km 区域的冷云覆盖率，无量纲单位，变化区间为 0～1。

云顶亮温低于 235K 的云体，定义为冷云。但是这一算法在纬度高于 40°地区的应用具有很大的局限性，这是因为在纬度高于 40°的区域其主要的降水系统并不是对流系统。

Ba 等提出来使用 5 个可见光/红外波段数据的 GOES 多光谱降水算法—GMSRA。这种算法是基于 GPI 算法原理，采用了指数函数和二次函数曲线，其校正是利用了湿度校正因子和云增长速率校正因子。实验结果表明，GMSRA 针对降水量和强度的估算结果均优于 GPI。在全球尺度上，利用 GMSRA 估算的日降水结果，比地基雷达普遍高出数毫米。可见光/红外降水反演算法不仅仅包括 GMSRA 和 GPI 算法，还包括有 Griffith - Woodley 算法和 OPI 算法（出射长波辐射降水指数法）。Ebert 等在西太平洋海域对 16 种可见光/红外（VIS/IR）降水反演算法进行了比较分析，结果发现这些算法所演算出来的结果均高于实际降水值，其相对精度在 30%～300%之间。虽然各种算法得到的结果有不同的差异，但是它们所计算得到的降水空间分布规律却十分相似。尽管 VIS/IR 反演算法在估算精度上相对有限，但是根据 GEO 提供的监测数据，可以得到十分精细的降水强度变化信息。随着技术的发展，数种可见光/红外降水反演算法在中国地区的适用性已经被我国学者探讨了多次。

2. 被动微波（PMW）降水反演算法

微波拥有可见光和红外波段不可比拟的优势。首先，当用被动遥感观测降水时，雨滴对微波辐射的传输过程有很大的影响，因此空间微波辐射计可以轻松地检测降雨信息。其次，微波在云层和雨水的穿透性很高，即使在恶劣天气下也可以进行全天候工作。最后，降水云内部产生的辐射信息到达卫星上的微波辐射计。因为它直接包含降水结构信息，所以使用微波数据获取降水更为直接，并且比 VIS/IR 算法具有更好的物理基础。微波辐射传输方程（RTM）可以被简单地表示为

$$\frac{\mathrm{d}R_a(\theta,\varphi)}{\mathrm{d}s}=A+S \tag{3.2}$$

式中：$R_a(\theta,\ \varphi)$ 为极坐标方向（$\theta,\ \varphi$）的辐射强度；s 为沿着（$\theta,\ \varphi$）方向的距离；A 为辐射的吸收量和发射量；S 为散射引起的辐射损益。

大气中各种水凝物的吸收和散射效应在被动微波降水所选用的频段范围内会削弱地表上行辐射强度，但大气分子发射辐射则会增强到达星载传感器的辐射强度。

陆地和海洋具有各自不同的微波辐射特性。在海洋中，由于海面的微波比辐射率低（0.4～0.5），所以被动遥感的背景辐射信号很小且几乎恒定。因此，降水的发射辐射信号相对较强，降水的低偏振特性与海面的高偏振特性明显不同。因此，可以在低频段（<20GHz）中识别并定量获得海表降水。对于陆地而言，地面的微波比辐射率通常很高（0.7～0.9），并且变化范围很大，以至于无法识别和量化水文流星发射的辐射。同时，地表的极化特性不清楚，这使得寻找土地降水变得困难。此功能可用于提取陆地的降水信息，因为高频带（>35GHz）中冰粒的散射效应会削弱表面的向上辐射强度。

到目前为止，根据微波辐射传递的原理和海/陆微波辐射的特征，研究人员提出了许多 PMW 降水反演方法。在其中，Wilheit 等首先通过建立模拟或观测的亮度温度与降雨率之间的简单回归关系，提出了一种被动微波降水检索算法。可靠性测试的结果表明，在 1～25mm/h 的降水强度范围内，误差约为 100%。如今，在各种业务中广泛使用的统计物理混合算法是 Ferraro 算法。其反演误差在海上为 50%，在陆地上为 75%（热带和夏季中纬度地区）。基于物理原理的更严格的算法基本上是基于随机理论的，其中最常用的是戈

达德轮廓算法（GPROF）。该算法的基本思想是利用美国宇航局的云结构轮廓数据库，利用辐射传输模型模拟与降水剖面对应的向上辐射温度，建立云辐射数据集，然后使用贝叶斯方法。对于数据集中每个剖面的权重不同，选择最接近观测值的降水剖面作为反演结果。从数学角度来看，如果 R 代表特定水凝物的垂直结构，而 Tb 代表辐射温度（即传感器观测到的亮度温度），则在特定 Tb 处相应降水廓线的概率可表示为

$$Pr(R\mid Tb)=Pr(R)\times Pr(Tb\mid R) \tag{3.3}$$

式中：$Pr(R)$ 代表观测到的降水廓线的概率，可以从云分解模型中获得；$Pr(Tb\mid R)$ 由辐射传递模型给出，它被定义为给定的水凝物廓线的观测条件概率。

事实证明，该算法的反演精度取决于降水资料数据库的精度。使用贝叶斯概率方法对降水廓线图进行反演大大改善了降水反演算法，不仅提高了反演速度，而且克服了迭代算法的反演结果的非唯一性问题。降水反演结果的可信度测试的结果是，海域和陆地区域的GPROF 反演结果与雨量计/地面雷达观测数据之间的相关性分别很高，分别为 0.86 和 0.8，在陆地上低估了 17%，而在海洋上则被高估了 9%。

PMW 算法仅适用于此类卫星传感器，因为微波传感器仅搭载在低轨道卫星上。海上传感器（低频段）的空间分辨率约为 50km×50km，陆地上传感器（高频段）的空间分辨率大多小于 10km×10km。大多数现有的被动微波算法都针对特定的卫星传感器进行了优化，因此反演结果通常对于每个传感器都是最佳的。根据与以前的研究结果进行比较，当今各种算法都有其优点和缺点，还没有完美的通用算法。为了开发适用于各种卫星传感器的降水反演算法，Kumerow 等建议人们发布各自的降水反演算法代码。

3. 降水雷达（PR）反演算法

目前世界上唯一的卫星降水雷达设备——TRMM 配备了第一个主动式微波传感器（降水雷达），用于监测降水。它是一种相控阵气象雷达，主要使用 13.8GHz 频带观测降水颗粒和地面的反射能量，并可以获得海洋和陆地降水的三维空间结构信息。TRMM - PR 的成功在轨运行大大促进了基于星载雷达的降水反演算法的研究。星载雷达降水反演是当前降水反演研究中最重要的研究领域之一。

标准 PR 算法的基本原理是估算真实的雷达反射率，并使用降水的垂直分布廓线来反演降水。真实的雷达反射率 $Ze(r)$ 与测得的雷达反射率 $Zm(r)$ 之间存在以下关系：

$$Zm(r)=A(r)Ze(r)+\delta Zm(r) \tag{3.4}$$

式中：r 表示雷达与目标的距离；$\delta Zm(r)$ 表示测量值 $Zm(r)$ 存在的误差。

$$A(r)=e^{0.1\ln(10)PIA(r)} \tag{3.5}$$

式中：$A(r)$ 为衰减系数；$PIA(r)$ 为双向路径积分衰减（PIA）。

很多因素都会影响 PIA，表示为

$$PIA(r)=2\int_0^r[k_P(s)+k_{CLW}(s)+k_{WV}(s)+k_{O_2}(s)]\mathrm{d}s \tag{3.6}$$

其中，公式右边的系数 2 表示双向衰减，k_P、k_{CLW}、k_{WV} 和 k_{O_2} 分别代表由降水、云液态水（CLW）、水蒸气（WV）和氧分子所导致的衰减。主要的衰减归因于降水颗粒，因此是降水反演算法的关键。降水垂直分析廓线反演算法可以分为两个步骤。首先，根据测得的垂直轮廓 Zm 估算 Ze。此过程是对雷达信号衰减进行校正。接下来，再建立 Ze 和降

水率 R 之间的幂关系。

$$Ze=aR^b \tag{3.7}$$

其中雷达反射率 Ze 的单位是 mm^6/m^3，用对数表示时单位为 dBZ；R 的单位是 mm/h；a，b 为系数，a 在 70～500 之间，而 b 在 1.0～2.0 之间。Z 与 R 之间的关系是许多降水反演算法的基础。这些系数可以从降水率与地面雷达之间的经验关系中获得，或者可以使用降水物理学模型求解。Z 和 R 之间的关系与许多因素有关，例如空间尺度，雨滴的大小分布，地面回波引起的雷达噪声，冰雪融化产生的“亮带”效应以及大雨引起的雷达信号衰减等多种物理作用而发生变化。地面真实性检验结果表明，TRMM 降水雷达的反演精度与地面雷达相当。因此，PR 降水反演的结果通常被用作评估其他降水反演产品准确性的“真实值”。

但是，PR 并不完美，其扫描宽度为 216km（轨道上升后 247km），因此观测范围有限。同时，地面雷达也存在缺陷，许多参数的不确定性也会影响雷达观测数据的衰减校正和降水估算方法。影响因素包括雨滴谱，降水颗粒的密度、相态和形状，图像雷达像素中降水的不均匀分布，云状液态水和水蒸气引起的辐射强度衰减，冻结高度，散射截面的不确定性，雷达回波信号的变动等。按照其影响程度大小排序，依次为水凝物相态、雨滴谱和降水温度，以及成像雷达像元内的降水不均匀性。这些问题不仅对于雷达降水反演算法来说是困难的，而且对于当前的前沿研究而言也是如此。

4. 多传感器联合反演算法

许多比较研究表明，PMW 算法在获得反演瞬时降水方面的准确性高于 VIS/IR 算法。GOS 卫星具有较高的时间采样频率，因此 VISIR 算法在反演连续降水方面具有很大的优势。VIS/IR 算法与被动微波算法相结合的反演可以弥补单一传感器算法的不足，主动/被动传感器联合反演方法的发展具有广阔的发展前景。因此，用于 VIS/IR，PMW 和 PR 数据的联合反演算法的组合层出不穷。以下是三种流行的反演算法的简要说明。

第一种算法是气候预测的中心形变算法（CMORPH），该算法由 Joyce 等提出。该算法每 30 分钟使用来自 GEO 卫星的红外数据对 PMW 反演数据进行插值，以获得相对精细的时空降水强度。其使用的红外数据包括 GOES－8，GOES－10，Meteosat－5，Meteosat－7，GMS－5。PMW 数据包括 TRMM 的微波成像仪（TMI），特种防御微波卫星（DMSP）系列搭载的微波成像仪（SSM/I）和 NOAA 的高级微波垂直探测器——B 型（AMSU－B），并且配备了 AQUA 的先进的微波扫描辐射计（AMSR－E）。使用此算法获得的降水的时空分布完全依赖于 PMW，而不取决于红外数据的大小。

第二种算法是 TRMM 多卫星降水分析算法（TMPA），该算法由 Huffman 等提出。该算法的使用基于定标的排序方案，将多传感器数据与基于地面的雨量计测量数据相结合，以获得空间和时间分辨率分别为 0.25°×0.25°和 3h 的数据产物。该算法中使用的传感器数据包括 AMSR－E、TMI、AM－SO、微波湿度检测器（MHS）、SSM/I、GEO－IR。首先，它将各种微波估计的降水值融合并调整。红外波段数据用基于校准的微波反演数据进行估算。接下来，将红外数据和微波数据进行组合，最后将地面雨量计的观测数据融合在一起。从测试结果来看，TMPA 算法的在月尺度上的降水反演效果非常好。降水分布直方图可以在更小的时间尺度上再现。这与使用地面观测数据获得的直方图相当。

第三种算法是由Okamoto等开发的GSMaP降水反演算法。该算法使用TRMM数据的各种属性，使用PR算法，降雨/无降雨区域分类方法和散射算法估算水文剖面。使用极化温度（PCT）和在37GHz和85.5GHz频带中校正的散射算法估算地面降雨。针对于强降雨情况，使用PCT37。而在弱降水情况下，则使用PCT85.5。有不同类型的GSMaP产品。其中，逐月降雨产品使用6种微波辐射计数据，而GSMAaP _ MWR产品集成了AMSR-E、TMI和SSM/I数据。此外，卡尔曼滤波器运动矢量方法（GSMaP _ K）用于融合被动微波和红外数据，以生成具有更高时空分辨率的全球降水图。

鉴于降水反演算法众多，世界气象组织（WMO）于2007年启动并实施了高分辨率降水产品评估计划（PEHRPP）。在此计划中，有五种高分辨率产品被做了比较对照，分别为TMPA降水产品，美国海军研究实验室（NRL）开发的NRL-Blended降水产品，CMORPH降水产品，PERSIANN降水产品，国家环境卫星、数据和信息服务局（NESDIS）的降水估算产品。研究表明，这些产品均可以再现降水的空间分布及昼夜变化特征。其中通过CMORPH和TMPA算法获得的结果具有最高的准确性，并且它们之间的相关系数高达0.7。Kubota等利用日本自动气象数据采集系统（AMeDAS），检验了日本及其周边地区GSMaP、TMPA、CMORPH、PERSIANN和NRL-Blended的反演精度。测试结果表明，GSMaP和CMORPH产品比其他产品更准确，而CMORPH算法的反演结果最好。此外，目前所有的产品都不能充分反映温暖地区的弱降水和极强降水情况。

3.1.3 全球卫星降水产品

单个卫星或传感器只能提供具有部分覆盖区域以及较低的时空分辨率的降水产物。研究人员将来自地球同步卫星的可见/红外（VIS/IR）数据与来自低轨道卫星的微波（MW）数据进行了组合。它们结合在一起，产生了具有准全球覆盖，高时空分辨率和持续更新的全球卫星降水产品。表3.2总结了使用最广泛的全球卫星降水产品。大多数产品提供准实时和非实时的后处理数据集，以满足气候、气象、水文、灾害预报等不同领域的不同实时和质量要求。

表3.2 全球卫星降水产品

产品及算法名称	主要数据源	机构/国家	空间分辨率	时间分辨率	时间范围
GPCP	SSM/I、GEO系列卫星	NASA/USA	2.5°	1个月	1979年至今
PERSIANN	GEO系列卫星	University of Arizona/USA	0.25°	3h	2000年至今
PERSIANN-CCS	GEO系列卫星	University of California，lrvine/USA	4km	30min	2006年至今
PERSIANN-CDR	GEO系列卫星	NOAA/USA	0.25°	1d	1983年至今
CMORPH	TMI、SSM/I、AMSU-B、AMSR-E、GEO系列卫星	NOAA CPC/USA	0.25°/8km	3h/30min	1998年至今
GSMaP	TMI、SSM/I、AMSR、AMSR-E、AMSU-B、GEO系列卫星	JAXA/Japan	0.1°	30min	2014年至今

续表

产品及算法名称	主要数据源	机构/国家	空间分辨率	时间分辨率	时间范围
TMPA	TMI、PR、SSM/I、AMSR-E、AMSU-B、GEO 系列卫星	NASA GSFC/USA	0.25°	3h	1998 年至今
IMERG	GMI、DPR、SSM/I、SSMIS、AMSR-E、AMSR2、AMSU-B、MHS、ATMS、GEO 系列卫星	NASA/USA	0.1°	30min	2014 年至今

3.2　全 球 数 据 集

随着地面和空间设备的迅速发展，出现了各种区域和全球数据集，它们为研究降水过程和机制提供了非常重要的信息。在全球变化和强烈的社会需求的背景下，人们已经整合了不同反演技术的特征，以克服仪器观测的局限性，最大限度地发挥自己的优势，避免自己的劣势来创建不同的全球数据。以下是三个数据集的简要介绍：TRMM、全球卫星降水映射（GSMaP）和 GPCP。它们用于全球和区域降水监测和研究。

3.2.1　TRMM

TRMM 是由 NASA 和 NASDA（JAXA 的前身）共同开发的一项热带降雨测量项目。目的是观察和研究热带和亚热带地区的降雨和能量交换过程。出于全球三分之二的降水集中在热带地区，因此建立 TRMM 数据集将有助于了解热带降水对地球循环系统的影响，并有助于厄尔尼诺和南方涛动（ENSO）可以更好地理解、诊断和预测。

TRMM 是一个近地轨道卫星，其覆盖范围为 35°N～35°S，大约有 35°的轨道倾角、350km 的高度，可以提供热带降雨的详细信息。星上搭载了 5 台科学测量仪：微波成像仪（TMI）、可见光和红外扫描仪（VIRS）、闪电成像感应器（LIS）、降水雷达（PR）以及云和地球辐射能量系统（CERES）。其中，VIRS、TMI 和 PR 仪器与降水测量密切相关，表 3.3 列举了它们的主要参数。可见光和红外扫描仪是沿轨道垂直方向扫描的辐射计。有五个波段，一个在可见光区域，一个在短波红外区域，三个在热红外区域。可见光和红外扫描仪可提供云顶温度和结构，以补偿其他传感器的缺陷。关键作用之一是在高质量，低频微波成像仪和降水雷达与对地静止卫星的可见光和红外传感器之间架起桥梁。微波成像仪是一种微波辐射计，具有多个频带和双极化通道，可以提供与海洋降雨率有关的数据。

降水雷达是第一个专门为太空雨量测量而设计的雷达。它的主要科学目标是：①提供降水的 3D 结构信息，尤其是垂直分布；②获得陆地和海洋的定量降水分布；③结合主动传感器数据和被动传感器数据，提高了 TRMM 降水的采集精度。用于降水量反演的基本数据集是微波成像仪和降水量雷达数据集。微波成像仪和降水雷达数据的结合提供了世界上第一个垂直的云和雨的垂直空间结构。将微波数据与可见光和红外数据进一步结合可以显著减少仅使用可见/红外数据所导致的误差，从而提高了反转精度。

表 3.3 可见光和红外、微波、降水雷达主要参数

传感器	可见光和红外扫描仪	微波成像仪	降水雷达
工作频率/波长	0.63μm、1.6μm、3.75μm、10.8μm、12μm	双极化：10.65GHz、19.35GHz、37GHz、85.5GHz	垂直极化：13.8GHz
扫描方式	与轨道方向垂直扫描	圆锥扫描	与轨道方向垂直扫描
地面分辨率	2.2km/2.4km*	4.4km/5.1km (85.5GHz)*	4.3km/5.0km*
扫描宽度	720km/833km*	760km/878km*	215km/247km*
科学应用	云参数，火灾，污染	地表降雨强度、降雨类型、分布和结构，其他大气和海洋参数	陆地和海洋上三维降水分布，释放到大气中的潜热

注 2001 年 8 月，TRMM 卫星轨高由 350km 提高到 402km。
* 轨道提升前/轨道提升后。

TRMM 科学数据信息系统（TSDIS）负责 TRMM 卫星数据的接收，实时处理和后处理。在线提供 1997 年 12 月 20 日之后的 TRMM 数据产品。TRMM 产品分为两类：卫星标准产品和地面验证（GV）产品。标准产品分为三个级别：

（1）一级产品经过校正的 VIRS 反射率，TMI 亮度温度，PR 回波功率和反射率数据等数据校正处理后，将原始数据转换为 HDF 格式。

（2）二级产品是由一级产品计算出的大气状况数据。其中包括地球物理参数和 TMI 降水剖面（2A12），PR 表面剖面（2A21），降水和亮区高度（2A23）以及 PR 降水剖面（2A25）和降水剖面（2B31）由 TMI 和 PR 共同获得。其中三个产品 2A12、2A25 和 2B31 含有降水率。

（3）平均时间和空间后，获得三级和四级产品。其中，三级产品是 5 天和 30 天的降水图和三维降水结构，其是在处理了二级产品的降水强度和 3D 反射率后生成的四级产品是数据分析产品或通过 TRMM 数据和其他卫星数据的联合反演获得的产品。此外，GV 产品主要用于验证各种卫星搜索算法。用于验证的地面雷达分布在许多地区，包括澳大利亚的达尔文市，佛罗里达州的多个地点，得克萨斯州的休斯敦和巴西的亚马逊河。

有许多使用 TRMM 数据研究气象现象和过程的国际实例。近年来，中国学者一直在中国大陆逐步进行应用研究。吴庆梅利用 TRMM 卫星数据研究了江淮—华南地区 14 个降水过程的微波特征。白爱娟等利用 TRMM 3B41RT 数据和地面气象观测数据来分析其探测陕西及其周边地区夏季降水的能力。刘鹏分析了 1998—2005 年中国南方地区 PR 检测结果与地表降水观测数据之间的异同。穆振侠等利用 TRMM 3 B43 降水数据和地表雨量仪数据分析了 IMI 数据检测山区降水的能力和区域降水的水平分布特征。

3.2.2 GSMaP

由日本科学技术振兴机构（JST）资助实施的全球降水卫星制图（Global Satellite Mapping of Precipitation，GSMaP）项目起始时间为 2002 年 11 月，截止时间为 2008 年 3 月。该项目的三个目标分别是：①利用目前在轨的被动微波辐射计数据生产具有高精度和高分辨率的全球降水产品；②改善降水物理模型和降雨速率反演算法；③评估产品精度，为全球降水测量（GPM）项目的开展奠定基础。

GSMaP 通过输入多传感器数据集来反演降雨强度。数据源为来自 LEO 卫星的 MWR

数据集和 GEO 卫星的可见光/红外数据集。被动微波传感器包括成像仪和垂直探测仪，前者包括 TRMM - TMI、AMSR、AMSR - E 和 SSM/I，后者目前只有 AMSU - B。AMSU - B 也是后来才加入 GSMaP 数据集的。气候预测中心（CPC）是 GEO 卫星的可见光/红外数据的来源，空间分辨率为 0.03635°（在赤道上相当于 4km），时间分辨率约为 30min，覆盖区域为 60°N 至 60°S。

可免费获取的 GSMaP 的标准产品有 GSMaP_MWRGS - MaP_TMI、GSMaP_MVK、GSMaP_ MVK＋ 和 GSMaP_MWR＋等。其中，GSMaP_MWR 使用了 6 种微波辐射计数据，GSMaP_TMI 使用了 TRMMTMI 算法产品，GSMaP_MVK 使用了被动微波与红外联合反演算法，GSMaP_MVK＋使用了被动微波与红外联合反演算法以及 AMSU - B 产品，而 GS - MaP _ MWR＋使用了 6 种微波辐射计数据和 AMSU - B 产品。

目前，人们已经使用雨量计数据来比较、分析和测试 GSMaP 数据集。总而言之，它对海洋的反演效果最佳，而对山地的反演效果最差。Ushio 等的研究结果表明，GSMaP - MVK 和 CMORPH 产品的结果更加一致。与地面雷达相比，在条件为平均每月降水量为 0.17mm/h 时，结果被高估了 30%。在陆地和沿海地区，GSMaP 数据难以识别强降雨，同时低估了强度超过 10mm/h 的降雨。

3.2.3 GPCP

全球降水气候计划（GPCP）于 1986 年被世界气候研究计划组织（WCRP），其目标是获得具有特定时空分辨率的全球降水分析产品。GPCP 产品将地表雨量计的观测结果与卫星遥感的反演结果结合在一起，从而可以更恰当地反映时间和空间分布以及降水的变化，可以用作“准标准”数据集。这对于了解全球能源和水循环中的季节性、年度和长期变化非常重要。

GPCP 的主要数据来源之一是来自低地球轨道卫星（如 GOES，GMS，Meteosat 和 NOAA）的红外数据。微波数据是从 DMSP 卫星携带的 SSM/I 中获取的。卫星降水估计方法包括 SSM/I 发射算法，SSM/I 散射算法，基于 TOVS 的算法以及 GPI 和 OPI 降水指数方法。从该站点观察到的数据主要来自德国气象局的全球降水气候中心（GPCC）。

可以从世界气象组织世界数据中心网站免费下载 GPCP 产品。GPCP 包含三个降水量数据集：卫星雨量计（SG）每月降水量产品，五天降水量产品和每日分析（IDD）降水量产品。SG 的每月降水产品和每日分析降水产品也可以从 NASA 戈达德太空飞行中心（GSFC，NASA）的 FTP 备份站点上获得。月降水量分析数据是基本产品，空间分辨率为 2.5°，数据周期为 1979 年至今。降水产物每日分析的空间分辨率为 1°，覆盖时间范围为 1997 年 1 月至今。每 5 天的降水分辨率为 2.5°，时间范围是从 1979 年到现在，并且每 5 天包含 CMAP 降水产品。每 5 天，CMAP 降水产品会集成微波传感器（例如 SSM/I 和 MSU），红外传感器（例如 GEO - IR）和雨量计数据。

Gruber 等对 GPCP 数据集进行了详细的分析和评估。当前的 GPCP 数据集尚未完善，但也被广泛用于全球降水研究中。如今，GPCP 产品面临的主要挑战是如何准确测量大洋开阔地区中的降水，如何确定固体降水以及如何估算复杂地形区域中的降水。当然，这些问题对于其他数据集也是需要解决和改进的。

3.2.4 其他全球数据集

除了上面的全球数据集，还有一些机构已经开发了全球降水产品。例如，加州大学欧文分校的 S. Sorooshian 研究小组开发了一种 PERSIANN 系统，其覆盖范围为 60°N 至 60°S。从 2000 年开始，该系统每 3h 和每 6h 可提供 0.25°的全球降水量。美国 NOAA 气候预测中心生产的 CMORPH 降水产品，从 2005 年开始，它每 30min 提供 0.07277°降水数据，每 3/6h 提供 0.25°降水数据。此外，美国海军研究所还生产 NRL 混合降水产品，自 2003 年以来，每 3h 可提供 0.25°降水数据。

3.3　全球遥感降水数据检验项目

为了测试遥感降水数据的准确性，WCP，NASA 和 WMO 等国际组织一直在研究全球几种遥感算法，包括 AIP，PIP 和 PEHRPP 计划（表 3.4），以进行遥感降水数据的准确性检查和评估。

表 3.4　　**AIP 和 PIP 计划**

计划	时间	研究区及时间	时间尺度	空间尺度	算法类型数量		
					VIS/IR	SSM/I	MPE
AIP-1	1991	日本（1996 年 6—8 月）	月	1.25°/2.5°	14	10	3
AIP-2	1993	欧洲（1991 年 2—4 月）	日	1.25°	8	19	—
AIP-3	1995	太平洋部分水体（1992 年 11 月—1993 年 2 月）	月	0.5°/0.1°	16	29	110
PIP-1	1994	全球（1987 年 8—11 月）	月	2.5°	1	15	1
PIP-2	1998	1987—1992 年期间 27 次降水事件	瞬时			20	—
PIP-3	2001	全球（1991—1993 年）	月	2.5°	1	11	3

3.3.1　PIP 和 AIP

在 20 世纪八九十年代，遥感获取降水的技术迅速发展，并且开发了许多获取降水的方法。为了测试卫星遥感估计/获取降水的能力，相关国际机构已在全球或区域范围内启动了遥感降水数据准确性测试计划。1986 年，WCRP 建立了 GPCP，并组织了三个 AIP（表 3.4）。虽然 AIP 的目的是评估现有算法获得降水的优势和劣势，并要了解不同算法之间的差异并最终加以改进。但是，结论给出了在不同的数据源下，该算法生成的降水数据的准确性及其分布特征。1990 年，NASAEOSDISWet-Net 计划组织了 3 次 PIP（表 3.4）。主要包括两个内容：研究不同气候和地理条件下瞬时尺度的降水精度，这是由 PIP-2 完成的；检验全球尺度上 2.5°×2.5°、月尺度数据，这是由 PIP-1 和 PIP-3 完成的。PIP 的主要目的是通过反演具有不同空间分辨率的瞬时降水数据来测试不同 SSM/I 算法的准确性。另外，它评估了各种算法的优缺点，并提供了依据以找到最佳的反演算法和提高数据的准确性。AIP 和 PIP 从不同角度测试了遥感反演的降水数据的准确性。这些降水数据的空间分辨率较低，主要是 0.5°×0.5°，2.5°×2.5°，5°×5°。AIP 专注于反演算法性能的定性评估。除定性评估外，PIP 还专注于测试降水数据及其应用价值的准确性。PIP 和 AIP

的主要结论是：对于瞬时降水，PMW 的精度高于 IR，这是因为 PMW 是较为直接的反演原理。然而，由于 PMW 的分辨率较差，长时间序列降水反演的 IR 估算结果更好。IR - PMW 联合反演被认为是最好的，但并不比 IR 方法好得多。没有任何一种方法或算法在所有条件下都是最佳的，因为降水方法受各种条件（例如气候，季节和下垫面）的影响。在 30°N 到 30°S 的陆地上，基于 SSM/I 数据的偏差为－30～8mm/月，基于 IR 数据的偏差为 22mm/月。基于 SSM/I 数据，在 30°～60°N 的土地上，偏差为－23～5mm/月，而基于 IR 数据的偏差为 32mm/月。

3.3.2 IPWG 和 PEHRPP

在基于 IPWG 研究基础上，WMO 于 2007 年启动并实施了 PEHRPP。PEHRPP 测试和比较了 HRPP 的准确性，并为改进算法提供了基础。同时，它分析了 HRPP 的准确性分布特征，并为 HRPP 现有和潜在用户选择数据提供了依据。PEHRPP 继承了 PIP 和 AIP 比较的特征，主要测试并比较 3h、0.25°×0.25° HRPPS。IPWG 和 PEHRPP 的测试结果表明；①HRPP 在各种条件（基本地面条件，季节，纬度，水强度等）下具有不同的准确性，并且可能被高估或低估。并且在其中没有任何一种降水产品在所有情况下，其精度均是最高的。②HRPP 对弱降水，冷季降水，地形降水，极重降水，和冷下垫面降水的反演精度较低。③HRPP 的准确性很大程度上取决于时间和空间的规模。通常，HRPP 的低估范围是 3～7mm/天，低估了 10%～67%。但是，PERSIANN 存在高估现象。在降水量很大的情况下，高估了大约 200%，但在山区却出现了低估现象，低估了大约 56%。

3.4 遥感降水数据检验策略

卫星遥感可以提供不同时间（h～月）和空间分辨率（km～°）的降水数据。大气降水具有很强的时空变异性。在全球范围内，降水遵循一定的区域分布方法。但是，它又很复杂，并且可能在区域范围内变化。降水的空间变异特征随时间变化。根据遥感降水数据的多样性和降水本身的分布特征，现有的研究分为三类：降水事件检验，中小区域尺度检验和大区域尺度检验。当前，在不同的区域大小之间没有明确的界限，导致不同级别的检查重叠。接下来就这三个等级的测试特性和案例研究进行介绍。

3.4.1 降水事件检验

对于具有高时空分辨率（通常每分钟 5 小时）的降水数据，测试响应降水事件的能力是有意义的。降水事件测试的范围视降水类型而有很大差异。例如，对流降水事件的范围很窄，中纬度锋面降雨的范围很广。目前，对降水事件进行的检验研究主要是 2 级 PMW 数据（例如 GMI、TMI 和其他 PMW 数据）和 HRPPs 3 级数据产品（≤3h，≤0.25°×0.25°）。Hong 等检验 PERSIANN 0.5h、0.04°产品的精度是以站点数据为参照数据，墨西哥西北部美国季风区的对流降水事件为研究案例。PIP - 2 以站点和地基雷达数据作为参照数据，针对陆地和海洋上的 17 次降水事件（包括中纬度气旋、热带气旋、敞和线系统、对流系统和层云系统）进行瞬时遥感数据（基于 SSMI 不同反演方法数据）精度检验。Habib 等检验 TRMM 3B42 和 3B42RT 的精度是以 NEXRAD 地基雷达以及自动气象站（HADS）数据为参照数据，以美国路易斯安那 6 次暴雨为研究案例。AghaKouchak 等检验 TRMM 3B42、3B42RT、CMORPH 和 PERSIANN 的精度是以 WSR－88D 地基雷达数据为参照数据，美国极端降水为研究案例。Prat 等检验 TRMM 2A25 的精度是以站点数据为参照数据，热带风暴为研究案例 Stampoulis 等根据降水强度、持续时间将暴雨分为对流雨和锋面雨以 NEXRAD 地基雷达和自动气象站（HADS）数据为参照数据，美国路易斯安那 7 次暴雨为研究案例，检验了 CMORPH 和 PERSIANN 的精度。这些研究主要分析了遥感反演不同降水类型的精度。

3.4.2 中小区域尺度检验

大多数遥感精度测试研究都是在这种规模上进行的，所测试的遥感数据的时空分辨率通常为 h/day 数据，它主要研究流域或区域（通常是国家行政区域为研究区域）的遥感降水数据的准确性。这些区域规模通常差异很大。Sohn 等在韩国测试了 3h/0.25°降水产品（TRMM 3B42、3B42RT，CMORPH，PERSIANN，NRLB）的准确性。Evert 等在美国、北欧和澳大利亚测试了这些数据的准确性。Gebremichael 等检验了美国密西西比河地区 GPCP 日用品的准确性在以站点和地面雷达数据用作参考数据的基础上。Tian 等检验了全球 HRPPs 不同季节日平均数据的精度。曲伟等检验了伊洛瓦底江流域 TRMM3B42 日尺度上的精度。以站点数据为参照数据检验精度的有：Villarini 等检验美国俄克拉荷马地区 TRMM 3B42 日尺度上的精度；Chokngamwong 等检验泰国地区 TRMM 3B42 日尺度上的精度；Hirpa 等检验具有复杂地形的埃塞俄比业地区 TRMM 3B42 日尺度上的精度；Tian 等检验美国地区 HRPPs 日尺度上的精度；Demaria 等检验南美拉普拉塔河流域 CMORPH 的精度；Gao 等检验西藏复杂地形区域 HRPPs 日尺度上的精度；Salio 等检验南美洲南部地区 HRPPs 日尺度上的精度。这些研究综合分析了 h/day 尺度的遥感降水数据和各种情况（例如纬度，地形和季节）的精度分布特征。

3.4.3 大区域尺度检验

在现有研究中，大区域通常是指大国（例如中国、美国、澳大利亚），大流域（例如长江流域）和气候区域（例如温带草原）。大区域具有特定的气候特征，使其适合对粗分辨率的遥感数据（例如 GPCP 2.5°/5 天数据）进行精度测试。在大区域范围内应用高分辨率遥感数据（3 小时，0.25°×0.25°HRPP 等）的意义不大。由于下垫面的复杂性和降水的高变异性，获得的定量结果包括许多因素（地形，降水类型等），一方面，精度结果并不能适用于大区域下的小区域。另一方面定量测试的结果不能一概而论，不具有可比性和适用性。PIP－1 在全球选择了 7 个 12.5°×12.5°的区域，分别为北美（32.5°～5.0°N，85°～97.5°W）、南美 2（17.5°～30.0°S，52.5°～65.0°W）、南美 1（2.5°N～10.0°S，55.0°～67.5°W）、非洲 1（15.0°～27.5°N，2.5°～15.0°E）、东欧（47.5°～60°N，25.0°～37.5°E）、亚洲（22.5°～35.0°N，100.0°～112.5°E）和非洲 2（7.5°～20°S，20.0°～32.5°E），针对 0.5°×0.5°和 2.5°×2.5°月数据开展精度检验。PIP－3 在 30°S～30°N陆地区域和西太平洋环礁区、低纬度 30°～60°N 陆地区域上，开展 2.5°×2.5°上年和月数据的精度检验。PEHRPP 以全球美国、澳大利亚、东亚、北欧和印度为研究区，检验比较了 3h、0.25°×0.25°的 HRPPs。Romilly 等检验了埃塞俄比亚河流域 HRPPs 月尺度上的精度。Dinku 等检验了东非复杂地形区域 TRMM 3B43、CMAP 和 GPCP 2.5°月降水数据。程珂等检验了西藏地区 TRMM 3B43 2.5°月降水数据。Thiemig 等检验了非洲河流域 HRPPs 年尺度上的精度。曾红伟等检验了澜沧江及周边流域 TRMM 3B43 的精度。这些研究全面分析了月/年尺度的遥感降水数据以及不同情况（例如纬度，地形和季节）的精度分布特征。

3.5 遥感降水数据检验方法

确定验证策略后，将执行详细的数据比较。即将遥感降水数据与参考数据进行比较。根据不同研究中使用的不同参考数据，检查方法可分为基于地面观测数据的检查和基于降水产物的精度检查。根据基本定义和原理简要介绍以下这两种方法。

3.5.1 检验的定义

在基于参考数据验证遥感降水数据时，基于地面观测数据的误差必须小于基于降水产品的误差。由于测试的定义存在争议，因此本书使用了 Loew 等的定义，该定义是指对遥感数据和参考数据进行一致的比较。表 3.5 显示了与检查过程相关的基本定义。地面参考数据的主要来源是雨量计数据和地面雷达数据，这些都有误差的存在。因此，在将地面数据用作检验参考之前，还需要了解其可用性。

表 3.5　　检验过程中涉及的基本定义

	定　义
降水真实值	落地地面特定区域内的降水总量
遥感降水数据（S）	相同区域，遥感估算或反演的降水量
地面参考数据（G）	相同区域，地面雨量站或者雷达数据获取的降水量，误差比 S 小
遥感降水数据误差（ε）	S 和 R 之差
遥感降水数据精度评价	ε 定量化

3.5.2 基于地面观测数据检验方法

基于地面观测数据的验证方法是利用地面雨量计，雨滴谱仪，地面雷达等获取的地面观测数据，通过遥感评估降水反演的准确性并获得降水反演误差的时空分布规律。用于验证遥感降水反演结果的参考数据主要来自地表雨量计和地面雷达数据。基于地面观测数据检验方法的基本依据是物质守恒定律，换句话说，在一定时期内，地面观测设备所观测到的范围内的降水量等于遥感图像相应范围内的降水量。该方法适用于任何地面数据参照数据可获取的情形，是当前最常用的遥感降水产品检验方法。这种方法的缺点是存在空间点-面和面-面空间的不一致性。因为在正常情况下，雨量计和雨滴谱仪等仪器的降水观测截面较小，只能代表小范围的降水；遥感观测可以反映大范围的降水分布情况，但其空间分辨率往往有限的（数千米或更低），而且对同一地区在时间上并不连续。

进行检查工作时，一方面根据降水时段的长短进行有针对性的检查，如单次降水事件、日降水量、月降水量、年降水量；另一方面，根据降水在不同空间尺度的分布特性，如遥感像元、中小天气系统、流域、区域、海陆和全球等。对于参照数据为地面雨量计或雨滴谱仪观测数据，将降水观测值与遥感反演数值进行分析比较，利用评价指标综合评价遥感反演精度，评价待检遥感产品数据精度的时空分布特征对于观测数据为地基雷达数据，从像元水平、遥感影像的空间分布和时空变化趋势等方面，采用评价指标，给出待检遥感数据的反演精度。国内外相关研究表明，不同研究采用评价指标不同，导致结果不具有可对比性。站点数据与遥感反演数据空间匹配时，有“格网-点”和“格网-格网”比较方法。“格网-点”方法是像元内的观测站点观测值与像元数值进行比较，或者整合多个像元所得值与站点观测值比较。“格网-格网”方法是将两组数据重采样到同一分辨率，然后进行对比。空间匹配时需要考虑地面站点的空间代表性问题，即像元内的观测站点能在多大程度上反映像元尺度的降水真值。同一像元内存在多个地面站点，将有助于增强站点降水观测的代表性。

3.5.3 基于降水产品数据检验方法

基于降水产品（遥感反演产品，区域气候模型输出模型和全球再分析数据产品）的检验方法是指将获得的遥感降水产品或通过模型得到的输出结果，在精度未知的情况下，将要被检验的产品与其他来源于各种渠道的产品进行交叉检验，以得到产品在空间的分布情况和在时间的变化趋势等方面的差异性和一致性。与基于地面观测数据检验方法相同基于降水产品检验方法的基本依据也是物质守恒定律，无论是待检数据，还是参照对比数据，两者都是对同一时段、同一区域内降水状况的反映，所以其在数值上应相等。通过比较不同产品在空间分布格局和时间变化趋势上的异同，可以得到被检验产品的不确定性分布状况。虽然用于参照比较数据的精度并不清楚，但得到的检验精度却具有相对意义，其有助于辨识待检产品的随机误差和系统误差，以及其所用反演算法的优势和局限性，对于改进遥感反演算法等仍然具有积极意义。基于降水产品数据检验方法多用于大尺度或全球尺度，大多使用了多源遥感数据，所使用的反演算法和数据融合算法也多种多样。对全球降水产品进行检验还有助于更为客观和准确地了解全球降水的时空分布格局。

基于降水产品检验方法的研究案例包括时空分辨率、遥感产品名称、研究区及时间段和精度。其时间分辨率和空间分辨率往往不一致，这是因为用于检验的数据来源不同，因此需要将这些数据进行合理的时空分配，这便是交叉检验的一个关键环节。在时间上采用的是累计求和的方法，在空间上使用的是“格网-格网”的方法。目前的基于降水产品检验方法一般都会结合地面的观测数据，综合检验方法的优势，这样就可以不仅获得降水产品的精度，又可以获得产品在空间分布格局和时间变化趋势等多方面的一致性和差异性。

3.6 遥感降水数据检验流程

随着遥感降水数据精度检查研究的发展，一般的检查过程的步骤为参考数据采集，检查区域选择，数据比较和结果评价等检查逐渐形成。

3.6.1 参照数据

由于无法获得降水的真实值，因此一般来说评价遥感降水产品精度采用的方法是将遥感降水数据与误差较小的参照数据做对比。参照数据主要包括气象站点数据、雷达数据和全球降水气候中心数据（Global Precipitation Climatology Centre，GPCC）。气象站点数据主要来自于地面雨量计。全球有多达 5 万余家降水观测站，其中澳大利亚国家气象局（http：//www.bom.gov.au/）提供 5600 个站点每日降水数据。中国国家气象信息中心（http：/ldata.cma.cn/）提供国家级地面气象站的每小时降水数据（近 7 天），以及 700

余家国家级地面气象站的逐日降水数据。美国 NOAA（https：//www. ncdc. noaa. gov/）提供美国 1200 个站点每小时、日、月和年的降水数据。同时，提供全球 10000 多个站点每日的降水数据。GPCC（V. 2015）产品（http：//gpec. dwd. de）包括 1988—2013 年日降水数据集和 1901—2013 年月降水数据集。日降水数据空间分辨率分别是 0. 25°，融合了全球 29000 多个站点数据。月降水数据空间分辨率分别是 0. 25°、0. 5°、1°、2. 5°，融合了全球 51000 多个站点数据。雷达数据包括星载雷达和地基雷达数据。星载雷达主要有全球降水观测卫星（Global Precipitation Measurement，GPM）的双频降水雷达（Dual - frequency PR，DPR）和 TRMM PR。地基雷达降水数据可从世界主要国家或地区所在的天气雷达网获得。在美国，新一代雷达（NEXRAD）系统已经建立，包括遍布美国各州（https：//www. radar. weather. gov/）的 159 部 WSR - 88D 高分辨率的多普勒天气雷达。在中国目前已有 150 余部天气雷达业务正在运行（http：//www. moc. cma. gov. cn），包括 C -、S -、X -波段雷达。在加拿大南部地区（http：//www. weatheroffice. gc. ca/radar/），31 部 C -波段雷达构成了天气雷达系统。在欧洲，建立了拥有 160 部天气雷达（其中 110 部为多普勒天气雷达）的维护欧洲天气雷达网（OPERA），涉及了 28 个参与国（http：//www. knmi. nl/opera）。

3.6.2 检验区域选择

通常来讲，根据检验策略，在研究降水事件时，需要用到 h/d 遥感数据；当研究长期降水变化时，需要检验月/年的遥感降水；当研究某一区域天气变化时，需要用到每日降水数据。因此，通常高时空分辨率数据是在小区域尺度上来开展检验的，粗分辨率数据是在大区域尺度上来开展检验的。在小区域上开展的检验，如针对一次区域降水事件适合使用高分辨率数据［如 GMI、TMI 等 PMW 数据（5km/30min）］；在中小区域尺度上开展的检验，如针对某一流域适合使用 TRMM 3B42 等 0. 25°、3h 数据，以及 GPCP 1DD 等数据（1°、1d）；在大区域上开展检验，如针对某一气候区适合使用 GPCP 2. 5°/5d 等数据。对于大区域，通常只研究其气候变化特征。因此研究中小区域天气和气候变化都具有应用意义；所以，目前大多数检验研究中选择检验区都遵循规律：可以使用粗分遥感降水数据在不同区域尺度上开展检验，对其应用均有重要意义；但高分辨率遥感降水数据往往不适合在大区域尺度上开展检验。

3.7 基于遥感的降水观测应用

3.7.1 全球尺度评估与应用

卫星降水产品的精度随着地区而异，因此需要对卫星降水产品进行全球性的评估和对比，以充分展示出降水产品的误差和特性。Beck 等在全球范围使用 76086 个雨量站评估了 23 套降水产品的性能。但是由于在通常意义上，研究人员基本上很难获得大量全球分布的地面实测降水数据，所以 Massari 等使用了三重组合（triple collocation，TC）方法对卫星降水产品的不确定性进行分析。使用 TC 方法摆脱了对实测数据的依赖，仅需要输入三套独立的降水数据，就可以计算得到其误差指标。一些研究者使用星载雷达的降水估计作为真实值对卫星降水产品进行评估，这是因为星载雷达的探测精度比被动微波和红外传感器更高。Behrangi 等评价星载雷达在小降水和降雪上的探测性能是以 CPR 为例。Tang 等交叉对比了三个星载降水雷达（GPMDPR，CloudSat CPR 和 TRMMPR）在探测降雨和降雪方面的性能。IMERG 是目前最好的全球卫星降水产品，近几年实现了三代产品的更替（Version 03、Version 04 和 Version 05）。Wang 等在全球范围对三代 IMERG 产品进行了综合性评估。评估结果表明在陆地区域，三代产品的差异较小，这是由于在 IMERG 产品的生产过程中使用了 GPCC 陆地站点数据进行了校正。但是在海洋区域，IMERG V04 和 IMERG V05 的平均降水值比 V03 分别高 31.36%和 28.81%，且更接近于其他全球降水产品例如 GPCP、MSWEP 的平均值，这说明 IMERG 后两代产品在海洋区域的表现优于第一代产品。

3.7.2 中国区域评估与应用

如图 3.1 所示，MA 等使用小时尺度的雨量站观测数据在青藏高原区域对 IMERG Final和 TRMM 3B42V7 进行了评估和对比。

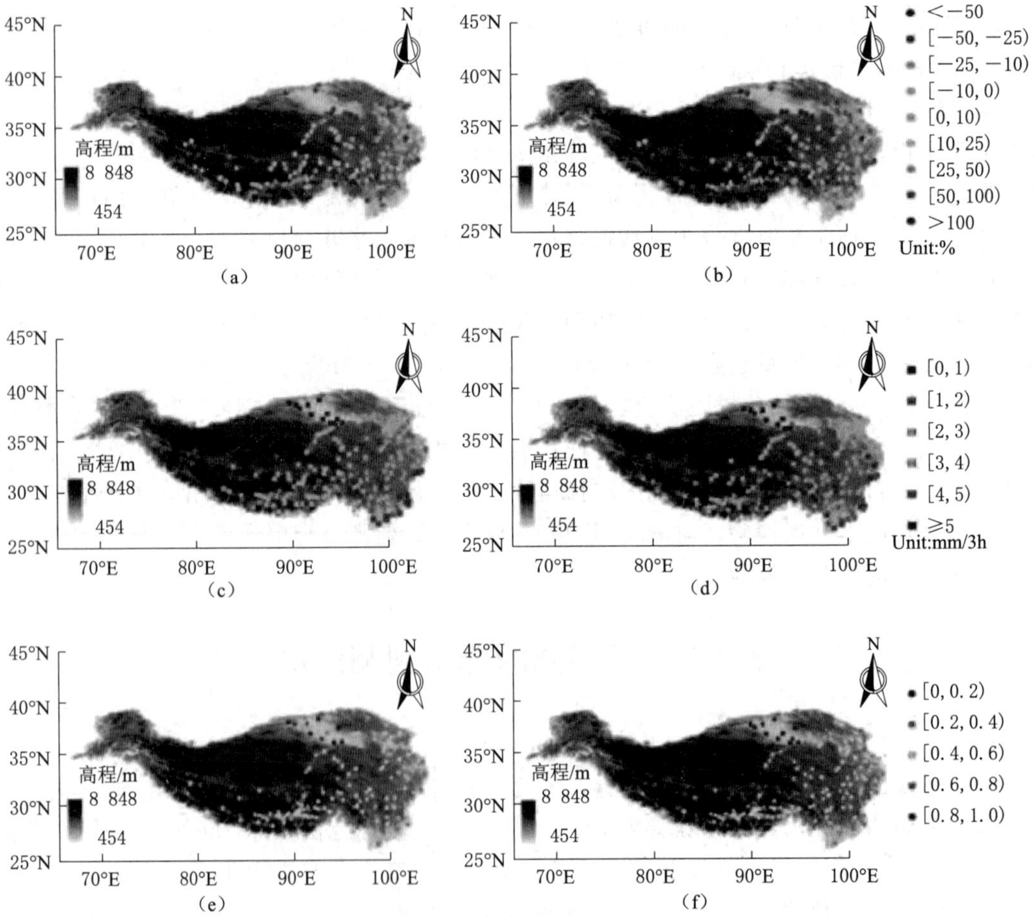

图 3.1（一） IMERG Final 和 TRMM 3B42V7 青藏高原对比

(a) 相对偏差，IMERG；(b) 相对偏差，3B42V7；(c) *RMSE*，IMERG；(d) *RMSE*，3B42V7；(e) *CC*，IMERG；(f) *CC*，3B42V7

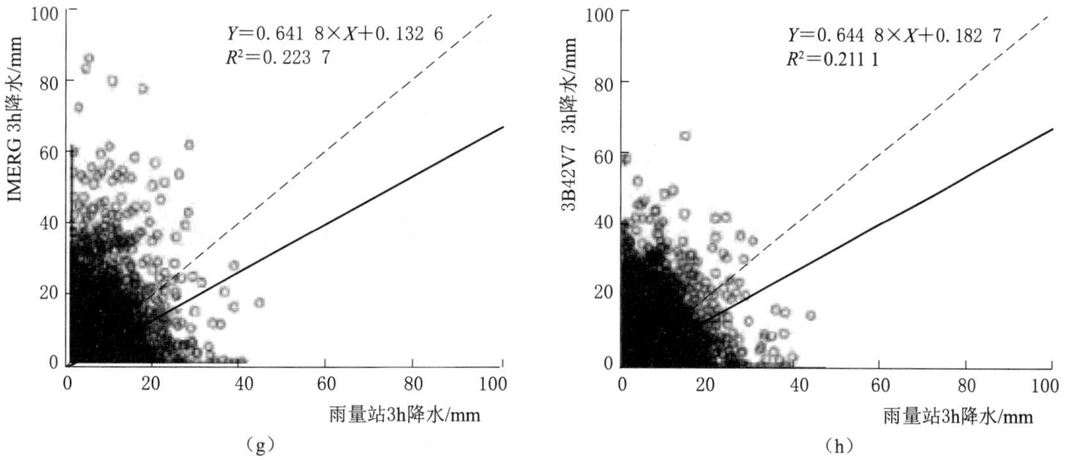

图 3.1（二） IMERG Final 和 TRMM 3B42V7 青藏高原对比
(g) IMERF-雨量站散点图；(h) 3B42V7-雨量站散点图

通过分析 2014 年暖季 3h 降水的发现，两套产品的统计指标局域相似的空间分布特征，但是 IMERG 具有更高的相关性，更小的误差和更好的小降水探测能力。但是在海拔超过 4200m 的区域，3B42V7 的命中率（POD）比 IMERG 略高。尽管青藏高原的降雪观测数据比较少，但仍可以通过对比分析发现 IMERG 具有一定的降雪探测能力，而 3B42V7 则不具备这种能力。TANG 等在中国范围通过反距离权重法（IDW），将 2400 个雨量站的点测量数据插值形成规则网格数据对 IMERG 和 3B42V7 进行了比较。结果表明在中国的东部和南部，两个产品均和雨量站观测数据较为符合。但是在中国的西部地区和北部地区部，降水产品和雨量站数据的相关性较低，在西部地区相关性甚至低于 0.2，出现这种情况的原因主要包括：①在 IMERG Final 的生产过程中，使用了 GPCC 站点观测数据进行校正，但是 GPCC 几乎没有站点在青藏高原地区，因此 IMERG Final 在这个地区的表现自然就会下降；②由于青藏高原地区站点稀疏，导致根据雨量站点测量数据插值得到的网格数据存在较大的不确定性；③由于西部地区的地形和气候条件均较为复杂，这使得卫星降水估计的难度大大提高。

由俄克拉荷马大学和 NASA SERVIR 项目组合作开发的 CREST（Coupled Routing and Excess STorage）模型已经被成功应用在一系列多尺度气象和水文模型中。研究者使用 CREST V2.1 版本在赣江流域对 IMERG 和 TMPA 3B42V7/3B42RT 的质量和水文连续性进行了对比。用 CGDPA（China Gaugc - bascd Daily Precipitation Analysis）作地面降水的真实值。以 2003—2009 年为率定期，使用 CGDPA 对 CREST 模型的参数进行率定。以 2014 年 5 月 1 日至 9 月 30 日为验证期，输入 CGDPA、3B42V7、3B42RT 和 IMERG 等降水数据驱动水文模型。结果表明在径流模拟上，CGDPA 具有最好的监测效果，IMERG 其次。如图 3.2 所示，IMERG 和 CGDPA 的径流模拟图非常相近，效果均优于 3B42V7 和 3B42RT。

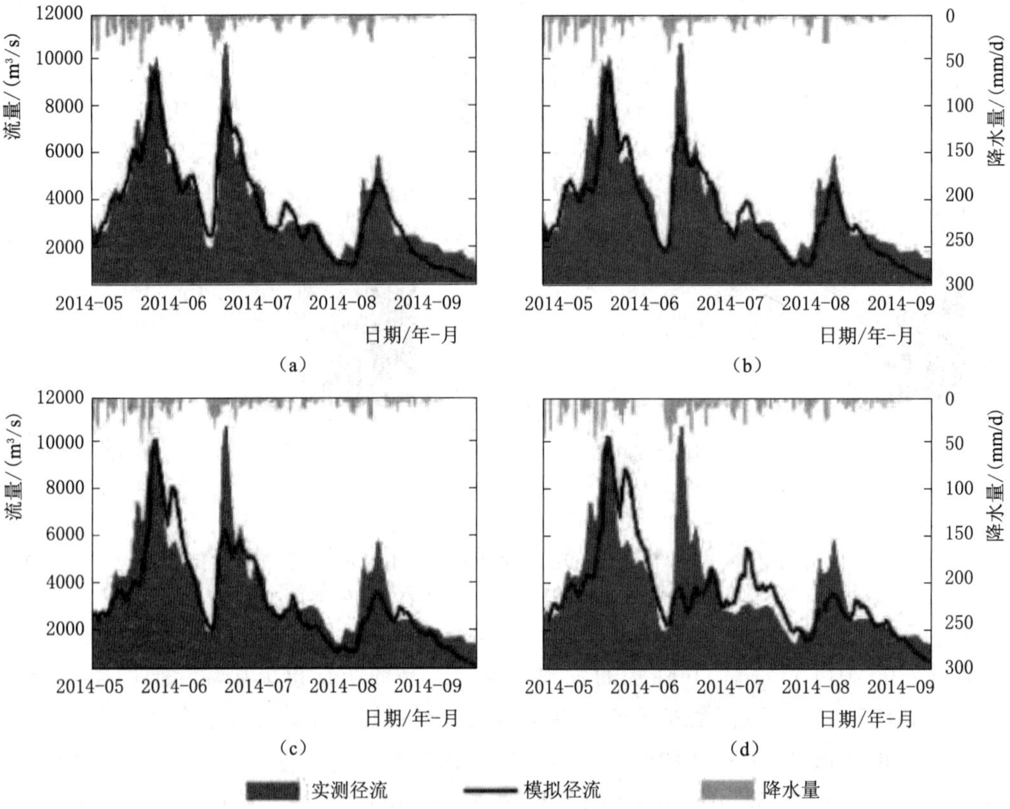

图 3.2　IMERG 和 CGDPA 径流模拟图

(a) CGDPA；(b) IMERG；(c) 3B42V7；(d) 3B42RT

3.8　存在问题与展望

当前，人类正面临着全球气候变化的严峻挑战，并且这一趋势仍将会持续下去。在这样的一个大背景下，为了保持全球的持续发展，必须系统地、深入地了解全球降水的变化过程及其内部机制。目前在轨运行的 TRMM 降水雷达仅能覆盖 35°N～35°S 的区域，它对于小雨和强降水的观测还不够敏感，空间分辨率和时间分辨率也不够高。美国 NASA 和日本 JAXA 合作开展了全球降水观测计划合作项目（GPM）。GPM 卫星由一个携带两个主要设备［Ku/Ka 双频降雨雷达（DPR）和 GPM 微波成像仪（GMI）］的核心航天器和一个仅携带一台微波成像仪的低倾角航天器组成。GPM 主卫星于 2013 年发射，轨道高度为 400 km，轨道倾角为 65°，设计运营寿命至少 5 年。GPM 的目标是提供覆盖南北纬 90%以上区域，时间分辨率为 3h 的全球卫星降水产品，该产品能够区分降雨和降雪，更好地反映小雨和强降水，把目前 TRMM 反演产品的误差从 40%减小到 20%，从而推动国际水文和气象研究。

以往研究结果表明，GEO－IR 数据的时间采样频率高、覆盖范围大，而 VIS/IR 算法精度受到限制；PR 算法精度最高，可提供三维空间降水结构，但 PR 采样频率和覆盖范围小；PMW算法精度高于VIS/IR算法，但算法复杂且数据时空分辨率低。因此，运用多通道（可见光/红外和微波）、多卫星（地球静止卫星和近地轨道卫星）、多模式（主动和被动）的联合手段来监测地球降水的长期变化，已成为当前十分具有前景的研究与应用领域。目前，监测内容已经从单纯的近地面降水扩展到了降水系统的空间分布，并向将时间分辨率提高到1h（如新版本的GSMaP产品）扩展。监测范围已经从中低纬度降水向全球范围的水循环系统扩展（如GPM卫星）。同时，国际降水工作小组（IPWG）将继续对各种降水数据进行定量评估，并努力整合更高质量的降水数据。在全球的努力下，相信最终将实现多传感器的降水联合反演，从而形成具有高度一致性和可靠性的高分辨率全球降水产品。

对各种算法和应用结果的综合分析表明，任何当前的方法和数据都有其自身的优缺点，而且，集成的联合反演算法代码还不够开放。对于像我国这样的国土辽阔，地势复杂，不同地区不同的降水天气系统以及有较大的降水时空变化的国家，如何在了解国际前沿的基础上，有计划、分步地开发降水观测卫星，创新研究降水反演算法，开发有效的降水产品以及进入世界一流的降水监测和研究水平，是长期发展必须深思的重要问题。可以看出，经过多年的不懈努力和发展，我国风云气象卫星获得的降水反演产品已经投入运营并得到了广泛使用。同时，也注意到有必要加强PMW和PR以及多传感器联合反演算法的关键和基础研究，以实现多传感器联合反演全球降水的业务化并有效服务于我国的社会和经济发展。

3.9 典 型 案 例

自1960年以来，黄河源区共出现了7次断流。2000年青海地质调查院对黄河源头区域进行了比例为1∶25万的生态环境地质调查，通过调查和1∶50000遥感解释，结合气象资料和勘探采样，对黄河源区的生态环境进行了探索性研究。但是，由于黄河源区缺乏基本的水文资料，遥感数据缺乏连续性，其结果难以直接用于黄河源区水循环的分析。黄河源区海拔高，环境恶劣，降水资料不足，已成为研究黄河源区水循环的制约因素。遥感数据可以弥补雨量站的不足。近年来，许多学者使用降雨站和卫星数据来反演降水。本研究利用黄河源区观测站的降水观测数据和NOAA/AVHRR遥感数据计算地表降水数据，并分析了黄河源区降水的空间分布特征。

3.9.1 研究区及资料数据

黄河源区面积大约12.2×10^4km，位于95°50′45″E～103°28′9″E与32°12′11″N～35°48′7″N之间，位于河源至唐乃亥水文站之间，属于青藏高原亚寒带半湿润区，年降水量约为250～750mm。每年6—9月为主要降水期，占了全年的75%～90%。

反演研究区的面降水利用的是1993年和1995年6—9月NOAA-AVHRR LAC遥感及相应时期的测站降水数据。遥感数据的空间分辨率为1100m。为了与遥感数据相对应，根据卫星传播时间以1h、3h和5h间隔对降水数据进行计数，得到与遥感数据对应的降水量，在此基础上进行讨论。

3.9.2 研究方法

根据黄河源区1993年和1995年AVHRR遥感云影像分析的云系特征和降水特征，采用滑动移动窗口法处理黄河源区的遥感数据，获取黄河源区降水云系统的特征。分析和计算黄河源区的降水是根据可见光（VIS）和红外（IR）遥感反演降水原理，确定利用云反照率（A）、云亮温（B）、云覆盖率（C）和云斜率参数（S）4项指标得到。

1. 遥感数据处理

云反照率、云亮温和云覆盖率随着云层的增高而增加，云中冰颗粒比例增加，云反照率增加，亮温降低，云的覆盖率反映了云体的大小。对黄河源区云体的分析，可以确定以AVHRR中第5通道亮温小于260K为阈值，以此确定黄河源区云系范围，并按11×11个像元大小范围开辟视窗计算云反照率、云亮温和云覆盖率特征。具体计算过程如下：

$$C = \sum_{i}^{n}\delta_i/n \tag{3.8}$$

式中：δ_i 为云的取值，当AVHRR中第5通道亮温小于260K时，$\delta_i=1$，当AVHRR中第5通道亮温大于260K时，$\delta_i=0$；n 为开辟视窗的像元数。

$$A = \sum_{i}^{n}\alpha_i/n \tag{3.9}$$

式中：n 为开辟视窗的像元数；α_i 为像元点上云的反照率，当AVHRR中第5通道亮温大于260K时，$\alpha_i=0$；当AVHRR中第5通道亮温小于260K时，α_i 利于AVHRR第1、2通道反射率 ρ_1、ρ_2 计算：

$$\alpha = 0.545\rho_1 + 0.320\rho_2 + 0.035$$

$$B = \sum_{i}^{n}B_{T5_i}/n \tag{3.10}$$

式中：B_{T5_i} 为AVHRR第5通道像元点的亮温，当AVHRR中第5通道亮温小于260K时，B_{T5_i} 等于实际亮温，当第5通道亮温大于260K时，该像元将不计算在内；n 为开辟视窗内云覆盖范围内像元个数。

2. 云斜率参数

Adler等用一维云模式表示云体的特征。较大的 S 值表示有对流区存在，较小 S 值则表示一个不活跃的区域。由于黄河源区降水云系较大，AVHRR遥感数据空间分辨率较高的特点，因此将Negri－adler方法中相邻6个像元扩大为40×20个像元的视窗，即

$$S=\overline{T}_{avg}-T_{min} \tag{3.11}$$

式中：T_{min} 为计算像元点的亮温；$\overline{T}_{avg}$ 为以该像元点为中心，开辟的40×20个像元视窗内，纵横相邻60个像元的平均亮温，即

$$\overline{T}_{avg} = \left(\sum_{n=1}^{20}T_{i-n,j} + \sum_{n=1}^{20}T_{i+n,j} + \sum_{n=1}^{20}T_{i,j+n}\right)/60 \tag{3.12}$$

3. 降水估算模型

（1）黄河源区1993年和1995年 A、B、C 和 S 指标是利用1h降水量与云遥感信息特

征相关性按照滑动一变动视窗方法计算得出，通过分析研究区水文、气象站 1h 降水量数据和对应空间位置卫星过境时间 A、B 及 S 间的相关关系可以得到黄河源区 1h 降水量与 A、B 及 S 间有一定的相关性。

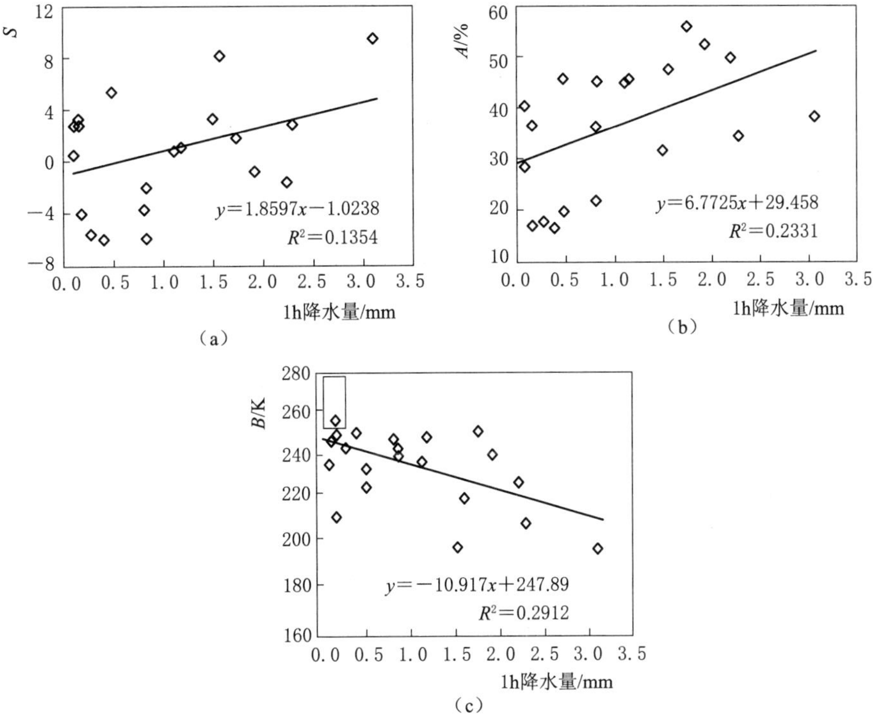

图 3.3 1h 降水量与 A、B 及 S 间的相关性

(2) 1h 降水模型与模型验证。由图 3.3 可得 1h 降水量与 A、S 成正比关系，与 B 成反比关系。根据上述规律首先用 1995 年 1h 降水与上述 3 要素建立模型，再用 1993 年数据进行模型结构检验。最后将 1993 年和 1995 年的数据合在一起，以此来扩大样本数，重新调整模型参数，从而建立黄河源区 1h 降水遥感计算模型。

选取 1995 年 1h 降水量与 A、S 和 B 数据建立模型如下：

$$R_{1h}=\frac{aA+bS-d}{eB} \tag{3.13}$$

式中：R_{1h} 为 1h 降水量；a、b、d 和 e 为模型参数，分别为 3.150、0.020、55.018 和 0.313。建立该模型所用的样本数为 14，相关系数达到 0.7，说明模型相关性较好。用 1993 年的 8 个样本的 1h 降水量与 A、S 和 B 进行模型检验，相关系数达 0.71，F 检验值达到 0.07，此结果说明式（3.13）的模型结构可靠。

将 1993 年和 1995 年的数据合在一起，按（3.13）式模型重新拟合模型参数，并统计 1h 降水时 11×11 个像元视窗内 C，得到 $C=0.78$，可以得到黄河源区 1h 降水量的遥感计算模型为

$$R_{1h}=\frac{2.734A+3.133S-7.804}{0.388B}\quad (C>0.78) \tag{3.14}$$

建立该模型所用的样本数为 21，相关系数为 0.64，说明模型可靠性较好，可用于黄河源区 1h 降水量计算。

(3) 在处理了 3h 和 5h 的降水模型并验证了模型验证数据之后，分析了降水数据中每个时间间隔的降水量的相关性，得出卫星过境时 1h 和 3h、5h 降水量的相关关系如图 3.4 所示。从图 3.4 可以看出，1h 和 3h、5h 降水量的线性相关比较显著；进一步分析 3h、5h 降水时，可以统计出在 11×11 个像元的视窗范围内，3h、5h 降水分别对应的云覆盖率 C 是 0.81 和 0.95。归纳 1h 和 3h、5h 降水的线性相关模型以及相对应的云覆盖率情况，可以得出黄河源区 3h、5h 降水的计算模型为

$$R_{3h}=0.55+2.16R_{1h}\quad (C>0.81) \tag{3.15}$$

$$R_{5h}=0.89+2.94R_{1h}\quad (C>0.95) \tag{3.16}$$

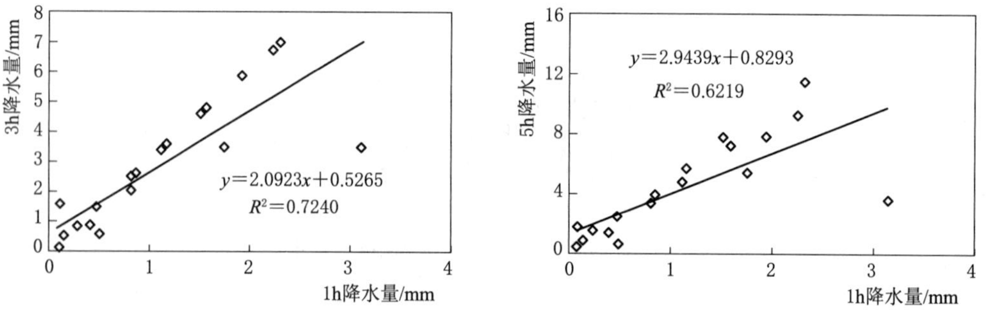

图 3.4　1h 和 3h、5h 降水量的相关分析

3.9.3　结果与分析

1. 降雨径流过程对比分析

选取 1 次径流过程，分析其降水空间的分布特性与洪水过程（图 3.5、图 3.6）。如图 3.6 所示 1995 年 8 月 1 日 0：00，唐乃亥水文站的径流量从 20h 后开始起涨，同时军功和吉迈径流量都有上涨，而玛曲的径流量却基本保持不变，这表明了降水主要分布于吉迈以上区间、玛曲—军功、军功—唐乃亥区间，此结果与图 3.5 相吻合。8 月 2 日唐乃亥水文站的径流量出现较大的起涨，军功和吉迈水文站有微弱的涨水，玛曲的径流量过程线持平，这表明降水主要分布于军功—唐乃亥区间。如图 3.5 所示雨区南移，玛曲—军功区间降水量少。到 8 月 4 日玛曲、军功、唐乃亥的洪水过程都出现了起涨，玛曲的过程线比较平坦，但唐乃亥的过程线比军功的洪水过程线陡，这说明降水主要分布于玛曲以上区域，并且玛曲—军功之间的降水较少，军功—唐乃亥区间的降水增多，这一表现与遥感反演的降水空间分布相一致。

面降水能消除个体观测站误差，例如在 1995 年 8 月 5 日，玛曲水文站的流量并未出现大的起涨，然而玛曲气象站的降水量达到了 13.4mm，利用遥感资料发现，此时仅是零星点降水，如果以此来推求降水-径流关系，则将会出现较大的偏差。

2. 黄河源区降水格局分析

(1) 降水的空间同步格局。整个黄河源区的降水面积大，无明显的降水中心，雨强较小，一般为 1～3mm/h（图 3.7）。

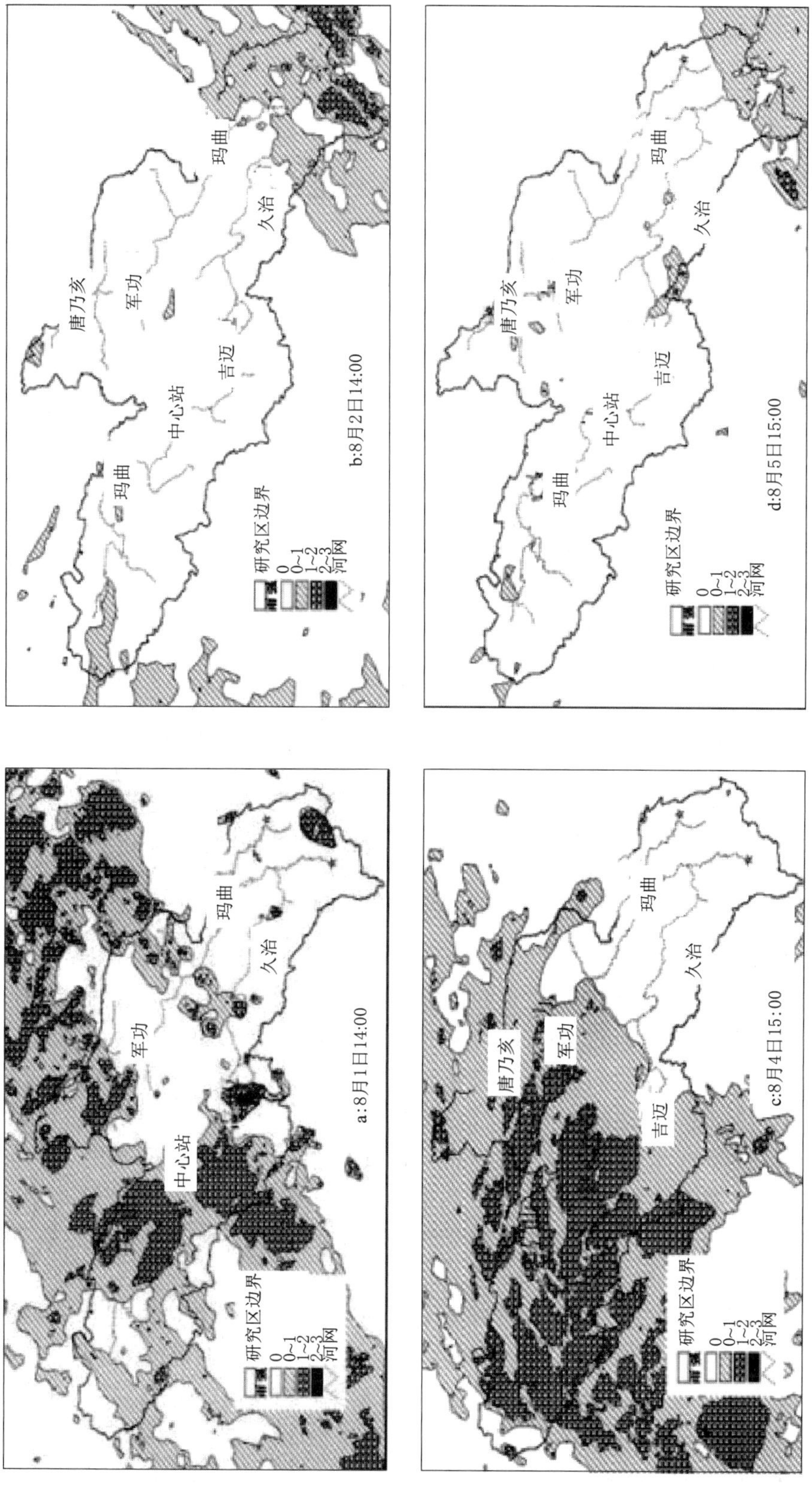

图 3.5 1995 年 8 月 1—5 日降水空间分布

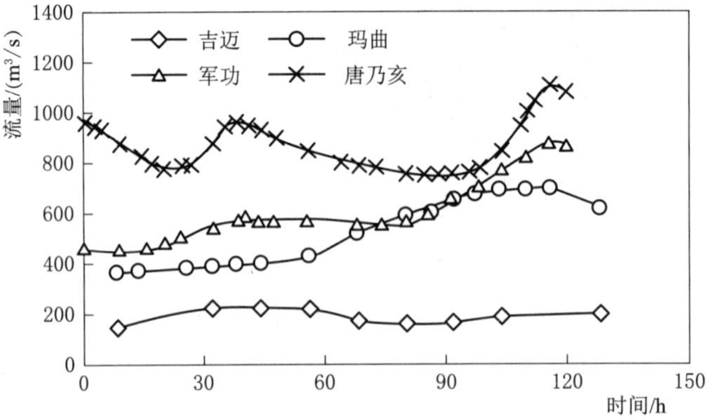

图 3.6　1995 年 8 月 1—5 日主要水文站的径流过程

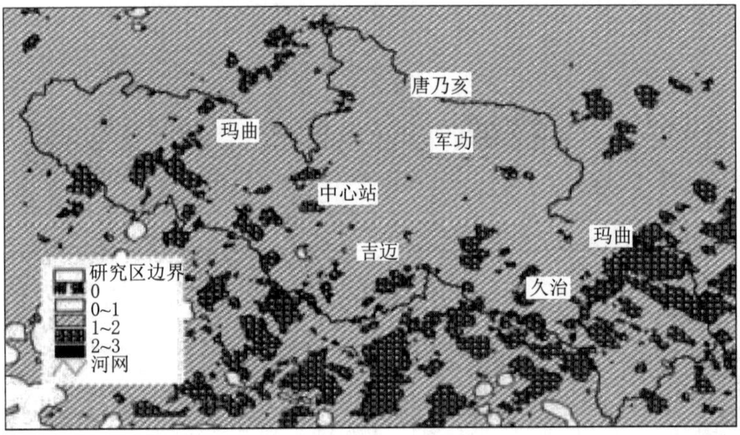

图 3.7　均匀型降水空间分布

（2）降水带状分布型的空间格局。西南—东北向带状降水空间格局（图 3.8），水汽从西南来，因受到阿尼玛卿山阻挡，所以在山的东西两侧，降水显示出明显的地带性。当水汽势力较弱时，则阿尼玛卿山以东区域将由于山的阻挡，降水量小，雨区主要分布于阿尼玛卿山以西及黑河和白河流域；但当水汽势力较强时，则阿尼玛卿山以东的地区也能形成降水（图 3a）。

东南—西北带状降水空间格局（图 3.9），在图中可以看到以阿尼玛卿山为界降水呈现明显的东西分布；降水主要分布于吉迈—玛曲的黑河和白河之间，阿尼玛卿山的以东地区。这种降水的水汽主要是来源于太平洋副热带高压和东南沿海台风输送的暖湿气流。

3.9.4　结论

使用滑动移动窗口方法，在分析黄河源区降水强度与云反射率，云高温以及云斜率参数的基础上，基于可见光/红外线遥感反演降水原理，创建了黄河源区的 1h、3h 和 5h 的降水模型，此模型的建立依赖的数据资料是 NOAA/AVHRR－LAC 资料。经过验证，结果表明该模型可靠性较好，可以用于黄河源区的 降水强度的计算。

在计算降水的空间分布和研究区域内各个水文站时发现，利用洪水过程线分析的降水

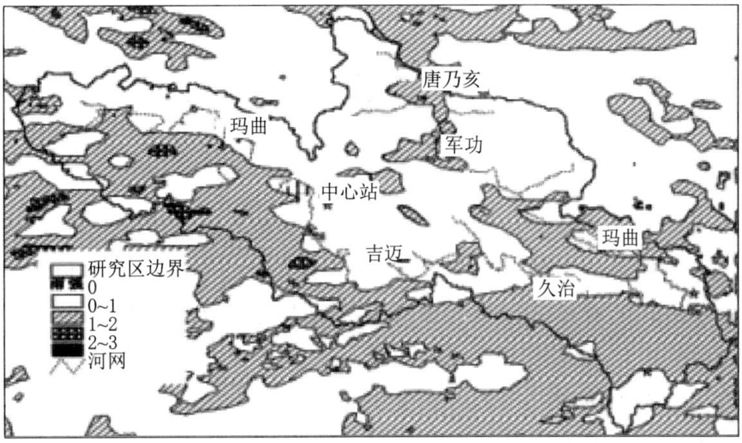

图 3.8 西南—东北向带状降水空间分布

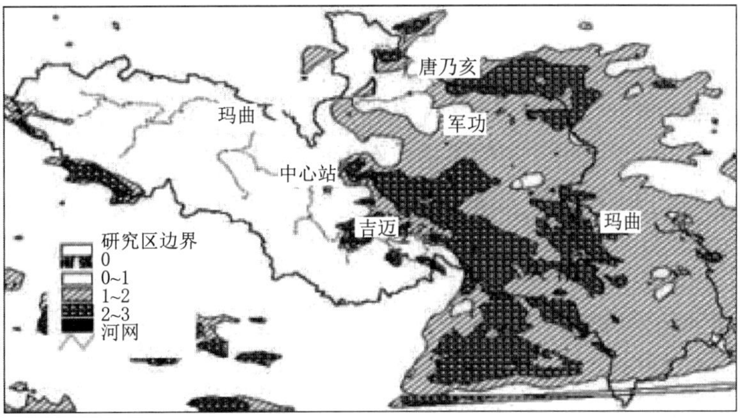

图 3.9 东南—西北带状降水空间分布

的空间分布规律与使用 AVHRR 所得到的分布规律比较一致，因此该结果可以被应用于黄河源区的水循环机制的研究中。通过 AVHRR 计算得到的降水强度，得到了黄河源区的降水空间分布。计算结果表明，由于受到地形和水汽来源的影响，黄河源区的降水在空间上可以分为三种格局，这样能较好地表现降水的空间分布。

第4章 地 下 水

地下水是淡水资源的重要组成部分，约占全球淡水资源总量的30%，是经济社会可持续发展的基础。目前世界面临的人口、资源、环境三大问题均直接或间接与地下水有关。我国人均水资源短缺，随着经济社会的高速发展和人口的急剧增加，地表水资源愈显不足且污染严重，而地下水以其储量丰富、水质良好等优点被大量开发利用，因此地下水在用水结构中所占的比例不断增大，成为工农业生产和城乡生活的重要水源。但是一些局部地区过量开采地下水，造成地下水采补失衡，地下水位持续下降，并引发地面沉降、生态环境退化、地下水污染等一系列问题。因此，为科学合理地开发利用地下水资源，迫切需要加强地下水动态监测，掌握地下水的时空变化规律，从而实现对地下水的可持续开发利用和有效保护。

传统的地下水监测方法，如钻井观测和水井观测，存在布设维护耗费人力物力、空间分布过于稀疏而难以有效反映地下水分布的空间异质性、无法实现大面积动态监测等不足。随着遥感技术的发展和可利用的遥感数据不断丰富，基于遥感技术的地下水监测方法得到了广泛关注和应用。许多研究基于重力（GRACE）卫星、InSAR等多源遥感影像在不同区域开展了地下水监测研究。但是GRACE卫星数据的空间分辨率较低，且反演结果为水储量变化，而不是地下水的水位或埋深；而SAR影像数据获取成本较高，限制了InSAR技术在地下水监测方面的应用。

4.1 研 究 现 状

国内外大量研究人员将遥感技术与地下水富集性评估结合起来做了大量的研究，取得了丰富的成果，推动了遥感技术应用的发展，并探索出一种全新的宏观、综合、动态、快速评估地下水富集性的方法，在实践中充分发挥了该方法的优势，为实现地下水资源合理开发和利用提供了有效的技术支撑。

4.1.1 国外研究现状

国外，遥感技术应用于地下水资源的勘探评估已经有50多年的历史。1961年科学家们利用热红外航空相片提取的地形信息和简单的水循环模型来判断地下水的存在，参照指示植被初步判断流出带和地下水补给来源。进入20世纪80年代后，随着多时相、多波段、多角度、高光谱和微波多极化遥感技术的发展，多遥感数据广泛用于与地下水密切相关的地质条件的解译和与地下水有关的地表植被、温度、土壤水分等环境因素的提取，取得了有效的成果。S. W. Finch等研究地下水的补给条件与指示作用，从植被、温度、水文等因子找到了地下水富集区域。Caesar等将遥感、物探、钻探多种方法对地下水资源评估的效率进行比较，认为遥感评估地下水具有很高的经济效益。20世纪90年代以来，地下水遥感监测评估技术研究得到了较全面的发展，数据源更加丰富，方法也日趋成熟，由单纯的遥感方法逐步发展到 RS、GIS、GPS 结合起来形成的 3S 一体化方法，通过多源遥感资料与水文、地质和物探资料的拟合，建立由地质、地貌、水文因素线形特征图、DEM 和实测数据构成的地理信息系统，推断地下水富水区。

4.1.2 国内研究现状

我国对地下水资源的遥感研究始于 20 世纪 80 年代初期，起步较晚，但发展迅速。刚开始研究人员主要利用热红外遥感数据，对地表温度信息进行反演，建立简单的地下水循环模型，通过地形分析和植被的指示作用对地下水富集区域和补给区域进行大体判断。经过 20 年的发展，随着地球观测卫星的不断升空，卫星遥感影像被广泛地应用于与地下水相关信息的提取和解译，包括储水构造和地层的分析解译，以及植被、温度、湿度等环境信息的提取，许多研究人员利用遥感影像对岩性、构造和水文等相关信息进行提取和解译，从中寻找有利的蓄水地层和构造，结合地面物探资料，较好地评估了区域地下水资源。李廷祺等从 MSS 图像判别含水层的岩性、区域地形地貌特征和地表水补给源，结合其成因类型对塔里木盆地地下水量、水质和埋藏深度等因素进行分析，按矿化度对地下水进行分类，定性地描绘了地下水量和地下水位的分布。王飞跃等从研究干旱区地下水与植被关系入手，通过植被遥感信息分析，推断出浅层地下水的富水区。到 20 世纪末，地下水评估发展到 3S 技术集成研究，将遥感数据和地面调查资料结合起来，在 GIS 平台上建立地下水分析和评估模型，对浅层地下水富集区域进行提取。塔西甫拉提·特依拜等利用卫星遥感数据评价干旱区绿洲-荒漠交错带地下水位的分布作为主要研究目的，使用全波段 Landsat－7 ETM＋图像，用遥感-数学-模型学融合的研究方法，利用实地考察的地下水位、土壤水分和其他辅助资料，建立了土壤水分和地下水位的实验方程，提出了评价地下水位分布的遥感模型——GLDRS 模型，并利用 GLDRS 模型对新疆策勒绿洲-荒漠交错带进行了实地验证。

4.2 定量遥感在地下水研究中的应用

定量遥感可以应用于地下水探测、地下水资源探测与评价、地下水水位与水量预测、地下水水质研究等领域。

4.2.1 地下水探测

遥感找水方法是以遥感影像为信息源和调查工具，既可由点到线到面，也可由面到线到点。遥感影像视域大，信息记录详尽，常常能够显示整个储水构造或整个水文地质单元的浮雕模型、地貌水系和岩层的具体展布、褶皱和断裂构造的具体变化，因此易于确定构造的规模和性质，易于找出应力集中和产状发生变化的具体部位，从而能够推断水脉和圈定富水地段。应用遥感方法寻找地下水大致有两种途径：一种是从遥感图像中提取地层岩性、构造、水文等水文地质信息，运用水文地质理论进行分析，确定有利的蓄水构造，进而推断地下水富集区，这种方法称为水文地质遥感信息分析法；另一种途径是从遥感图像中提取与地下水有关的植被、湖泊、水系等环境因子信息，根据这些环境因子对地下水的依存、制约关系，推断地下水的存在与富集状况，这种方法可称为环境遥感信息分析法。

王飞跃等从研究干旱区域地下水与植被关系入手，通过植被遥感信息分析，推断出浅层地下水的富水区；根据干旱区地表水主要受地下水补给这一规律，应用多时相遥感资料通过对区内巴彦布拉格湖水水域面积的动态分析，指出呼吉尔湖水接受深层地下水补给。其解译成果为该区域找水提供了方向，已得到后续物探、钻探工程证实。

4.2.2 地下水资源探测与评价

随着定量遥感的发展，遥感找地下水的定性研究逐步向地下水资源探测与评价的定量化方向发展。Caesar 等通过遥感、航空相片解释、区域资料收集、地球物理调查、抽水试验及信息反馈等多种方法联合研究了地下水探测的速度、准确度和经济性。张学勤等依据水量平衡理论，以沂河上游流域为调查研究区，采用不同时相的 TM 图像数据及多元信息复合技术，结合实地调查，对研究区的地下水资源状况进行分析，在此基础上给出了该区域地下水资源开发利用方案。

地下水埋深反演模型遥感技术可应用于地下水资源的探测与评价。最初地学专家们主要是用航空相片的目视判读方法，通过地形和指示性植被判断地下水的存在，并确定地下水溢出区的位置等。随着热红外遥感技术的发展，研究者主要将热红外遥感技术应用于地热资源勘探与评价，对其应用于地下水资源勘探与评价也做了一些尝试性的研究。有关研究表明，干旱区由于地下水通过岩石和土壤的毛管作用、热传导作用以及地表前列的蒸发作用，地表上的湿度和温度发生变化，而且这些变化在 Landsat TM 的热红外图像上表现出温度异常，湿润土壤的地表温度比水体温度高 5K，但是比干燥土壤低。利用这种特征进行 TM 热红外图像的温度反演以探测地下水富集带已取得了成功。由此可见，地下水与地表温度之间存在相关性。在此基础上，Yamguchi 等利用 Landsat TM6 热红外遥感数据，定量研究了干旱区典型地表覆盖类型的地表温度与地下水富集带的关系。塔西甫拉提·特依拜等利用遥感的热红外数据探测干旱区绿洲-荒漠交错带地下水的分布，以 Landsat7 ETM+的第 6 波段为数据源，结合实地考察在获取地下水位、土壤温度和相关辅助资料的基础上，应用遥感-数学相结合的方法，建立了地表温度和地下水的相关方程，制定了反演地下水水位的定量模型。该模型在新疆于田绿洲-荒漠交错带试验结果表明，研究结果符合实际，实地测量值与模型反演值的相关系数为 0.893。根据实测样点的经纬度，从反演的结果图像中选择出对应的埋深值，进行实测地下水埋深数据与 ARGLUTM 模型反演结果的比较。结果表明，利用 TM6 反演地下水埋深精度较高，但是也存在一定的误差，来源主要是在模型推演过程中参数的推算精度对结果的精度影响很大，在计算过程中观测数据量小，影响参数的精确性，以及地表植被覆盖度的变化和土壤类型的复杂性。傅碧宏等利用 Landsat TM6 热红外遥感数据定量反演了干旱地区的地表温度。研究区典型地表覆盖类型的地表温度比真实温度低 0.4K～1K，遥感反演的地面真实温度与当地 3 月下旬的实测温度误差在 0.8K 以内，说明用 Landsat TM6 定量反演干旱区的地表温度是可行的。研究结果还表明，地下水富集带地表温度具有异常现象，其地表温度比地表水体高约 5K，而比其他地表类型低 7K 以上。据此，可以利用热红外遥感技术有效探测干旱区地下水富集带的信息。

4.2.3 地下水水位与水量预测

近 50 年来，灌溉使得高原地区地下水含水层储水量越来越少。NASA 的重力恢复与气候试验提供了通过卫星遥感监测地下水水量变化的方法。NASA 于 2002 年发射的 GRACE 卫星能以较高精度监测上千千米或更大尺度区域的水储量变化。研究发现，在高原区，1987—1998 年地下水年储量的平均变化范围是 19.8m。Rodell 等利用 GRACE 卫星数据，对密西西比河流域及其主要子流域的地下水储量变化进行了估算，并分析了对缺乏认识的大区域含水层系统，利用 GRACE 数据观测地下水储量变化的可行性。Guntner 等将 GRACE 卫星获取的重力数据应用于全球水文模型 WGHM（WaterGAP Global Hydrology Model），模拟了全球 2003—2005 年地下水储量变化及其占总储水量变化的百分比，发现地下水储量无论是绝对值还是相对值在不同地区差别都很大。

蒸散发（ET）是许多半干旱流域地表水和地下水平衡系统中的重要组成部分，蒸散量的空间变化可间接反映地下水位水量变化。ET 的测定或模拟往往是在局部范围内，但是空间分布的评价需要水库来确定 ET。Scott 和 Russell 利用涡流协方差法定量化地确定了美国亚利桑那州 Upper San Pedro River 岸边 3 个生态系统的 ET 值，并且利用水量平衡方程确定了年地下水利用量。Groeneveld 等从加利福尼亚州、新墨西哥州和科罗拉多州 3 个地区干旱、半干旱浅层地下水的研究中获得蒸散发数据，仅通过单卫星图像，计算 NDVI，获得地下水年蒸散发量。

Komarov 等结合微波遥感和化学遥感，在水文因素、土壤介电常数和土壤对雷达波段反射特性的基础上，以人造水库周边地区作为研究区，建立土壤水分和地下水之间的实验方程，提出了在地下水位 3m 以上的高水位区测定地下水位的方法。除了土壤水分，反映地下水水位的因素还有植被类型、植被覆盖度、土壤温度等可由定量遥感获取的信息。Fayer 等对区域内不同土地利用方式下的地下水补给进行了模拟，并预测了地下水位的变化。这几种因素随地下水位的高低而变化。通过定量遥感手段获取并充分利用这些因素，对于建立用于地下水位遥感监测的植被类型、植被覆盖度、土壤温度模型更有意义。

4.2.4 地下水水质研究

遥感不仅可以用来探测、评价、预测地下水水量，而且可以用来研究地下水水质问题。一方面，地下水的水质取决于含水层的岩性组分，从遥感图像中提取构造、地层岩性、水文等地质信息，可以概略评价地下水水质；另一方面，由于环境指示因子与地下水密切相关，可以应用遥感技术来调查环境指示因子反映地下水的富存与水质状况。在生态环境修复与保护中，地下水的生态效应具有重要的意义。综合遥感观测数据和地下水相关资料，发现地下水中的总溶解固体对植被的生长是有影响的，TDS＝0.9mg/L 为最佳值。

根据地下水的主要物质成分和给定的水质标准分析地下水水质的时空分布状况，可以为地下水资源的开发利用规划和管理提供科学依据。传统的地下水水质评价方法，如模糊综合评价法、灰色系统法、模型法和理论法，一般只是定性或半定量地对地下水水质做出评价，无法体现出水质变化的瞬时性。要想使地区的地下水资源水质评价结果具有实时性，很有必要建立综合评价监测系统，对该地区的地下水实行动态监测，综合运用 3S 技术，使得评价结果更加准确化。

定量遥感还可以应用到地下水其他方面的研究，如地下水模拟、特殊地貌研究等。Kresic 用水文地质遥感研究了巴尔干半岛迪纳拉山脉喀斯特地貌及地下水的水流。世界上最大的泉、陡峭的落水洞、石灰坑在卫星影像和航空照片上是很明显的。它们的构造特征和喀斯特地下水流动的重要性已在很多区域研究中得到证实，如示踪试验、地球物理研究和抽水试验。Jagannathan 等阐述了遥感和地理信息系统技术在印度塞伦地区地下水源的发展以及适于人工补给地下含水层的划分过程中所起的作用。目前地下水遥感监测在农业和实际生产应用中已越来越受到人们的重视，由试验研究向实用化、产业化迈进。

4.3 遥感监测地下水资源的主要模型与方法

地下水遥感监测的依据是地下水与地表水、植被、土壤水分和温度等遥感信息的相关性。通过分析遥感图像上与地下水有关的地表信息，可以了解地下水状况。

4.3.1 遥感信息定量反演模型

遥感信息定量反演模型是指通过实验的、数学的或物理的模型将遥感信息与观测地表目标参量联系起来，将遥感信息定量地反演或推算为某些地学、生物学及大气等观测目标参量。通过建立从遥感图像能测定的地下水有密切关系的水文因素和地下水位的定量评价模型，对地下水资源进行估测。

干旱区降水量极少，蒸发量大，土壤含水量受地下水埋深影响极大。当潜水位高时，表层土壤可得到毛细管水的补给，使其保持较高的土壤含水量，随着潜水位的下降，土壤含水量随毛细管水的补给减少而下降，以至土壤的有效含水量不能满足植物的需要而造成土壤干旱。地下水通过毛细管作用和热传导作用，导致地表湿度的变化，一定深度的土壤水分是地下水位高低的直接反映。但由于种种原因，这些土壤水分遥感监测模型在国内外成功应用到找水领域的很少，如以 S. A. Komarov 为代表的微波遥感监测模型和以塔西甫拉提·特依拜为代表的 GLRDS 模型。前者以地下水位 3m 以上的水库高水位区作为研究区，利用 2.25cm 和 27cm 波段建立了地下水位定量监测的微波遥感模型，但由于微波对湿润土壤的透射能力的局限性，该模型无法得到广泛的应用和推广。后者研究区为地下水位 2～7m 的绿洲-荒漠交错带，所使用数据为 ETM+ 2、3、4 波段，引入光学植被盖度的概念，消除植被对反映地下水信息的土壤反射辐射的干扰，基于地表 10cm 土壤水分和地下水位之间建立的模型较成功地计算和评价地下水位。然而，可见光和热红外遥感只能反映地表的特征，对 GLDRS 模型所采用的 ETM+图像监测土壤水分的有效深度为 10cm 的观点还存在较大争议。

4.3.2 地下水遥感监测方法

1. 水文地质遥感信息分析法

水文地质遥感信息分析法先从图像中提取地层岩性、构造、水文等水文地质信息，确定有利的蓄水构造，进而推断地下水富集区。多种影像因子中地质和地貌信息是反映地下水存在状况和动态变化的重要因素。地下水存储量很大程度上受岩石层的有孔性制约。因此水文地质单元的描绘和制图是判断地下水的关键。地下水的水质也取决于含水层的性质、含水层的矿物成分，岩石成分影响地下水的盐碱度。遥感图像能够反映这些水文地质地貌特性，为地下水遥感监测提供可供分析的信息。水文地质遥感信息分析法用于埋层较深的裂隙水和岩溶水，可评价大面积地下水存储量的宏观调查、评价。此方法基于假设的理论知识和大量的实地考察进行估计，缺点是评价精度不确定。

2. 环境遥感信息分析法

环境遥感信息分析法是指从遥感图像上提取与地下水有关的植被、湖泊、水系等环境因子信息，根据这些环境因子对地下水的依存、制约关系，推断地下水的存在与富集状况。在干旱地区地下水主要有地表降水和山带积雪冰川补给，地表径流和冰雪分布及其动态变化特征是判断地下水的重要因素。

各种环境因子与地下水的相关性受气候、人类活动控制。在湿润地带，环境因子受大气降水、人工灌溉等因素影响较大，与地下水相关性较小，因此，在遥感图像上，环境信息在大多数情况下被视为水文地质信息的“噪声”信息；在干旱地带，由于大气降水极少，人工灌溉很少，对环境因子干扰不大，故环境因子与地下水密切相关，可以根据环境遥感信息分析地下水的赋存状况。在干旱区植被是地下水的直接指示因素，它的生长状态受气候、岩性、地貌、水文地质条件等因素控制，尤其是与区域浅层地下水——潜水关系密切。在气候、土壤湿度变化不大的情况下，地下水的埋深、矿化度、水化学类型对植被生长产生较大的影响。通过植被种群、植被覆盖度的差异，可以分析地下水的排泄点及地下水的埋深、矿化度和水化学类型等有关信息。由于干旱区不同植被类型对地下水埋深深度有不同的要求（如芦苇生长在地下水位3～7m的区域，红柳生长在地下水位6～11m的区域），通过识别植被类型能够判断地下水埋深的范围。环境遥感信息分析法用于浅层空隙水的监测和地下水溢出带的判断直观、较简单，但无法实现地下水及其动态变化的定量化。

3. 热红外遥感地表热异常监测法

热红外遥感地表热异常监测法是利用热红外波段（10.4～12.5μm）图像资料，通过测定地面温度来判断地下水的存在。干旱、半干旱地区由于地下水通过毛细管作用和热传导作用，地表湿度和温度发生变化，导致热红外遥感图像上表现出温度异常。这使热红外遥感寻找地下水成为可能。

在白天，一方面，地物吸收太阳辐射，温度有增高的趋势，即太阳辐射的增温效应。一般而言，湿度大的地物，因热容量大，增温慢，在图像上显示冷异常，而热容量小的地物增温快，在图像上显示热异常。另一方面，由于地物中所含水分的蒸发，带走热能，温度又呈下降的趋势，即水分的蒸发冷却效应。每一时刻地物温度是上述两种效应综合作用的结果。水分蒸发冷却效应的强度主要取决于土壤水分的含量，水分含量偏高，冷却效应强，在白天的热红外图像上呈冷异常；反之，则呈热异常。地下水径流温度的变化是热红外遥感探测地下水的物理基础。傅碧宏等利用 Landsat TM6 热红外遥感数据定量反演了干旱区的地表温度，发现地下水富集带地表温度具有异常现象，其地表温度比地表水体高5K左右，而比其他地表类型低7K以上，并据此提出了热红外遥感技术有效探测地下水富集带信息的可能性。王飞跃等分析了矿坑突水资料，通过对演马矿井热红外遥感图像的解译，发现了两个L8灰岩进水口，即泄入第四系底砾岩层中的奥陶系灰岩岩溶水运移到第四系覆盖的L8灰岩层露头处时渗入L8灰岩的部位，该两个进水口已得到证实。但地表温度作为大气-地表能量循环和地表物理过程中的关键因素受到风速、当地气候条件等多种因素的影响，其反演工作是目前遥感领域中的难题。随着海面温度遥感反演技术的成功，陆面温度的反演变的越来越有可能。国内外学者运用分裂窗口技术高精度地反演了陆面组分温度，为热红外遥感监测地下水提供了更有活力的技术手段。

4.4　地下水富集性遥感评估方法

地下水富集性遥感评估的依据是地下水与地表水、植被、土壤湿度和地表温度等遥感信息的相关性。通过分析遥感图像上与地下水有关的地表信息，可以了解地下水状况。目前，地下水富集性遥感评估的方法主要有单因素模型评估和多因素水文地质分析法评估。

4.4.1　单因素模型评估

1. 地表土壤湿度评估地下水富集性

土壤含水量受地下水富集程度和埋深影响极大。当地下水富集程度高，埋深浅时，表层土壤可得到毛细水的补给，使其保持较高的土壤含水量。随着浅层地下水水位的降低，地下水的富集量减少，土壤含水量随毛细水的补给减少而下降，以至土壤的有效含水量不能满足植物的需要而造成土壤干旱。在某种程度上，土壤湿度反映了地下水的富集程度，因此可将土壤湿度作为地下水存在的指示因子。目前，应用遥感数据反演土壤水分的方法和理论已经非常成熟，取得了不少成果，但是，这些土壤湿度反演模型却很少应用于地下水勘察评估，研究成果也比较少。李巨芬等在辽宁省凌源市利用 Landsat 影像提取山区土壤湿度，结合其他方面资料，圈定了研究区的浅层地下水的相对富集区。李薇利用 MODIS 数据提取了毛乌素沙漠的地表湿度信息，以此建立了地下水位的遥感信息评价模型，预测模型相关系数达到 0.78。应用遥感技术反演地表土壤湿度，并在此基础上评估地下水富集性在干旱地区具有较好的效果，因为干旱地区降水少，空气湿度低，蒸发量大，地下水分的剖面呈较理想的毛细分布，土壤湿度和地下水的相关性比较明显。但在气候湿润的地区，由于土壤湿度受到大气降水和人工灌溉的干扰，土壤水分剖面随大气降水变化，土壤湿度与地下水的相关性明显降低，效果不理想。

2. 热红外地表热异常评估地下水富集性

由于地下水的赋存，地表温度发生异常，热红外遥感监测法就是基于这种原理利用热红外波段（10.4～12.5μm）来推断地下水的赋存。由于水体热惯量大，干旱、半干旱地区的浅层地下水富集区，昼夜温差、冬夏温差较小，从而利用不同时相的热红外遥感图像，即可发现温度变化异常。我国有许多学者采用该方法研究过地下水富集性。傅碧宏等用 Landsat TM6 热红外遥感数据定量反演了石羊河流域的地表温度，在地表温度的信息异常带发现地下水的富集区，并且地下水信息异常带比正常地面低 7K，据此可以利用热红外遥感技术有效地探测干旱区地下水富集带的信息。但地表温度作为大气-地表能量循环和地表物理过程中的关键因素，受地物的发射率差异、地形、风速、大气及当地气候条件等多种因素的影响，其反演工作是目前遥感领域中的难题。不过，海面温度遥感反演技术的成功，给予了陆面温度反演工作极大的动力。国内外学者运用分裂窗口技术高精度地反演了陆面组分温度，为热红外遥感监测地下水提供了更有活力的技术手段。

3. 植被信息评估地下水富集性

国内外不少专家研究了植被与地下水的相互作用关系。在大量观测数据的基础上，

Maitre等研究了地表植被覆盖的变化对地下水补给条件的影响。遥感资料与地下水数据的结合加深了人们对地下水与植被之间相互作用的认识，同时提高了地下水模拟的精度。金晓媚等在银川盆地引入条件植被覆盖率的概念，将遥感技术与地下水数据相结合，对适宜于植被生长的地下水位埋深进行了研究，研究发现条件植被覆盖度与地下水位在2～8m之间有很好的相关性。孙宪春等同样在银川盆地展开研究，基于混合分布函数和数据直方图之间的关系，用最小二乘法估计参数的新方法结合NDVI指数，对地下水埋深和植被生长进行了定量分析，认为地下水埋深对植被的影响服从正态分布。

地下水的赋存对植被有较强的控制作用，地下水的富集通过植被得以反映，通过遥感手段分析植被的变化可以间接了解地下水信息的变化。利用植被信息对地下水进行研究同样存在不少问题：一是这种方法只能在有植被覆盖的区域应用，限制了它的使用范围；二是影响植被发育的不仅仅是地下水位埋深，还有地下水矿化度、地形地貌、海拔、气候，受到较多的因素干扰；三是不同的植被类型对地下水位的响应也不同，所以植被指数反演地下水只能在植被种类相对单一的区域应用。

4.4.2 多因素水文地质分析法评估

地下水对地表湿度、温度、植被起着控制和影响作用，但它本身也受到地下水流系统的控制。人为或自然因素对地下水的补给和排泄产生影响，这种影响会通过地下水流系统传递到整个水文循环当中，对地下水造成影响。Thompson等基于DEM模型提取地形因子，通过在一个小型山间盆地的地下水研究，发现该区域的地下水位与该点单位长度等高线的集水面积以及地形坡度有很好的相关关系。大气降水入渗补给地下水的山间盆地，地形对地下水的补给有控制作用，这种控制作用的结果表现在地形因子和地下水位的相关性上，控制作用越明显，相关性越大。

随着遥感技术的不断成熟和遥感数据的丰富，应用多源遥感数据提取与地下水相关的多个因子对地下水进行评估的研究受到较多关注。Gumma等利用降雨量、汇流强度、土地利用等七个指标对加纳的地下水潜在富集区进行评估，认为RS、GIS技术可以很好地进行国家范围的地下水评价。M. Vasanthavigar等用遥感提取地形、地貌、水网密度和断裂密度对盆地内的构造裂隙水进行评估，结果表明断裂交汇部位是地下水富集区，与实际的找水经验相一致。D. Machiwal等用遥感提取与地下水相关的10个指标，通过主成分变换选择其中7个指标对干旱区地下水富集性进行评估，评估结果与实地验证大体一致，结果还表明年降雨量和海拔与地下水分布没有相关性。万峥在内蒙古通辽科尔沁草原-沙漠带，利用Landsat全波段影像，结合水文地质因子，建立地下水分布遥感监测模型，经过实地验证取得了较好的效果。然而，这些模型都针对单一的地貌类型和区域，考虑的指标都不够全面，需要有一定的限制条件才能适用，没有较好的普适性；其次，这些模型只针对单一时相，提取的遥感信息无法克服成像当时的气象、水文条件的影响，无法较为稳定地反映地下水富集区；再次，他们将评估指标从连续的区间分布划分成为少数几个离散的等级，由于地下水富集性具有相对性和模糊性，这样的量化方式难以准确地描述地下水的富集程度，而且评估模型各指标也只是简单的并列关系，各指标对于地下水影响作用解释不清楚，当指标数量较多时难以准确量化各指标对评估结果的影响。

4.5 研 究 展 望

从国内外研究情况看，目前地下水资源的监测主要是靠水文地质特征、地下水所处的环境因素、岩层构造条件的目视解译和常规的计算机数据统计方法来分析遥感数据。遥感最终目标是解决实际应用问题，但是仅靠目视解译和常规的数据统计方法来分析遥感数据，精度不高，应用效率相对低。本书介绍的方法和模型反映了定量遥感正成为地下水遥感监测发展的前沿，通过对遥感数据进行定量处理与分析，建立遥感信息模型，才能可靠和高效地解决地下水遥感监测信息快速处理、分析与提取问题。因此遥感信息定量反演模型在地下水反演工作中将会得到进一步的发展和应用。随着遥感技术向着多平台、多遥感器、多时相、多光谱、多角度和多种空间分辨率方向发展，Landsat MSS/TM/ETM＋、SPOT、InSAR、ERS-SAR、SIR-A/C、GPR 数据应用于地下水资源调查与评价，显然，综合运用多种遥感信息可以提高地下水遥感监测水平。近年来，地下水遥感监测方法、模型的研究仍在深入，特别是与 GIS 结合日益紧密，定量遥感的发展，雷达技术的日益兴起必将提高提取精度和时效。地下水遥感监测在农业和实际生产应用已越来越受到人们的重视，由试验研究向实用化、产业化迈进。

随着遥感数据源的丰富以及计算机技术的提高，更多的地下水富集性评估相关的影响因子将被应用于模型中，更大规模的模型运算将能够运行实现，为可靠和高效地解决地下水遥感监测信息快速处理、分析与提取问题提供了可能。因此，该领域依然有广阔的研究空间。需要注意的是，国内采用遥感技术和 GIS 技术进行地下水富集性评估的研究还相对滞后，少数学者虽然有所研究但是采用的方法较为单一、模型较为简单，精度也不够高。国产卫星数据的应用也有待加强，国产的高分系列、资源环境系列等卫星虽然在越来越多的领域发挥出重要的作用，但在地下水资源勘查中的应用还比较少，研究人员更多的依然采用 Landsat 系列卫星等国外遥感数据，这对我国的国家安全是不利的。加强国产卫星数据在地下水资源勘查领域的应用研究探索，不仅可以促进遥感监测评估技术的进步，还可以促使国产卫星的技术发展。应当看到的是，当前主流的研究是通过光学遥感数据来反演评估地下水，采用雷达技术、无人机技术的案例非常少见，尤其是微波遥感技术具有全天候、高精度和能穿透等特点，利用微波遥感来定量评价地下水存储量、埋深的分布、水质以及预测地下水动态变化必将是未来地下水资源遥感监测研究的发展方向。

4.6 典 型 案 例

4.6.1 研究区概况

研究区位于辽宁省朝阳地区，总面积为 5000km^2，如图 4.1 所示。研究区多为丘陵山区，处于大兴安岭山脉与燕山山脉结合部位。研究区内西北高、东南低，高低起伏。该地区属于半干旱地区，年降水量较少（485mm），地区年蒸发量很大（2202mm），年平均温度为 8.3℃。研究区内的地表水主要是四条河流和北部地区零散分布着的一些小型湖泊。本次研究的浅层地下水主要是孔隙水，该类地下水在研究区内的埋深较浅，一般在 10m

以内。

4.6.2 数据预处理

本次研究选取了 Landsat 7 ETM+多光谱遥感数据和 SRTM DEM 地形数据，遥感数据均可从地理空间数据云上下载。对获取的数据进行了几何校正，使所有的底图在地理坐标上都能相互匹配。对多光谱数据进行了辐射校正，并利用 ENVI 对遥感数据进行了 MORTRAN 模型大气校正，消除了大气和光照等因素对地物反射的影响。利用重采样将所有专题图的空间分辨率都统一为 30m。

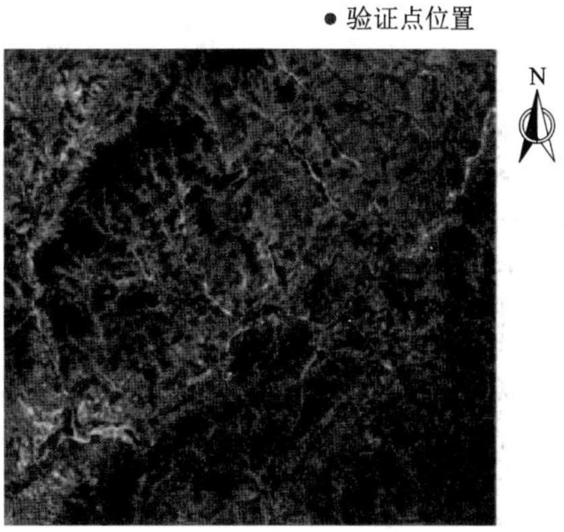

图 4.1 研究区范围

4.6.3 指标提取和归一化

由于提取指标的尺度和量纲都不同，且对地下水富集性的影响规律也不同，因此需要对各指标进行归一化处理后才能综合加权。

1. 坡度（S）

坡度能够对地下水的储存、运移和排泄等产生重要的影响。相比地形坡度较大的区域，地下水更容易在地形较为平坦的区域汇集。利用 DEM 数据，在 ArcGIS 环境中提取了研究区坡度。由于地下水不易在坡度超过 25°的地方汇集，因此坡度对地下水富集性影响进行归一化，具体方法为

$$S_N=\begin{cases}\dfrac{30-S}{30}, & 0\leqslant S\leqslant 30\\ 0, & S>30\end{cases} \tag{4.1}$$

式中：S 为坡度，(°)。

2. 补给条件（R）

地下水能够保持长期稳定存在的一个重要原因是要有稳定的水源补给，有地表水补给的区域一般具有较好的地下水富集性。利用 ArcGIS 提取了研究区的汇流累积量，实际上在汇流累积量值大于 50000 的区域已经有地表水形成，因此将大于该值区域提取出来代表地表水，形成了研究区河网。河流密度的归一化方法为

$$R_N=\frac{R-R_{\min}}{R_{\max}-R_{\min}} \tag{4.2}$$

式中：R 为河流密度，km/km^2；$R_{\min}$、$R_{\max}$为专题图中 R 的统计最小值和最大值，其他公式类同。

3. 断裂密度（L）

断裂常常被视为地下水的通道，许多研究人员发现在断裂发育较好的地方有利于地下水的汇集。利用地质图获取研究区内的断裂信息。断裂密度的归一化方法见式（4.3）。

$$L_N=\frac{L_{\max}-L}{L_{\max}-L_{\min}} \tag{4.3}$$

式中：L 为断裂密度，km/km^2。

4. 地质类型（G）

土壤的孔隙率和导水率等与地质类型直接相关，这些因素都能影响地下水赋存和运移。第四系冲积层主要由透水性较好的砂和砂砾组成，震旦系主要由石灰岩、页岩和白云岩等组成，侏罗系主要由玄武岩和节理发育较好的页岩等组成。根据 1∶250000 地质图和地质资料，形成了研究区地质类型图。

5. 覆盖度（C）

由于植物在生长过程中需要不停地从土壤中汲取水分，许多植物都生长在富水性较好的地方，这就使其成为地下水赋存的良好指示因子。利用经过预处理的 Landsat 数据，植被覆盖度可通过归一化植被指数（NDVI）计算获得，即

$$C=\frac{NDVI-NDVI_s}{NDVI_v-NDVI_s} \tag{4.4}$$

式中：$NDVI_s$ 为土壤像元在图中的 $NDVI$ 值；$NDVI_v$ 为植被像元在图中的 $NDVI$ 值。

植被覆盖度归一化方法为

$$C_N=\frac{C_{\max}-C}{C_{\max}-C_{\min}} \tag{4.5}$$

式中：C 为植被覆盖度值。

6. 热惯量（P）

由于水具有较大的比热容，在地下水富集的地方容易出现温度异常。许多研究人员发现这种现象并利用其进行地下水研究。地表热惯量的计算根据 Carlson 提出的遥感反演方法获得，温度可以利用覃志豪提出针对 Landsat 数据的单窗算法计算，最终获得研究区热惯量。热惯量图的归一化方法为

$$P_N=\frac{P-P_{\min}}{P_{\max}-P_{\min}} \tag{4.6}$$

式中：P 为热惯量值，cal/（$cm^2\cdot s^{1/2}\cdot K$）。

4.6.4 权重确定

本实验选取了 6 个不同类型的指标因子进行地下水富集性评估，是一个模糊综合评估的过程，这些因子对地下水的赋存影响不尽相同。为了充分利用结果提供的客观信息，同时兼顾分析者和专家的经验知识，选取层次分析法（AHP）对评估模型进行了结构梳理。AHP 是最常用的一种模糊综合评估方法。该方法由 T. L. Saaty 提出，并在环境评价方面得到了广泛的应用。

根据建立的地下水富集性评估指标体系，向水文地质方面的 10 名专家进行咨询，并根据专家意见对各指标进行打分，以获取各指标对地下水富集性的贡献能力。在两两对比评判时，使用 5/5～9/1 标度，即控制两个指标因子的总得分为 10，形成了判断矩阵，见表 4.1，通过计算该判断矩阵的特征向量和最大特征值，获取各指标的权重。

表 4.1　　判　断　矩　阵

指标	S	R	L	G	P	C
S	1	6.5/3.5	7/3	5.5/4.5	8/2	7.5/2.5
R	3.5/6.5	1	6/4	3/7	6.5/3.5	6.5/3.5

续表

指标	S	R	L	G	P	C
L	3/7	4/6	1	3/7	7/3	6/4
G	4.5/5.5	7/3	7/3	1	7.5/2.5	7/3
P	2/8	3.5/6.5	3/7	2.5/7.5	1	4/6
C	2.5/7.5	3.5/6.5	4/6	3/7	6/4	1

在进行权重计算之前，需要对该判断矩阵进行一致性检验，避免误差过大，提高权重评价的可靠性。一致性比率的计算方法为

$$CR=\frac{CI}{RI} \tag{4.7}$$

式中：CI 为一致性指标；RI 为修正因子，针对维数 6，其取值为 1.24。

一致性指标可由下式计算获得

$$CI=\frac{\lambda_{\max}-n}{n-1} \tag{4.8}$$

式中：n 为矩阵的维数；$\lambda_{\max}$为矩阵的最大特征值。

通常情况下，当一致性比率小于 0.1 时，才能认为判断矩阵满足一致性要求。通过计算可以得到一致性比率为 0.0103，说明所得权重具有可靠性，权重的计算结果见表 4.2。

表 4.2　　权重计算结果

因子	S	R	L	G	P	C
权重	0.291	0.152	0.128	0.262	0.071	0.095

4.6.5 结果和讨论

根据归一化的各指标专题图和相应的权重，利用 ArcGIS 的空间建模功能进行了加权计算

$$P=\sum_{i=1}^{6}\omega_i r_i \tag{4.9}$$

式中：ω_i 为各指标的权重；r_i 为归一化后的各指标专题图。

计算得到了研究区地下水富集性评估结果图，其空间分辨率为 30m。该图的像元值范围为 0～1，代表地下水富集性从极差到优。

通过实地调查，获取了研究区内 47 口大口井和钻井的出水量数据，对富集性评估结果进行了对比验证。验证结果表明两者之间呈指数相关，其相关系数为 0.8034。

根据富集性评估结果与实地调查出水量之间的关系，对研究区进行了富水性分级，将研究区富水性分成 5 级：优、良、中、差和极差，其分级标准见表 4.3，形成了富水性分级图，如图 4.2 所示。

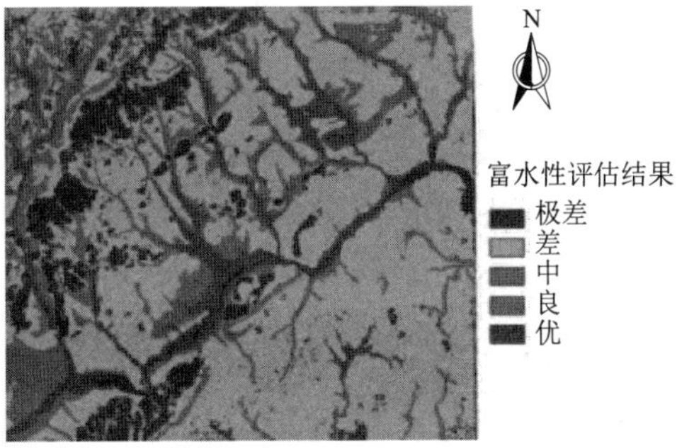

图 4.2　富水性分级图

表 4.3 研究区地下水富集性分级

分类	预测出水量（t/b）	评估指数	分类	预测出水量（t/b）	评估指数
优	1000 以上	＞0.58	差	100～300	0.331～0.45
良	500～1000	0.505～0.58	极差	100 以下	＜0.331
中	300～500	0.45～0.505			

评估结果中富集性级别为优的区域占 5.63%，主要面状形式存在于大凌河与其支流形成的朝阳冲积平原区；以条带状形式分布在大凌河流域的冲洪积谷地以及大凌河主要支流的中下游冲洪积谷地。这些区域地势低洼，降雨形成的地表汇流补给条件好，地层空隙发育且连通性强，有利于地下水的赋存。富集性级别为良的区域占 7.01%，主要以条带状形式分布于大凌河支流的中上游冲洪积沟谷，以面状形式存在于北票以北的平原区。这些区域地势较低，地层空隙较为发育，补给条件相对较差。这两个区域是评估结果中富水性最好的区域，进行找水定井时应该作为优先考虑的对象。

4.6.6 结论

利用 RS 和 GIS 技术对辽宁省朝阳地区进行了浅层地下水富集性评估，并通过实地调查对评估结果进行了验证，结果表明富水性评估结果与实地调查出水量之间呈指数相关，其相关系数为 0.8034，说明该方法能够对研究区浅层地下水富集性进行有效评估。

对研究区浅层地下水富集性进行了分级，其中富集性级别为优的区域占 5.63%，富集性级别为良的区域占 7.01%，这两类区域大多为冲积平原或谷地，具有较好的补给条件和储水条件，可作为找水定井时优先考虑的对象。

研究结果表明利用 RS 和 GIS 技术进行浅层地下水富集性评估具有可行性，与传统地下水调查方法相比，该方法能够节约大量时间和成本，并能够为找水定井提供可靠的信息，在地下水勘查方面具有巨大的应用前景。

第5章 蒸　散　发

蒸散发（ET）是水从液态或固态转变成气态，进入大气的过程，由植被截流蒸发、植被蒸腾、土壤蒸发和水面蒸发构成，涉及土壤、植被和大气等与气候密切相关的多种复杂过程。该过程既是能量循环过程中能量传输的重要载体，又是区域水量平衡和能量平衡的重要成分，这在很大程度上决定了下垫面条件，从而影响地区生态系统的形成和演变。从研究尺度分类，ET 研究主要包括：对植被吸收、散失水分的生理过程研究的微观尺度，对生态环境中影响植被 ET 关键因素进行定量化研究的农田微气候区域尺度，以及围绕遥感技术研究 ET 的宏观区域尺度。尽管微观尺度上的研究为认识蒸散发机理奠定了基础，但从能够实现区域水资源管理可持续的角度考虑，农田微气候区域和宏观区域 ET 的研究越来越受到关注。特别是近几年，随着地表能量交换和物质迁移研究的深入及水资源合理利用与管理定量化的迫切要求，ET 问题越来越受到专家学者的重视。

传统估算和实测 ET 的方法（如水文学法、微气象学法、植物生理学法和蒸渗仪法等）大多基于局地尺度，加上人力物力的限制，很难用于较大区域尺度上。考虑宏观区域尺度下垫面条件复杂多变，会造成 ET 时空分布不均匀，局地尺度得到的结果存在以点代面、以偏概全，不能完全反映研究区域 ET 的时空间变异性、水资源演变和生态平衡等问题。许多专家学者也意识到，仅通过小尺度计算 ET 的方法远远不够，迫切需要对 ET 从大尺度范围、长时间序列来模拟其变化特征。随着遥感技术的出现，特别是高分辨率遥感影像的出现和普及，可以利用其时空连续性和大跨度的特点，克服传统研究方法中定点观测难以推广到大尺度的难题，为区域、流域等大尺度研究 ET 提供了可能，解决了计算 ET 的空间尺度扩展问题。

5.1　蒸发蒸腾量的遥感估算方法

蒸发蒸腾量的遥感估算方法大致可分为三类，即统计经验法、能量平衡余项法和数值模型法。其中，统计经验法和能量平衡余项法的应用最为广泛。

5.1.1　统计经验法

遥感数据反演的地表温度与植被指数在一定程度上能够反映土壤水分差异和植被生长的状况。将植被指数（主要是归一化植被指数 NDVI）、地表温度（或地表温度差），与地面观测的蒸发蒸腾量进行回归分析，即可建立统计经验模型，用于估算区域蒸发蒸腾量。典型的统计经验模型之一是由 Jackson 等提出，Seguin 和 Itier 以及 Hurtad 等改进的用遥感的冠层辐射表面温度估算农田蒸发蒸腾量的回归模型。这种方法提出利用每天中午过境的 NOAA - AVHRR 资料来估算日蒸发蒸腾量。

$$ET_d = A - B\ (T_s - T_a) \tag{5.1}$$

式中：ET_d 为日蒸发蒸腾量；T_s 为遥感反演的地表温度；T_a 是与 T_s 同步观测的大气温度；A、B 为经验转换系数，与地表土地利用类型、植被覆盖度等局部条件有关。

该方法所需的参数少，计算过程简单，被广泛用于全球及区域范围蒸发蒸腾量的估算。但是，统计经验法是基于地表完全覆盖的情况下，土壤热通量日变化忽略不计，净辐射通量与潜热通量之比全天保持不变的前提下计算的；在植被部分覆盖的地区，或在多云的天气条件下，该方法的误差很大。而且蒸发蒸腾量与地形、植被状况、土壤湿度、大气条件等地表的热力和动力特性呈非线性关系，使统计经验法具有很强的局限性。

5.1.2　能量平衡余项法

能量平衡余项法包括单源模型和双源模型两类，单源模型把土壤和植被作为一个水、热通量源，来研究蒸发蒸腾过程；双源模型则分别考虑土壤蒸发和植被蒸腾过程。该方法通过先估算地表的净辐射通量（R_n）、土壤热通量（G）和感热通量（H），而后根据能量平衡反推潜热通量（LE）。通常 R_n 和 G 较易估算，H 则非常难。因为 H 是空气动力学地表温度的函数，而空气动力学地表温度是传感器无法直接测量的虚温值，计算中通常用地表温度替代，造成误差。

$$R_n = LE + H + G + PH \tag{5.2}$$

式中：LE 为潜热通量，$L=2.49\times10^6\,\mathrm{W/(m^2\cdot mm)}$；$E$ 为蒸发蒸腾量，mm；R_n 为净辐射，$\mathrm{W/m^2}$；H 为显热通量，$\mathrm{W/m^2}$；G 为土壤热通量，$\mathrm{W/m^2}$；PH 为用于植被光合作用和生物量增加的能量，由于其值很小，在实际计算中可以忽略。

能量平衡余项法具备一定的物理基础，计算过程也不太复杂，较典型的是 Bastiaanssen 等开发的基于遥感的陆面能量平衡计算模型（SEBAL 模型）和苏中波提出的陆面能量平衡系统（SEBS）模型，这两个模型实际上均是单层模型，在处理显热通量时有各自不同的方法。美国爱达荷州水资源厅和爱达荷大学共同对 SEBAL 方法进行了修正，得到了适用于山区和湿润地区的蒸发蒸腾模型（METRIC），并将其投入业务运行。Samani 提出的 REEM 模型，也是在能量平衡余项法基础上开发的。与其他模型相比，该方法简单实用，容易采用，已成功应用于美国新墨西哥州南部地区农田蒸发蒸腾量的估算及地下水模拟。

5.1.3　数值模型法

近几十年来，随着遥感技术的应用，地球探测的能力不断加强；与此同时，对于地表过程的模拟能力也在不断提高，涌现出大量的土壤-植被-大气传输的 SVAT 模型。这些模型通过描述辐射传输、湍流输送、水分和热量传导及植被的光合作用等一系列物理和生理过程，模拟土壤、植被及大气间相互作用。SVAT 模型是将一个时间段内的各种观测资料与模型的模型值集合到一起，通过求代价函数的最小值的方法，找到各种参数的最优组合。最后把参数代入模型，重新运算。总之，数值模型法可综合利用不同来源、不同时空分辨率的各类地面数据和遥感数据，模拟各种天气条件下的区域蒸发蒸腾，但是它的计算过程复杂，某些参数不易获取，距离实际应用还有很长一段距离。

5.1.4　经验模型

经验模型是地面观测数据与遥感技术相结合，利用已有的观测数据拟合热通量与下垫面参数（如地表温度、归一化植被指数、地表湿度等）的关系，进而反演区域上的蒸散发。其中具有代表性的 Jackson 模型经验公式为

$$(R_n-\lambda ET)\ 24=B\ (T_s-T_a)\ n \tag{5.3}$$

式中：T_s 为当地时间 13 点的地表辐射温度；T_a 为当地时间 13 时的瞬时空气温度；B 为由 NDVI（归一化植被指数）决定的常量；n 为由 NDVU 决定的常量，此处 $n=1$。

可以看出，地表净辐射量和潜热通量的 24h 累积差值与地表辐射温度和空气温度的差值存在线性关系，比例系数 B 是由归一化植被指数决定的。该模型适用于植被覆盖比较茂密的地区，模型中没有考虑下垫面中的土壤热通量，所以对区域 ET 的估计会造成一定的误差。另一代表性的经验统计模型是 Rivas 和 Caselles 提出的一种地表温度与参考作物蒸散发的统计模型。研究发现，辐射项除去含有地表温度项的剩余项与空气动力学项之和几乎为一常数，假设含有地表温度与潜在蒸散发之间呈线性变化。由此建立模型的表达式为

$$ET_0=a''T_s+b'' \tag{5.4}$$

式中：a''、b''均为经验常数。

考虑到地表下垫面的分布不均匀性，模型中的参数多为经验参数，模型在区域的适用性取决于地面上空大气层的空间均一性，应用起来较为困难。

5.1.5 能量余项模型

ET 作为区域水量平衡和能量平衡的重要成分，不仅在水循环过程中具有极其重要的作用，也是能量循环过程中能量传输的重要载体。它会改变进入陆地表面的潜热通量、显热通量和土壤热通量等热通量的大小，进而影响区域的水资源空间分布以及生态环境的变化。基于遥感技术的 ET 计算思路是以能量平衡方程为基础，不考虑由平流引起的水平能量传输和生物体内需水情况。其原理式为

$$\lambda ET=R_n-G-H-PH \tag{5.5}$$

式中：R_n 为地表净辐射通量，W/m^2；G 为土壤热通量，W/m^2；H 为显热通量（又称感热通量），W/m^2；PH 为用于植被光合作用和生物量增加的能量，一般忽略；λET 为潜热通量，W/m^2；λ 为水的汽化潜热。

净辐射 R_n 是地球表面进入的短波辐射和出去的长波辐射之差，净辐射是地球表面吸收的能量。它和地球表面吸收的短、长波辐射与反射、散发的短、长波辐射之差是平衡的，或者说与进来的净短波辐射（R_{ns}）和出去的净长波辐射（R_{nl}）之差是平衡的。一般情况下 R_n 由太阳天顶角、地表温度、反照率和地表发射率等计算。土壤热通量 G 是指由于传导作用而存储在植被和土壤中的那部分能量。G 通常由 R_n 和下垫面特征参数如叶面积指数、NDVI 等确定。因此，各遥感蒸散发模型的核心思路是如何确定 H 和 λET。

1. 单层模型

单层模型又称“大叶”模型，是将土壤和植被看作一个整体与大气进行水分和能量的交换。该模型先求出显热通量，再利用能量平衡方程求出区域 ET。模型表达式为

$$H=\rho c_p\,\frac{T_0-T_a}{r_a} \tag{5.6}$$

式中：ρ 为空气密度，1.29kg/m^3；c_p 为空气比定压热容，取 1004J/(kg·K)；r_a 为空气动力学阻抗，s/m；T_0 为空气动力学地表温度，K；T_a 为参考高度的温度，K。

从计算方法上讲，单层模型具有所需参数少、计算简便、物理意义明确的特点。但模型假设下垫面由单一界面组成，会造成反演出的蒸散发误差较大；另外，公式中所要求的地表温度并非 RS 获取地辐射表面温度。为了提高模型的计算精度，通常有两种办法：①通过添加“剩余阻抗” r_{ex}或热扩散系数 kB^{-1}来修正空气动力学阻抗。1983 年 Hatfield 等提出了 Monteith - Hatfield 层结稳定度订正公式来对阻抗进行层结稳定度订正；谢贤群利用 Dyer 和 Webb 提出的层结稳定度订正公式，对空气动力学阻抗进行了改进；陈镜明基于植物小气候原理，通过“剩余阻抗”对空气动力学阻抗进行修正。②利用经验公式直接调整空气动力学温度和辐射温度的温差，如 SEBS 模型和 SEBAL 模型。

SEBS 是 Su 等提出的地表能量平衡系统模型，该模型建立了一个物理模型来描述地表能量中关键参数——热传输粗糙度长度。其表达式为

$$
\begin{aligned}
z_{0h} &= \frac{z_{0m}}{\exp^{(kB^{-1})}} \\
z_{0m} &= 0.005 + 0.5\left(\frac{NDVI}{NDVI_{max}}\right)^{2.5} \\
kB^{-1} &= \frac{kC_d}{4C_l \frac{\mu_*}{\mu(h)}\left(1-e^{\frac{n_{ec}}{2}}\right)} f_c^2 + 2f_c f_s \frac{k\frac{\mu_*}{\mu(h)}\frac{z_{0m}}{h}}{C_l^*} + kB_s^{-1} f_s^2
\end{aligned}
\tag{5.7}
$$

式中：z_{0h}为地表热传输粗糙长度；z_{0m}为动力学粗糙长度；$f_s=1-f_c$；f_c 为植被覆盖度；C_d 为叶片拖曳系数；C_l 为热传输系数，W/(m・℃)，取值范围为 $0.005N \leqslant C_l \leqslant 0.075N$；$N$ 是参与热交换的叶面数；$\mu(h)$ 为冠层高度处的水平风速，m/s；C_l^* 为土壤热传输系数。

该处理方法优于其他遥感通量估算模型中多采用固定值的做法，因而近几年在国内外都获得了较广泛应用。

SEBAL 模型是基于遥感技术的陆面能量平衡模型，从本质上讲是单层模型的进化版。模型利用气象站点提供的风速、气温等气象数据以及遥感影像，可计算出能量平衡方程中地表净辐射量、土壤热通量；模型的核心是在流域范围内选取“干点”和“湿点”两个特殊象元，结合风速、气温等气象资料，利用莫宁-奥布霍夫（Monin - Obukhov）定律循环递归运算求得稳定的显热通量；最后根据能量平衡方程求得瞬时 ET。其中地表温差和空气动力学阻抗表达式为

$$
\begin{aligned}
dT &= T_0 - T_a = aT_s + b \\
r_a &= \frac{\ln(Z_2 - Z_1)}{\kappa \mu_*}
\end{aligned}
\tag{5.8}
$$

式中：Z_1 为略高于植被冠层的平均高度（0.01m）；Z_2 为略低于边界层的参考高度（2m）。

2. S - W 模型

S - W 模型是 Shuttle Worth 和 Wallace 提出的一个描述植被冠层湍流热通量的双层模型。模型考虑到土壤对蒸散发的贡献，假设下垫面植被冠层和土壤是两个相对独立的界面，两者之间相互叠加，下层土壤的通量只能透过顶部冠层才能传输出去。分别进行下垫面的植被冠层和土壤表面的能量平衡计算，表达式为

$$LET_s = R_{ns} - H_s - G$$
$$LET_p = R_{np} - H_p \qquad (5.9)$$
$$LET = LET_s + LET_p$$

式中：s 表示土壤；p 表示植被。

S－W 双层模型假设下垫面分成土壤和植被两层界面，较好地描述了两者之间的能量耦合规律，物理意义较为明确。该模型在植被较为稀疏的地区得到了广泛应用。但从上述表达式看，模型在计算过程中需要将很多参数进行分解计算，实际计算过程较为复杂。针对这一系列问题，后人在 S－W 模型基础上提出了改进，以便于数据的获取和计算。如 Lhomme 等假设植被冠层与土壤表面温度的加权平均值作为热红外表面温度，两者的权重因子分别为植被和土壤的覆盖率，提出一种计算显热通量的双层模式；Norman 等通过对系列模型进行简化，提出了一种基于遥感影像的平行模式，平行模式假设植被冠层通量和土壤通量互相平行，植被冠层和土壤表面分别与上层的大气系统进行独立的水分和能量交换。这种简化后的双层模型可以利用气象数据和遥感数据进行 ET 计算，计算较为方便，被广泛地应用于植被较为稀疏的干旱、半干旱地区。

5.1.6 遥感数值模型

土壤-植被-大气传输（SVAT）模型是陆面过程中考虑水分在土壤-植被-大气系统各界面之间物质传输和能量交换过程中重要作用的物理-化学-生物联合模型，该模型是通过遥感技术将陆面过程参数化，建立计算 ET 的物理模型。主要方法有三种：①总体动力学方法，根据空气的紊动扩散理论来估算潜在 ET，BATS、ISBA、SSIB 等模型采用此方法；②Penman－Monteith 方程，根据地表能量收支平衡方程和空气动力学原理综合得出，COUPMODEL、VIC 等模型采用此方法；③Priestley－Taylor 方程，从反演 ET 的模型中可以看出，模型的物理意义非常明确，但是模型计算时所需参数如气孔传导率和大气条件等难以通过日常的遥感手段获取，这对于遥感数值模型在反演 ET 研究中起到了限制作用。

5.1.7 TSEB 系列模型

为了更好地应用地表蒸散发双层估算系列模型，使其能够与遥感技术相结合，并将尺度拓展到田块、流域甚至是全球。Norman 等将经典 S－W 模型的 5 个阻抗参数简化为植被冠层的总边界层阻抗和土壤表面阻抗，但是模型仍然假设植被和土壤之间有水热交换，这就是 TSEB（Two Source Energy Blance）系列模型（图 5.1）。

TSEB 系列模型主要优点是：①模型可以应用混合地表温度（此时 TSEB 模型可称为 TSEBPT）作为输入参数；②通过引入植被和土壤的组分温度驱动 TSEB 模型（此时 TSEB 模型可称为 TSEBCT），提高土壤蒸发和植被蒸腾估算精度；③空气温度的估算可结合当地气象站的观测。此模型的物理机制更明确，同时比 S－W 系列模型更容易操作。模型中土壤和植被净辐射通量可以表达为

$$R_n = R_{nc} + R_{ns}$$
$$R_{nc} = (1-\tau_{longwave})(L_{\downarrow} + \varepsilon_s \sigma T_s^4 - 2\varepsilon_c \sigma T_c^4) + (1-\tau_{solar})(1-\alpha_c) S_{\downarrow} \qquad (5.10)$$
$$R_{ns} = \tau_{longwave} L_{\downarrow} + (1-\tau_{longwave}) \varepsilon_c \sigma T_c^4 - \varepsilon_s \sigma T_s^4 + \tau_{solar}(1-\alpha_s) S_{\downarrow}$$

式中：R_n、R_{nc}、R_{ns} 分别是地表、植被表层、土壤的净辐射；$\tau_{longwave}$ 是冠层长波透过率；

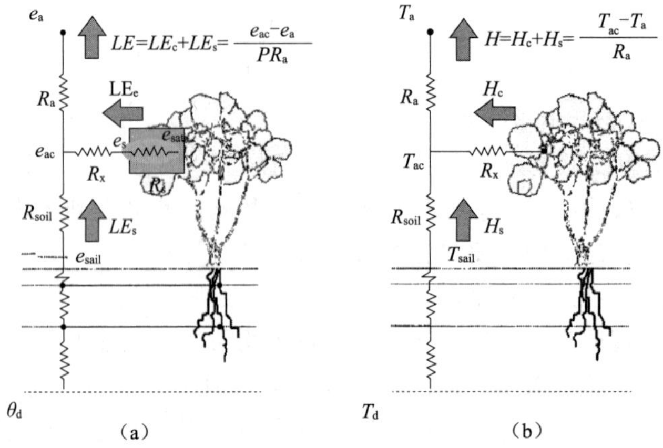

图 5.1 TSEB 模型估算土壤蒸发和植被蒸腾概念图

(a) 潜热；(b) 显热

$L_\downarrow$ 为向下长波辐射；ε_s 和 ε_c 分别为土壤和植被的比辐射率；σ 为 Stefan－Boltzman 常数 5.67×10^{-8}W/(m^2·K^4)；T_s 和 T_c 分别为土壤和植被的温度，K；τ_{solar} 为太阳短波辐射直接透过率；α_c 和 α_s 分别为植被和土壤的反照率；$S_\downarrow$ 为下行短波辐射，无观测数据时可用 $S_\downarrow=S_0C_\tau\cos z'$ 来表达，$S_\downarrow$ 通常取 1367W/m^2；C_τ 为太阳短波辐射的大气透过率，在晴空条件下取 0.75，z' 为太阳天顶角。

TSEB 模型中植被和土壤感热通量可以表达为

$$H_c=\rho C_p\frac{T_c-T_{ac}}{r_x}$$
$$H_s=\rho C_p\frac{T_s-T_{ac}}{r_s} \tag{5.11}$$

式中：T_{ac} 为空气动力学温度；r_x 为冠层内植被阻抗；r_s 为土壤表面的空气动力学阻抗；其他符号意义同前。

TSEB 模型需要输入土壤和植被组分温度，然而大部分时候只能获取地表混合温度，因此，需要通过引入其他信息，建立地表组分温度分解模型。在 TSEB 模型中，引入简化的 Priestley－Taylor 公式（简称 P－T 公式），从地表辐射温度中分解出植被温度，然后利用 Stefan－Boltzman 定律得到土壤温度。

$$LE_c=\alpha_c f_g\frac{\Delta}{\Delta+\gamma}R_{nc}$$
$$H_c=\rho C_p\frac{T_c-T_{ac}}{r_x}=R_{nc}\left(1-\alpha_c f_g\frac{\Delta}{\Delta+\gamma}\right) \tag{5.12}$$

式中：α_c 为针对植被的 P－T 系数，一般认为植被不缺水，初始值为 1.26；f_g 为植被中绿色部分的比例；其他符号意义同前。

由于 TSEB 模型是利用 Beer－Lambert 定律将混合地表净辐射分解为土壤净辐射和植被净辐射，在一些稀疏或者团簇状植被覆盖下垫面误差较大。Kustas 和 Norman 从冠层辐射传输机理出发，通过引入冠层长短波辐射透过率以及能够准确表达植被分布形状的植被聚集因子，建立了土壤和植被净辐射估算机理模型，提高了模型估算精度。另外，Anderson 等和 Cammalleri 等分别提出了 ALEXI 和 TSEB－IC 模型，以期降低模型对空气温度数据的依赖性。ALEXI 模型通过建立太阳升起后 1.5～5.5h 地表温度上升速率和大气边界层增长模型，利用气象卫星如 GOES 观测的多时相地表温度输入到 TSEB 模型中，得到空气动力学温度和辐射温度之间的关系，最后估算出卫星过境时刻地表通量。然而，静止气象卫星（GOES、FY－2、SEVIRI 等）仅能获得低纬度地区高时间频率地表参数观测信息，很难获得全球尺度地表参数。TSEB－IC 模型通过选取研究区潮湿或者全植被覆盖下的像元，结合 P－T 公式，估算研究区空气温度。但是该模型无法应用于非生长季，同时利用单个像元计算的空气温度代替整个研究区空气温度分布格局的合理性值得商榷。Norman 等提出的 DTD（Dual Temperature Difference）模型，通过输入两个时相地表温度数据，降低地表温度观测和反演等误差对模型的影响，提高了模型在区域尺度上估算地表蒸散发的精度。目前，TSEB 模型与遥感技术相结合，已应用于流域、区域甚至全球尺度上。研究发现，该模型虽然能利用 P－T 公式分解植被和土壤温度，但是由于下垫面异质性和复杂近地层大气状况等因素的影响，模型估算地表通量的精度较低。若遥感反演的组分温度输入，可以提高 TSEB 模型在异质性下垫面估算地表蒸散发的精度。另外，在高植被覆盖和平流影响条件下，TSEB 模型容易高估土壤蒸发，低估植被蒸腾。通过引入优化的 P－T 公式，直接从混合辐射温度中分解出植被和土壤温度，提高组分温度分解精度（TSEB－A），进而提高模型估算土壤蒸发和植被蒸腾的精度。

遥感数据的空间分辨率不同会影响模型的输出结果。研究结果表明，TSEB 模型在 30m、120m 以及 250m 分辨率下，模型估算结果与涡动相关仪观测结果更接近，其原因是 30m 或者 120m 分辨率尺度与田块以及作物的空间异质性尺度相吻合，模型表现更好。目前遥感估算土壤蒸发、植被蒸腾以及地表蒸散发数据在农田水资源管理方面具有重要作用，但是获取田间尺度地表蒸散发遥感产品对于农田水资源管理更具有实际意义。因此，如何将遥感估算的地表蒸散发以及土壤蒸发、植被蒸腾产品进行时间尺度扩展和空间降尺度，获取时空连续的田块尺度地表蒸散发和土壤蒸发、植被蒸腾产品具有重要意义。目前，基于 TSEB 模型框架开发的 DisALEXI 模型利用 GOES 的多次观测，应用 ALEXI 方法中估算大气温度的算法，得到 10km 尺度上离地表 50m 高度处的大气温度，然后将该数据输入到 MODIS、ASTER、Landsat 等遥感数据源中估算 10～1000m 尺度上地表蒸散发，并结合时空遥感数据融合算法，如 STARFM（Spatial and Temporal Adaptive Reflectance Fusion Model）算法。

对基于 MODIS 估算的千米级地表蒸散发产品进行空间降尺度，得到时空连续的田块尺度地表蒸散发产品。算法的主要优点是利用较少的地面输入数据，进行地表蒸散发降尺度估算，但是，遥感影像数据之间空间分辨率的差异，以及空气温度的空间异质性都会影响该算法的应用和地表蒸散发。

5.1.8 基于特征空间的模型

基于特征空间的模型主要是充分利用遥感数据提供的地表多源空间信息，最大可能脱离模型对地面观测数据的依赖，提高模型在区域尺度上的易操作性。模型的主要思路是将地表温度和植被覆盖度投射到相同的坐标空间中，它们所构成的散点图包含了丰富的地表温度、植被覆盖、土壤含水量、地表蒸发比等信息，称为特征空间模型。在特征空间中，存在两个能够表达地表植被覆盖和土壤干湿状况的斜线，即干边和湿边，并且通过斜率线性内插的方法可以得到许多条类似干边和湿边的特征斜线，而落在斜线上的像元具有相同的土壤含水量，即土壤等湿度线。在土壤等湿度线上，像元的土壤温度相同，而且植被冠层的温度也相同。在地表温度-反照率特征空间中，假设下垫面是裸土和植被的混合体。然后，利用实际蒸散发和潜在蒸散发之间的互补关系，结合植被冠层导度来表征植被生理参数，估算植被蒸发比。并利用地表温度-植被覆盖度的特征空间推算出裸土蒸发比，对植被蒸发比和裸土蒸发比进行线性加权得到地表蒸发比，最后结合遥感数据估算地表蒸散发。该类模型最大限度地脱离对地面观测数据的依赖，估算公式简单，可操作性较强。同时，假设忽略水平平流的影响，从土壤表面输送到界面的感热通量加上从植被冠层表面输送到界面的感热通量应该等于从界面输送到参考高度的感热通量，对于潜热通量也是如此。基于此，可以把地表能量传输分割为两层，再结合像元组分排序对比法，将单一时相或者单一观测角度遥感影像混合像元的净辐射、辐射地表温度、地表反照率等分解为来自土壤和植被表面，这类方法为 PCACA（Pixel Component Arranging and Comparing Algorithm）模型。该模型的求解过程降低了对地面观测气象数据的依赖，提高了区域尺度地表蒸散发双层遥感估算的可操作性。但是特征空间中裸土最大和最小温度以及植被最大和最小温度主要是通过像元温度统计或者回归方法获取，这些温度单元获取的准确性将直接影响土壤蒸发和植被蒸腾估算的准确性。特征空间模型中的干边和湿边可以通过迭代方法确定，但是特征空间温度端元的分布受到研究区下垫面类型和云覆盖等的影响，提出了地表蒸散发双层遥感估算梯形模型 TTME。该模型通过对两个极端情况下（极端干燥裸土和全植被覆盖条件下）土壤阻抗和植被阻抗进行参数化，降低阻抗参数化精度对地表蒸散发双层遥感模型估算精度的影响等，能够避免高估植被蒸腾现象。同时，通过引入土壤和作物缺水指数，可以优化模型中组分温度分解模型，提高模型估算土壤蒸发和植被蒸腾的精度。

由于特征空间模型需要先确定干、湿边，再引入地表能量平衡模型，建立地表蒸散发双层遥感估算模型，但是干、湿边的确定仍存在一定的主观性和局地性，同时，“干边”或“湿边”温度高估/低估会导致潜热高估/低估。另外，应用特征空间模型时需要研究区的植被覆盖度变化区间尽可能大，并包含干湿差异显著的土壤下垫面。这些都影响了基于特征空间的地表蒸散发双层遥感估算模型的估算精度和在不同下垫面类型和气候条件下的应用。

5.1.9 结合传统方法的模型

在遥感技术出现之前，已有学者基于地面观测站数据建立了一些传统的基于气象参数的地表蒸散发估算模型，如 Penman - Monteith 公式、P - T 公式等，此类模型适用于站点尺度，随着卫星遥感技术的出现，模型与遥感技术相结合用于估算区域或者全球尺度上地表蒸散发，但是模型对气象数据需求较多。

Allen 于 1998 年在传统 P - M 模型的基础上对表面阻抗的计算公式进行了修正，用于计算参考作物潜在蒸散发（ET_0），并且引入了植被蒸腾系数和土壤蒸发系数将地表蒸散发分离为植被蒸腾和土壤蒸发。该模型被联合国粮农组织（Food and Agriculture Organization，FAO）在全世界推广应用，一般称为FAO-56双作物系数模型，具体如下

$$
\begin{aligned}
ET_0 &= \frac{0.408(R_n - G) + \gamma \dfrac{900}{T+273} u_2 (e_s - e_a)}{\Delta + \gamma(1 + 0.34u_2)} \\
E &= K_e ET_0 \\
E &= K_{cb} ET_0
\end{aligned}
\tag{5.13}
$$

式中：ET_0 为潜在蒸散发；E 和 T 分别为土壤蒸发和植被蒸腾；T 为2m高处的空气温度,℃；u_2 为2m高处的风速，m/s；K_e 和 K_{cb} 分别为土壤蒸发系数和植被蒸腾系数。

该模型由于输入参数较少，已被应用在小麦、玉米、果园、橄榄树等下垫面。但是研究发现，该模型中的作物系数在不同的研究区差异较大，原模型中给出的参考数据是通过经验关系得到的，无法应用于各类下垫面或者复杂下垫面。因此，在使用FAO-56双作物系数模型分离农田土壤蒸发和植被蒸腾时，先要对原模型的两个作物系数进行修正。同时，研究也发现，在潜在蒸散发 ET_0 较大时，容易出现植被蒸腾被高估的现象，因为在充分灌溉的条件下，如果可利用能量限制了地表蒸散发，就会出现水分在植被内被蓄积的现象。

由于P-M模型的参数化方案和驱动数据都来源于地面观测数据，因此只局限于在站点尺度上应用。随着遥感技术的发展，利用卫星遥感数据获取的地表参数信息计算模型中的参数，代替地面观测数据输入，将模型扩展到区域尺度甚至全球尺度。但是当植被水分和温度胁迫时，模型估算结果与地面观测数据之间差异较大。通过考虑温度和水分胁迫优化植被气孔导度参数化方案，并利用叶面积指数作为由气孔导度到冠层导度的尺度扩展因子，进而提出了结合遥感信息的P-M模型来估算全球地表蒸散发。该模型先单独计算土壤蒸发和植被蒸腾，然后合并为地表蒸散发。然而，植被气孔导度不仅受到温度和水分的胁迫，而且在高温下，植被气孔导度会下降，甚至植被会关闭气孔进行自我保护。因此，在植被气孔导度参数化方案中同时需要考虑高温对植被气孔导度的影响。然而，P-M遥感模型仍然利用Beer-Lambert定律，结合遥感植被信息将地表净辐射经验地分割为来自土壤和植被的部分。同时模型没有考虑到土壤水分的影响，造成模型在干旱区的估算精度较差。随后，Mu等对该模型做了进一步完善：①改进了气孔导度、空气动力学阻抗和土壤表面阻抗的参数化方案；②模型计算过程中区分了干燥和湿润条件下的植被以及湿润和饱和的土壤表面；③简化了植被覆盖度的计算公式，增加了土壤热通量遥感估算模型，并通过时间尺度扩展得到白天和夜间地表蒸散发量，累加为日地表蒸散发。利用优化的P-M遥感模型生产了全球1km 8天合成地表蒸散发产品MOD16。然而这类P-M遥感模型并没有考虑地表土壤水分胁迫对地表蒸散发的影响，其主要原因是当前遥感土壤水分产品在空间分辨率和反演精度上都无法满足地表蒸散发遥感估算模型的需求。

为解决当前土壤水分产品空间分辨率低的问题，可以应用再分析数据对P-M遥感模型中土壤水分胁迫因子进行参数化，如Morillas在Leuning等的基础上引入三种土壤水分胁迫因子的参数化方案：①应用土壤水分再分析数据；②应用16天前期降雨和平衡态土壤蒸发之比作为土壤水分胁迫因子；③模拟降雨之后土壤干燥程度作为土壤胁迫因子。三种参数化方案分别在半干旱区和干旱区进行了验证，结果表明：在干旱、半干旱下垫面应

用第三种参数化方案估算的地表蒸散发的精度较高，主要是这类参数化方案能够很好地模拟在缺水条件下，土壤可利用水分对土壤蒸散发的限制作用。另外，区域尺度上土壤水分也可以通过可见光-热红外数据获取。总之，引入遥感反演的土壤水分因子可进一步优化土壤表面阻抗参数化方案，提高P-M遥感模型的估算精度和可操作性。

P-T公式的提出是基于无平流假设，以平衡蒸发为基础，通过引入P-T系数α得到无平流条件下潜在蒸散发的估算公式。然而，在不同地表类型和气候条件的影响下，P-T系数α的差异较大。因此许多学者提出了P-T系数α的参数化方案，并用于估算非饱和下垫面的实际蒸散发。由于植被蒸腾和土壤蒸发各自的约束因子差异较大，因此，α的参数化方案在区域尺度上应用的精度还有待提高。Fisher等在原P-T公式的基础上，将地表蒸散发分为植被蒸腾、土壤蒸发和植被冠层截流蒸发三个部分计算，通过引入生态生理约束因子，如绿色植被覆盖度、植被叶片含水量等对P-T模型中植被蒸腾估算进行参数化，利用土壤水分对P-T遥感模型中估算土壤蒸发模块进行参数化，冠层截流蒸发可以利用近地层相对湿度和P-T模型进行估算。基于遥感信息和再分析气象数据驱动该模型，生产了1986—1993年全球1°分辨率的月蒸散发量和2003—2006年全球5km分辨率的日蒸散发量产品。但是，模型中关于土壤湿度、冠层湿度等约束因子的参数化方案中需要输入相对湿度、饱和水汽压差等气象要素，而这些气象要素很难应用遥感数据获取。再分析气象数据由于空间分辨率较低会直接影响P-T遥感模型的估算精度。基于热红外遥感数据，建立地表土壤热传导方程，估算表层土壤热惯量，反演区域表层土壤水分空间分布格局，取代P-T遥感模型中基于相对湿度、饱和水汽压差等气象要素的土壤水分参数化方案，可提高该模型的区域可操作性。但是基于遥感表观热惯量反演土壤水模型适用于裸土或者稀疏植被覆盖下垫面，随着植被覆盖度的增加，模型的适用性会逐渐降低。基于微波遥感不仅可以反演表层土壤水，而且获取的植被光学厚度可以作为植被含水量的监测指标。Miralles等利用微波遥感反演的土壤水和植被光学厚度建立地表蒸散发胁迫指数，进而结合P-T遥感模型分别估算高植被覆盖、低矮植被覆盖和裸土下垫面的蒸散发，并加入冠层截留模型，实现陆表不同下垫面地表蒸散发遥感估算GLEM（Global Land Evaporation Amsterdam Model），并生产了1980—2014年全球尺度0.25°陆表蒸散发产品。

由于这类模型都是基于传统的地表蒸散发估算模型结合遥感数据等而建立地表蒸散发双层遥感估算模型，对近地层空气温度、饱和水汽压差、相对湿度等参数的依赖性较强，目前这些参数在区域尺度上的精度仍需进一步提高，因此会影响模型估算土壤蒸发和植被蒸腾的精度。GLEM模型虽然通过引入微波遥感植被光学厚度和土壤水分数据建立植被蒸腾和土壤蒸发胁迫指数进而参数化植被蒸腾和土壤蒸发模块，但是微波遥感土壤水分产品在浓密植被覆盖下垫面的精度有待进一步提高，同时微波遥感产品的低空间分辨率限制了GLEM地表蒸散发产品空间分辨率的提升。

5.2 遥感估算土壤蒸发和植被蒸腾的验证

模型估算的土壤蒸发和植被蒸腾通常需要进行验证，主要是通过一定的误差评估方法，将模型的输出产品与独立获取的、能反映土壤蒸发和植被蒸腾的参考数据进行比较，而这些参考数据主要通过地面观测试验来获取。对于模型估算土壤蒸发和植被蒸腾而言，应用地面观测数据进行验证不仅可以定量评估模型输出产品的精度，为产品的使用者提供参考，还可以优化估算模型，逐步提高模型估算土壤蒸发和植被蒸腾的精度。当前，国内外学者一直关注如何对遥感模型估算土壤蒸发和植被蒸腾值进行验证。通过地面观测可以获取土壤蒸发和植被蒸腾，进而对模型估算结果进行直接验证。但是目前很难直接观测到卫星像元尺度土壤蒸发和植被蒸腾，因而多数都利用涡动相关仪或者大孔径闪烁仪观测的地表蒸散发数据对模型估算结果进行间接检验。

5.2.1 直接验证

由于地面观测技术的滞后，至今难以从地面获取土壤蒸发和植被蒸腾像元尺度"地面真值"。因此，对于遥感估算的土壤蒸发和植被蒸腾验证只能局限于站点尺度。通常用小型蒸渗仪测量棵间土壤的蒸发量，它的时间尺度一般是几小时到日。直接观测植被蒸腾的方法主要有热扩散液流计（含探针式和包裹式等）等。该方法可以实现连续观测，精度较高，对作物、灌木和乔木等的正常生理活动不会产生较大影响，被认为是当前测量植被蒸腾速率最为有效的方法之一，并得到了广泛应用。近些年来，有许多学者应用小型蒸渗仪和热扩散液流计相结合的方式对地表蒸散发双层遥感模型估算土壤蒸发和植被蒸腾进行验证。利用热扩散液流计测定多棵植株的蒸腾速率，通过布设在棵间的小型蒸渗仪测量棵间土壤蒸发，然后验证模型估算的土壤蒸发和植被蒸腾。但是热扩散液流法只能测定单株植被的蒸腾速率，同时小型蒸渗仪观测土壤蒸发的空间代表性非常有限，而遥感估算土壤蒸发和植被蒸腾是卫星像元平均值，如中分辨率卫星 MODIS 为 1km×1km，两者存在空间尺度不匹配的问题。另外，将小型蒸渗仪观测土壤蒸发升尺度到卫星像元尺度时，还需要考虑遮阴和光照土壤表面蒸发的差异；而将热扩散液流计观测的单株植被蒸腾进行升尺度时不仅需要考虑植株的冠幅，叶面积指数往往也和农作物蒸腾量具有显著相关性。尺度扩展方法会带来不确定性，因此植被蒸腾从茎干、单株尺度扩展到像元尺度过程中产生的不确定性应该引起重视。

由于土壤蒸发和植被蒸腾的水汽信号存在差异，因此，可以利用稳定同位素技术跟踪和观测它们的水汽信号差异，确定生态系统蒸散 δ_{ET}、土壤蒸发 δ_E 和植被蒸腾 δ_T。基于稳态假设 ISS（Isotopic Steady State），即植株的蒸腾通量是植株木质素水通量与植株叶片含水量在单位时间变化率的差值，并且质量通量和叶片内 18O 应满足质量平衡，则这一时刻的 δ_T 可取茎秆水 18O 值代替。δ_E 可基于 Craig - Gordon 线性阻抗模型获得，进而根据质量守恒定理量化土壤蒸发和植被蒸腾对生态系统蒸散发贡献的比例，实现生态系统土壤蒸发和植被蒸腾拆分。Song 等利用黑河中游张掖大满超级站稳定同位素拆分的土壤蒸发和植被蒸腾比例数据，分别从单站、田块尺度上验证地表蒸散发双层遥感估算模型（涉及 TSEBPT、TSEB - A、TSEBCT 和 DTD 模型）估算的土壤蒸发和植被蒸腾的精度，并优化了 TSEB 模型，提高了模型估算土壤蒸发、植被蒸腾和地表蒸散发的精度。Yang 等利用该数据集比较了 HTEM 模型和 TSEB 模型估算土壤蒸发和植被蒸腾的精度，探讨了模型估算误差的来源，有利于模型的进一步完善。然而，同位素稳态假设一般出现在中午时刻，且持续时间较短，因此只能获得中午时刻的土壤蒸发和植被蒸腾；另外，稳定同位素技术拆分的土壤蒸发和植被蒸腾空间代表范围有限，需要结合其他地表参数进行尺度扩展到卫星像元尺度，以便对MODIS等中低分辨率遥感估算结果进行验证。

当前最常用的地表通量观测仪器——涡动相关仪（Eddy-covariance，EC）能够较准确地观测到地表蒸散发和二氧化碳通量，其中地表蒸散发一般是土壤蒸发和植被蒸腾的综合，二氧化碳通量是植被光合作用消耗和土壤呼吸作用产出的综合，而植被的蒸腾和光合作用在非常短的时间间隔（如涡动相关仪通常的观测频率10 Hz）内为线性负相关，土壤呼吸和土壤蒸发为线性正相关。基于水汽通量和二氧化碳通量的变异相似理论可建立直接从涡动相关仪观测的高频水汽通量中分离出土壤蒸发和植被蒸腾的模型，然后来验证双层遥感模型的估算结果。但是水汽通量分解模型中引入的等价函数——水分利用效率在日尺度上与土壤呼吸和土壤蒸发之间并没有相关性，同时该方法不适宜应用于多种植被混合的下垫面。通过引入地表蒸散发、植被初级生产力和大气饱和水汽压差可建立不同植被类型生态系统的水分利用率估算模型，进而优化基于涡动相关仪观测的水汽和二氧化碳通量分离白天土壤蒸发和植被蒸腾的方法，但是该方法并不适用于植被生长初期和末期，以及模型中三个参数的日变化为正余弦函数的假设往往很难满足，从而限制了该方法应用于双层遥感模型估算土壤蒸发和植被蒸腾的验证中。

5.2.2 间接验证

虽然涡动相关仪、波文比-能量平衡观测系统以及大型称重式蒸渗仪等只能测量地表蒸散发，其空间代表范围达几十到几百米，因此，这些仪器观测数据常常被应用于基于中高分辨率遥感数据（ASTER、Landsat TM/ETM＋、航空遥感数据等），结合地表蒸散发双层遥感模型估算蒸散发的验证中。目前普遍利用上述仪器观测的潜热通量验证地表蒸散发双层遥感模型（结合中高分辨率遥感数据估算卫星、航空遥感过境时刻、日的地表蒸散发），结果表明模型估算潜热通量和日地表蒸散发量的精度较高。闪烁仪可以测量1～10km光径路线上的平均地表水热通量，其中常用的光学型与微波型闪烁仪的光径长度为500～5000m，进一步提高了地面观测地表通量的空间代表性，与MODIS、NOAA/AVHRR、GEOS等中低分辨率遥感数据空间分辨率相匹配，因此用闪烁仪的观测数据来检验结合中低分辨率遥感数据和地表蒸散发双层遥感模型估算的蒸散发具有空间尺度上的优势。Tang等利用修正后的MODIS地表温度和叶面积指数作为输入参数驱动TSEB模型，得到中国山东禹城地区的潜热通量空间分布，并利用大孔径闪烁仪和通量站观测数据检验模型输出结果，表明TSEB模型估算潜热通量的精度较高，优于单层模型SEB、TVT的估算结果。另外，多模型/多产品之间的交叉验证也是地表蒸散发双层遥感模型估算的土壤蒸发、植被蒸腾和蒸散发真实性检验的一种方式，特别是在流域或者全球尺度检验中应用比较广泛。由于不同模型构建机理存在一定差异，并且都已在不同下垫面类型和气象条件下进行了验证和应用。通过不用模型之间的交叉验证不仅可以检验模型估算精度，还可以分析模型的区域适用性以及模型估算误差的来源。而Kustas等发现DTD模型不但精度优于TSEB平行和系列模型，而且地表温度输入数据的不确定性对DTD模型的估算结果影响最小。

由于地表蒸散发双层遥感模型估算的土壤蒸发、植被蒸腾和蒸散发值是像元平均值，而涡动相关仪和大孔径闪烁仪等观测通量源区的大小、位置和形状等并不固定，随架高、风速/风向、大气稳定度和地表粗糙度等而变化，两者在空间上难以匹配。虽然，通过引入通量足迹来选取验证像元的方法，即选取观测通量源区范围内的遥感像元，基于归一化的足迹权重值进行加权平均，即可得到与观测通量具有相同空间代表性的遥感估算值，再与观测值进行比较与验证，可以在一定程度上解决遥感估算值与地面观测值在空间尺度上不匹配的问题，但是由于观测通量源区往往无法一直完全覆盖整个或几个像元，这样对于中低分辨率遥感估算值而言，亚像元的非均一性也会对检验结果带来影响。因此，可以利用高分辨率遥感数据（航空遥感、高分辨率卫星遥感）逐级对中低分辨率遥感估算蒸散发开展验证。Anderson 等利用高分辨率航空遥感数据估算的潜热通量并结合足迹模型对 DisALEXI – LUE 模型输出的低分辨率通量值进行了验证。随后，Anderson 基于 LandsatTM/ETM、MODIS 和 GOES 数据，利用 DisALEXI 模型和 STARFM 数据融合方法，实现了遥感模型估算蒸散发的尺度上推，并检验了空间分辨率由高到低时模型估算结果的一致性。另外，可以通过多点观测的方式，如通量观测矩阵，捕捉非均匀下垫面地表水热通量的时空变化特征，结合尺度扩展方法和高分辨遥感数据获取卫星像元尺度地表蒸散发的“地面真值”，然后对遥感模型估算的地表蒸散发开展验证。

5.3 研 究 展 望

地表蒸散发双层遥感估算模型能够较好地模拟土壤-植被-大气之间的水热交换过程，已经成为目前估算区域和全球尺度上地表蒸散发及土壤蒸发和植被蒸腾的主要工具之一。土壤蒸发和植被蒸腾的准确分离相比于它们的叠加形式（地表蒸散发），不仅更具应用价值，还具有更高的科学意义。对于农田灌溉，一般认为植被的蒸腾作用对作物产量起着决定性的作用，而棵间土壤蒸发耗水往往造成水资源的浪费。特别是在干旱或半干旱区域，一直在探求更好的农田灌溉措施，以便在保证作物产量的同时，减少土壤蒸发耗水量，提高农田水分利用效率。同时，准确分离估算土壤蒸发和植被蒸腾，不仅能更好地理解植被耗水需求，还有助于评估植被反馈作用在水循环中的重要意义。

随着多源遥感地表参数产品越来越容易获取，利用不同遥感地表参数产品估算土壤蒸发和植被蒸腾，以及地表蒸散发也越来越便利，其监测尺度已经从单站尺度扩展到田块、流域乃至全球。目前，已经发展了 S – W、TSEB、ALEXI、TTME、PCACA、P – M、P – T、GLEAM 以及 DS – VDA 同化系统等一系列地表蒸散发双层遥感估算模型，它们已在不同下垫面类型和气象条件下进行了推广和应用，提高了模型估算地表蒸散发、土壤蒸发和植被蒸腾的精度。基于这些模型生产了区域和全球尺度的土壤蒸发和植被蒸腾产品，已应用于全球气候变化研究、农业干旱与生态监测、流域水资源管理等方面。

土壤蒸发和植被蒸腾遥感估算与验证等是一项极具挑战性的研究难题。地表异质性、复杂地形、平流等对模型估算的影响，单站上适用的模型和参数化方案扩展到区域尺度乃至全球尺度上是否仍然适用，目前小型蒸渗仪观测的土壤蒸发、热扩散液流计测定的植被蒸腾速率以及稳定同位素技术拆分的稳态时刻土壤蒸发和植被蒸腾比例等站点尺度观测值如何升尺度到卫星像元等，这些都是今后地表蒸散发双层遥感模型在区域乃至全球尺度上应用和验证等的关键所在，也是今后双层遥感模型的发展方向。具体如下：

（1）双层遥感估算模型的优化。基于地表能量平衡方程估算土壤蒸发和植被蒸腾的模型，如S-W模型、TSEB系列和平行模型、结合传统方法的模型（P-T遥感模型等）、数据同化方法中的DSVDA等，容易受到平流的影响。外部能量的输入使得原本的地表能量平衡方程失去了守恒，但是目前这类模型中都没有考虑外部输入能量的估算方法，因此影响了模型估算的精度。例如，TSEBPT模型中通过引入简化的P-T公式分解植被和土壤温度，通过调整系数α_c使得模型能够在不同水热状况条件下应用。但是如果研究区受到平流和高植被覆盖的影响，近地层空气出现增温现象，甚至出现近地层空气温度高于地表温度现象（逆温），地表蒸散发增加。此时，饱和水汽压差可以达到4kPa，甚至更高，植被的P-T系数α_c大于1.26。但是TSEBPT模型中只有降低α_c的迭代机制，而无增加机制，导致TSEBPT模型低估植被蒸腾而高估土壤蒸发。同时，在植被和非植被混合的下垫面，模型明显高估土壤蒸发，导致地表蒸散发高估。因此，需要发展能够适应复杂下垫面和不同气象条件的组分温度分解方法，进一步优化和完善地表蒸散发双层遥感估算模型。

（2）高精度与时空分辨率驱动数据的发展。在区域尺度上，地表蒸散发双层遥感估算模型需要输入遥感反演地表参数产品以及卫星像元尺度的大气驱动数据（如气温、风速、辐射等）等。目前，可以利用地面气象台站观测的气象要素结合陆面过程数据同化模型或者中尺度气象数值预报模型等生产区域甚至全球尺度上再分析数据。但是目前主要的全球再分析数据空间分辨率非常低，如：NASA产生再分析数据的时间分辨率为6h，空间分辨率在经线为2/3°，在纬线上为1/2；欧洲中期天气预报中心（ECMWF）生产的ERA-Interim再分析数据的时间分辨率为6/12h，空间分辨率为80km，与当前主要的中低分辨率遥感数据（MODIS等，1km×1km）相比，难以满足地表蒸散发双层遥感估算模型对大气驱动数据时空分辨率的需求。随着遥感技术的发展，结合各类卫星传感器生产部分大气驱动数据成为重要的途径之一。如结合静止气象卫星和极轨卫星MODIS产品可以生产高时间和空间分辨率的太阳辐射产品。通过输入更高分辨率的太阳辐射数据可以提高地表蒸散发双层遥感模型估算土壤蒸发和植被蒸腾的精度。

另外，微波遥感反演的土壤水分产品的空间分辨率非常低，如：欧洲航天局（ESA）的SMOS（Soil Moisture and Ocean Salinity）卫星生产的土壤水分空间分辨率为40km，NASA的SMAP卫星微波辐射计的土壤水分产品空间分辨率为36km，风云3C的MWRI（MicroWave Radiation Imager）土壤水分产品等，与MODIS卫星数据相比，其空间分辨率仍然不能满足P-M遥感模型、P-T遥感模型、TSEB-A等模型的要求，限制了此类双层遥感估算模型的应用。

（3）卫星像元尺度土壤蒸发和植被蒸腾"地面真值"的获取。地表蒸散发双层遥感估算模型的输出结果为土壤蒸发和植被蒸腾，虽然当前一些学者结合小型蒸渗仪、热扩散液流计的观测数据以及利用稳定同位素技术拆分的土壤蒸发和植被蒸腾对遥感估算值进行了验证，但是仪器观测值的空间代表性非常有限。由于地表的异质性，目前这些站点上观测的土壤蒸发或植被蒸腾还很难升尺度到卫星像元尺度，无法对基于中低分辨率遥感数据得到的土壤蒸发和植被蒸腾进行验证。因此如何获取中低分辨卫星像元尺度（1km×1km）土壤蒸发和植被蒸腾的"地面真值"是今后地表蒸散发双层遥感估算模型验证的关键所在。

5.4 典 型 案 例

5.4.1 研究区概述与数据资料

辽河三角洲位于辽宁省西南部辽河平原南端，由三角洲平原、河口湾及其毗邻的辽东湾浅海组成，介于东经121°25′～122°31′、北纬40°39′～41°27′之间，是我国七大江河三角洲之一。区内共有大小河流21条，其中较大的是辽河、大辽河、绕阳河、大凌河，平原河曲发育，遍布各种自然、人工湿地。海岸线长118km，有泥质滩涂604km^2。本区域气候属于暖温带大陆性半湿润季风气候，温度适宜，降水丰富，年平均气温为8.5℃，年降水量650mm。

5.4.2 原理与方法

目前，许多学者通过试验建立起了一系列的遥感蒸发计算模型，这些遥感模型虽然在参数的处理方面各有千秋，但基本原理都是根据能量平衡原理来计算。SEBS模型是由苏中波等提出用来估计大气的湍流通量和蒸发比，SEBS应用对地观测的可见光、近红外和热红外波段资料以及观测的气象数据进行地表蒸发量估算。尽管该模型发展相对较晚，但多采用固定值的方法使之优于其他方案，因而近两年在国内外都获得了较广泛应用。

SEBS模型是根据表面能量平衡原理估算不同尺度的地表能量通量及地表相对蒸发的方法。其理论基础是地表能量平衡方程，即净辐射在地表感热、潜热和土壤热通量之间保持平衡，任意时刻的地表能量平衡如下

$$R_n = G_0 + H + \lambda E \tag{5.14}$$

式中：R_n为净辐射通量；G_0为土壤热通量；H为湍流显热通量；λE为湍流潜热通量（地表蒸发所用能量）。

因此，只要分别求得了地表净辐射通量R_n、土壤热通量G_0和显热通量H，便可以计算出潜热通量λE。利用式（5.14）获得潜热通量的方法称为余项法，但在SEBS模型中，潜热通量是采用比值法求得的。

净辐射通量R_n是地表能量、物质输送与交换过程的原动力，是气候形成及气候变化的主要因素，因而地表得到的净辐射是各种热量交换的基础。地表净辐射可用如下公式表达

$$R_n = (1-\alpha) R_{swd} + R_{lwd} + \varepsilon\delta T_0^4 \tag{5.15}$$

式中：α为反射率；R_{swd}、R_{lwd}分别为下行太阳辐射和长波辐射；ε为地表比辐射率；δ为Stefan-Bolzmann常数；T_0为地表温度。

这些参数均可从遥感数据中获得。

SEBS遥感模型要求输入的地面气象观测要素主要有气象站高程、海平面气压、相对湿度、日照时数、温度、风向、风速、降水等，遥感资料选取美国NOAA卫星的AVHRR资料，数据共有五个通道，Ch1、Ch2为可见光和近红外通道，Ch3、Ch4、Ch5为中红外和两个热红外通道，本实验选取辽河三角洲2015年1月、4月、7月、10月这4个月相关资料作为研究数据。

土壤热通量G_0也称为土壤的热交换量，它取决于地表特征（地面植被覆盖率）和土

壤含水量等，土壤热通量在能量平衡方程中的比重较小，一般可通过它与净辐射（R_n）的关系来确定，即进入土壤热通量可近似表示为 R_n 的函数

$$G_0=R_n\left[\Gamma_c+(1-f_c)(\Gamma_s-\Gamma_c)\right] \tag{5.16}$$

在地表全部被植被覆盖时，G_0 与 R_n 的比值 $\Gamma_c=0.05$；而裸土时，$\Gamma_s=0.315$。引入植被覆盖率 f_c 来描述植被的不同覆盖程度，可通过遥感影像确定。

5.4.3　结果分析

通过计算可知，春季 4 月总体特征为陆地部分的蒸发量偏高，海洋部分的蒸发量偏低。此时天气转暖，大部分积雪开始融化，农作物开始生长，由于水分充足，森林植被蒸腾、蒸发量较大；盛夏季节，流域总体特征为陆地和海域部分的蒸发量最高，此时是农作物生长的旺盛季节，蒸散量最高。由于夏季时节的气温高于全年其他季节，夏季海洋蒸发量远远高于全年的其他时期。到了秋季，此时植被的生长已经趋于缓慢，整个辽河三角洲流域的蒸发量较 7 月都有很大的回落，而海岸线一带大部分海域的蒸发量偏低，主要是因为辽东湾出现海冰。到了严冬，由于天气寒冷，温度较低，部分区域被雪覆盖，整个流域的蒸发量为全年最低，其中海域部分蒸发量极低。通过不同月份蒸发量的对比，可以在一定程度上反映整个辽河三角洲流域蒸发量的变化。从整体看，夏季蒸发量最高，冬季蒸发量最低。辽河三角洲陆地部分与海域部分蒸发量也存在明显差异，陆地区域受人类活动影响，与植被的生长情况有很好的对应关系，海域部分随着温度的变化而变化，海域区域蒸发量整体小于陆地区域蒸发量。

5.4.4　结论

辽河三角洲地理位置优越，资源丰富。研究此区域蒸发量，对制定辽河三角洲水资源的利用方案具有重要意义。SEBS 方法在利用遥感信息获取空气阻力、表面阻力和土壤热通量等方面有较大的优点，NOAA/AVHRR 数据时间分辨率高，可以免费获得，使蒸发量的遥感估算具有很好的应用前景。将 SEBS 模型应用于辽河三角洲流域，结合 NOAA/AVHRR 数据和气象观测资料，估算了辽河三角洲流域夏秋冬各个季节的蒸发量，可以在一定程度上反映出辽河三角洲流域蒸发量随季节变化的特征。春季蒸发量较低，夏季蒸发量最高，秋季蒸发量有很大的回落，冬季蒸发量最低。整个流域陆地部分和海域部分也有很大的差异，受植被、温度、人类活动等因素影响，海域区域蒸发量整体小于陆地区域蒸发量。利用遥感技术，结合气象资料反演地表蒸发量是近几年来的热点研究问题，尤其是利用高时间分辨率的遥感影像将大大提高反演地表蒸发量的精度。

第3篇　3S技术在农业水利中的应用

第6章 区域土地资源调查

土地资源是一种自然资源，是指已经被人类所利用或者在可预见的将来能够被人类利用的土地及其附属自然物。土地资源可供农、林、畜牧业或其他产业所利用，是人类生活的基本资料和生产活动的对象，具有质和量两方面的属性。对土地资源的利用，可能需要采取不同方式和不同程度的改造措施，提高其适用性和预期产出。因此，土地资源既包括土地的自然属性，也包括它的经济属性，即社会属性，是土地实体及其创造价值的统称。土地资源具有时空性，导致不同地域和不同时期的差异。土地资源研究主要是针对它的数量和质量的时空特点、组合方式及其满足区域发展需求的程度来开展。

遥感数据的时空特点与土地资源的时空特点具有高度的一致性。遥感技术出现以来，首要的应用领域就是包括土地资源在内的地表资源与环境方面。通过传感器获取地物的波谱信息一直是主要的遥感方式之一，这些信息以数据的方式记录了地表物体的特性，同步获取空间区域内不同地物的信息和重复获取同一区域、同一地物的信息等特点，吻合了土地资源的时空特性，能够支持资源、环境、灾害、人类活动等方面开展的目标识别、信息采集与处理、分析与评估工作，在区域、国家、全球范围内得到了广泛的应用，包括调查、监测和预测等。

6.1 国内外遥感土地资源调查研究发展历程

遥感应用于土地资源调查贯穿于遥感技术的整个发展过程。遥感技术的核心实质在于通过获取观测对象的电磁波谱信息，实现目标观测、识别、跟踪等目的。目标地物通常是遥感观测最直接和最主要的对象，在土地资源分类识别与变化监测方面的应用也最多。

6.1.1 国外土地资源遥感应用研究进展

世界范围内，多样化的土地资源伴随着差异化的区域分布。基于遥感技术开展的土地资源研究常常成为各项全球性科学研究计划的核心内容。围绕土地资源开展的土地利用/覆盖变化（LUCC）是全球变化研究的重要组成部分和核心内容。国际科学理事会（International Council for Science，ICSU 原称国际科学联合会理事会）1986 年提出的“国际地圈与生物圈计划”IGBP（International Geosphere - Biosphere Program）和隶属于国际社会科学联合会的“国际全球环境变化人文计划（International Human Dimensions of Global Environmental Change Programs，IHDP)”这两大国际组织的科学计划积极推动了这方面工作的开展。20 世纪 80 年代以来，世界气候研究计划（WCRP)、IGBP、IHDP 和国际生物多样性计划（DIVERSITAS）等联合开展了一系列关于全球环境变化的研究。另外，地球系统变化及其对可持续发展影响的研究也由地球系统科学联盟（ESSP）发起并开展。但是，作为全球环境变化研究的核心内容，土地利用/覆盖变化研究在 20 世纪 90 年代才开始具体开展。国际应用系统分析学会在1995年开展了欧洲和北美地区土地利用变化的模拟。IGBP和IHDP于1995年联合发起了土地利用/覆盖变化研究项目，并提出了土地利用/覆盖变化的概念框架。为了研究和掌握土地利用/覆盖变化与温室气体排放之间的关系，美国于1997年开始利用高空间分辨率的遥感影像在北美热带雨林进行森林分类研究。2003年，IGBP和IHDP进一步提出土地研究的核心项目——全球陆地计划（GLP），以期在地球系统功能范畴内提高对土地系统动力学的理解。美国、日本、欧洲国家针对21世纪初期的全球土地覆盖，采用不同的遥感信息源和分类方法，生产了全球范围的不同分辨率、不同时期的土地覆盖数据集。我国科学技术部同样组织开展了一系列以全球变化研究为主题的科研项目，全球土地利用/覆盖变化制图就是部署的第一批4个主要研究项目之一，独立建设了全球土地覆盖数据集GlobeLand 30。

在这些项目的推动下，形成了7套常用的全球土地覆盖数据集：

（1）由IGBP和美国地质调查局（USGS）利用1992—1993年时段的高级甚高分辨率辐射计（AVHRR）数据，采用K均值方法对1992—1993年的全球AVHRR NDVI月合成数据分区进行聚类分析，生产了1km IGBP全球土地覆盖数据产品（即IGBP-DISCover数据集），总体精度为66.9%。

（2）美国马里兰大学以1992—1993年时段AVHRR数据为数据源，在Landsat MSS影像上选择训练样本，采用决策树分类方法对41种分类特征（均为光谱时间特征，包括NDVI时间序列特征）进行分类，生产了1km全球土地覆盖产品，总体分类精度为65%。

（3）由欧盟联合研究中心以1999—2000年SPOT-VEGA数据作为主要数据源，采用分区分类的方法，生产了1km全球土地覆盖产品（即GLC2000数据集），总体精度为68.6%。

（4）欧洲空间局（ESA）利用2005—2006年时段的ENVISAT MERIS-FRS 1B级数据为数据源，将全球分为22个区域，并先后采用监督和非监督分类方法对每个区域的光谱特征和时间序列特征进行分类，通过全球合作生产了300m分辨率的GlobCover土地覆盖数据集，之后又利用2009年的ENVISAT数据完成了2009年版本的构建。全球300m土地覆盖数据产品GlobCover 2005和GlobCover 2009数据集的总体分类精度分别是67.1%和58.0%。

（5）由NASA利用中分辨率成像光谱仪（MODIS）数据构建的500m分辨率的MODIS土地覆盖数据集，包含了2001—2012年间的各年土地覆盖类型及动态数据。

（6）由日本发起成立的全球制图指导委员会利用2003年的MODIS数据构建的1km分辨率的第1版GLCNMO土地覆盖数据集，之后该委员会又利用2008年的MODIS数据完成了500m分辨率的第2版数据集的构建。

（7）由中国国家高技术研究发展计划（863计划）支持并构建的30m分辨率的GlobeLand 30数据集，目前发布的数据集采用的数据源是2009—2011年时段的30m分辨率的Landsat TM、ETM+和HJ-1多光谱数据。

由于这些数据集由不同的国家或国际组织推动和构建，因此制图方法和标准各不相同。不同的数据来源和各异的分类体系、标准和技术差异，导致这些数据集在洲际或者区域尺度的应用上具有较差的一致性，不同数据集之间的可对比性较弱。

6.1.2 我国的土地资源遥感应用研究

我国土地资源绝对数量大，种类齐全，但因人口众多，人均占有量显著低于世界平均水平，合理利用土地资源，优化土地资源配置，实现可持续发展，促进生态文明建设，长期受到广泛重视，开展了一系列的土地资源遥感应用研究。我国针对土地利用/覆盖变化和驱动机制的研究大多集中在省级及流域尺度，全国范围的土地利用/覆盖变化和驱动机制研究则较少，目前有代表性的中国土地利用变化研究主要有吴传钧和郭焕成（1994）在20世纪70年代末80年代初利用野外调查资料、航片和卫片解译等综合方法完成的全国土地利用现状调查，编制了1：100万全国土地利用图，这是系统性开展的第2次全国范围的土地利用调查和制图。

1980年6月至1984年，在国家科委的统一组织下，全国农业区划委员会会同国家测绘局、林业部、农业部等46个单位，利用564幅定位纠正的1：25万美国资源卫星彩色影像（MSS），参考典型地区航片，首次利用遥感技术完成了全国土地利用调查制图，编制了818幅1：25万土地利用现状图，量算出全国分省农、林、牧等15种地类面积。

20世纪80年代至90年代初期是中国区域性和专题性遥感调查为主的时期，包括土地利用现状遥感调查、水域动态遥感分析、土地资源遥感调查、林业遥感调查、脆弱生态系统监测等。

从20世纪90年代中期开始，资源环境遥感应用研究逐步由区域性研究走向全国性研究，1992年中国科学院设立了“国家资源环境遥感宏观调查与动态研究”项目，在完成专题制图的基础上，通过纸质图数字化建设了数据库，东部区域采用1：25万比例尺、西部区域采用1：50万比例尺。1996年，科学技术部在“九五”科技攻关项目“遥感、地理信息系统、全球定位系统技术综合应用研究”中设立“国家级基本资源与环境遥感动态信息服务体系的建立”课题，中国科学院相关单位利用20世纪90年代中期的陆地卫星影像及相关辅助数据，采用人机交互解译的方法，构建了全国1：10万土地利用矢量数据库，该数据库反映了中国1995年的土地利用状况，课题实施期间成功实现了5年为周期的全要素更新，建设了1995—2000年中国土地利用动态数据库，总体分类精度达到85%以上，耕地、建设用地等定性精度在90%以上。在中国科学院“知识创新工程”的推动下，1999年启动了“国土环境时空信息分析与数字地球理论技术预研究”，在2000年全国土地利用数据库的基础上，采用遥感方法，恢复重建了20世纪80年代末期中国土地利用状况，并建设了数据库。

从1999年开始，国土资源部采用遥感技术进行全国土地利用变更调查工作，但更多关注的是建设用地和耕地的变化。2003年，国家测绘局利用陆地卫星影像及辅助资料，采用监督分类方法，建成了30m国家土地覆盖数据，一级类型精度达到了75%以上。

为了全面查清目前全国土地利用状况，掌握真实的土地基础数据，建立和完善土地调查、统计和登记制度，实现土地资源信息的社会化服务，国土资源部于2007年7月1日全面启动了第2次全国土地资源调查（简称“二调”）。要求“在全国范围内利用遥感等先进技术，以正射影像图为基础，逐地块实地调查土地的地类和面积，掌握全国耕地、园地、林地、工业用地、基础设施用地、金融商业服务、开发园区、房地产以及未利用土地等各类用地的分布和利用状况；逐地块调查全国城乡各类土地的所有权和使用权状况，掌握国有土地使用权和农村集体土地所有权状况；调查全国基本农田的数据、分布和保护状况，对每一块基本农田上图、登记、造册；建立互联共享的覆盖国家、省、市（地）、县 4 级的集影像、图形、地类、面积和权属为一体的土地调查数据库；建立土地资源变化信息的调查统计、及时监测与快速更新机制。”“二调”的主要技术路线是以航空、航天遥感影像为主要信息源，采用内、外业相结合的调查方法，完成 1∶1 万比例尺为主的农村土地调查和以 1∶500 比例尺为主的城镇土地调查，并基于统一标准进行土地利用数据库建库存档。“二调”于 2007 年 7 月全面启动，至 2009 年下半年完成，并以 2009 年 10 月 31 日为调查的标准时点进行数据汇总，同时要求在 2010 年以后全国每年进行一次土地变更调查。国土资源部 2013 年 12 月公布了“二调”的调查结果，但该数据库主要用于政府掌握土地资源家底及决策使用，研究学者尚难以获取和使用。

在“国家科技基础条件平台建设——地球系统科学数据共享网”的支持下，2007 年，中国科学院遥感应用研究所等组织实施了全国区域的土地覆盖遥感监测，进行了中国 1∶25 万比例尺的土地覆盖遥感制图和动态监测，全面、系统地掌握了我国陆地及其近海岛屿的土地覆盖状况，建设了自 20 世纪 80 年代末至 2005 年的中国土地覆盖数据库及其该时间段动态变化数据库。

针对“18 亿亩耕地红线”，2007 年 7 月，中国科学院知识创新重大项目“耕地保育与持续高效现代农业试点工程”启动实施，目标之一是在 2000 年全国土地利用数据库的基础上，将耕地等内容更新至 2005 年、2008 年和 2010 年，获得不同时期我国耕地的动态变化信息，并开展耕地时空特征及其耕地动态的驱动因素及其影响分析。实际上，在充分重视耕地资源的同时，完成了中国土地利用全要素的同步更新。

2014 年，国家测绘地理信息局与多个部委的 17 个单位和多家企业合作，历经 4 年时间，采用目视解译与自动分类相结合的方法，构建了中国首个全球 30m 地表覆盖数据产品，总体分类精度达到 80％以上。

综上所述，随着遥感技术的发展和应用研究的深入，国内外的土地资源遥感应用研究内容更加广泛、研究程度更加深入，快速、科学、系统性提取专题信息是国内外土地资源研究的基本内容，专题信息的客观性和时效性受到了较多的重视，信息内容的一致性、可比性尚需开展更多的研究。面对可持续发展和全球变化研究日益多样化的应用需求，不同空间尺度、不同专题方向的研究使得人类能够从更宽阔的视野认识、分析、评估地球资源与环境，增强了调查、监测能力和综合分析与评估能力，持续性和系列化的应用研究日益受到重视，基于时间序列的过程分析将逐步深入。

6.2 土地资源遥感应用研究的主要内容

土地资源遥感应用的主要目的是基于遥感获取的目标信息，提取专题知识，支持相关研究和决策。限于土地资源的有限性和时空变动特点，识别土地资源类型，掌握不同类型土地资源的数量、分布、构成和变化，评估土地质量和利用潜力，是土地资源研究的基本内容。

6.2.1 土地资源分类系统

区分土地资源类型，是为了根据土地资源的差异性，按照类别获取土地资源的面积、分布、动态信息，满足资源构成分析、空间格局分析、动态模式分析的需要。因而，制定分类系统是观测与研究的基础，按照预定的分类规则和方法，将观测对象加以分类区分，并形成一定的层次关系，其完整性、系统性、合理性、适用性、可操作性至关重要，分类系统的合理与否直接决定了研究结果的准确程度。分类系统的制定受观测区域、内容、目的的直接影响会有所不同，但实现全区域覆盖、全类型覆盖，不同类型相互独立，通常是制定分类系统的最基本要求。

目前，尚没有能够被普遍认可的土地资源分类系统，多数情况下都是按照某一应用目的制定的独立分类系统，针对性强，普适性不足。按照目的，土地资源的分类可以有多种方法，采用地形分类和土地利用方式分类在中国较为普遍，特别是研究与规划中更多进行土地利用分类，有时候还会将地形分类与利用方式分类结合起来，如中国土地利用遥感监测的分类系统等。基于地表覆盖的土地分类在国内外的研究中都有较多出现，包括应用广泛的全球性土地覆盖遥感数据产品和中国土地覆盖遥感监测数据库等。

按照地形，土地资源可分为山地、丘陵、平原、高原、台地、盆地等，反映土地资源的外在形态为主，也是土地利用方式形成与演变的自然基础。一方面，不同类型的土地具有不同的利用价值，会造就不同的利用方式，不同土地类型的组合对区域土地利用也有直接影响，而且区域间的不平衡明显。另一方面，不同时期，因为土地利用的目的有变化，社会、经济和技术发展阶段有差异，土地利用方式的变化会改变业已形成的区域土地利用状况。中国幅员辽阔，自然条件复杂，土地资源类型多样，加之经过数千年的开发利用，逐步形成了各种各样的具有显著地域特点和明显时代特征的土地利用类型及其组合方式。按照土地的利用方式，土地利用类型一般分为耕地、园地、林地、草地、水域、城镇居民用地、交通用地、未利用土地等。20 世纪 80 年代开展并于 90 年代完成的中国土地资源调查工作，在统一的技术规程和土地分类标准基础上，分批完成了全国各县的土地资源调查任务（简称土地调查），即采用此分类系统。

国际上有关土地资源的分类系统更多考虑地表覆盖。由 IGBP 提出的分类系统应用最多，该分类系统涵盖了常绿针叶林、常绿阔叶林、落叶针叶林、落叶阔叶林、混交林、开放灌丛、密闭灌丛、木本稀疏草原、稀疏草原、草地、永久性湿地、农田、城镇和建设用地、农田与天然植被混合、裸土或稀疏植被、水体等类型。另外一个应用较多的分类体系是由联合国粮农组织提出的 LCCS（Land Cover Classification System），与 IGBP 分类系统不同，LCCS 分类系统并不直接定义每一种土地类型，而是提供了一个分类框架，在框架内可以根据不同的研究内容自行定义更多的土地类型。全球性的 7 套土地覆盖数据集中，UMD 数据集的分类系统与 IGBP 分类系统较为类似，但 UMD 分类系统有所简化。MODIS 数据集则提供了 5 套不同分类的土地覆盖数据，其中 2 套数据分别采用了 IGBP 和 UMD 的分类系统，另外 3 套数据则分别是基于叶面积指数（LAI）、净初级生产力（NPP）和植物功能类型（PFT）的分类系统。GLC2000、GlobCover 和 GLCNMO 数据集的分类系统则是以 LCCS 为基础构建的，分别将全球土地划分为 22、23 和 20 种类型。虽然 LCCS 体系赋予了使用者更大的自由度去定义分类体系，但是也导致不同的分类系统差异性过大，以至于数据集之间无法进行对比分析。中国 GlobeLand30 数据集目前发布的数据将土地覆盖类型划分为耕地、森林、草地、灌丛、湿地、水体、苔原、人工表面、裸地和永久性冰雪 10 个类型。

全国农业区划委员会制定的土地利用分类系统是中国使用时间最长的土地分类系统。依照土地的用途、经营特点、利用方式和覆盖特征等要素，制定了两级分类的土地利用现状分类系统，包括耕地、园地、林地、牧草地、居民点及工矿用地、交通用地、水域和未利用土地 8 个一级类型和 46 个二级类型，并且可根据需要在不打乱全国统一编码顺序及其代表性地类的情况下进行三、四级分类。20 世纪 90 年代后期，中国科学院开展的全国土地利用遥感监测中使用的土地利用分类系统是就在这个基础上，针对遥感技术特点和研究目的修改完善的，共包括耕地、林地、草地、水域、城乡工矿居民用地和未利用土地 6 个一级类型和 25 个二级类型，增加了 8 个三级类型，该分类系统还增加了对于动态信息的表示，兼顾了土地利用遥感调查和动态监测的双重需要，在针对过去 30 年的中国土地利用遥感监测工作中得到了实际应用。2007 年 8 月，中国发布了“土地利用现状分类”，将全国土地分为 12 个一级类和 57 个二级类，这是中国第一个土地利用分类的推荐性标准，实际上也是在过去的土地利用分类系统和土地分类基础上补充、完善而成的，它更多地考虑了建设用地的差异及其详细划分，对林、草等植被信息的反映稍显简略。

6.2.2　土地资源遥感应用研究的技术路线

一直以来，土地资源研究就是地理学研究的主要领域之一，这是由研究人地关系为核心的地理学的特点决定的。而土地之所以称为资源，根本上就是以满足人类利用的需要为特点。传统的土地资源研究一般包括土地资源分类、各类土地面积获取、各类土地的分布、不同类型土地资源的构成、土地资源利用方式的转变、面积与构成的变化、对区域社会经济发展的作用和意义、资源利用与生态环境的关系等，通过调查获取类型、数量、分布、变化等属性信息，并以制图的方式承载这些信息，供进一步的分析研究所用。

运用遥感技术进行土地资源现状调查，以摸清土地的数量及分布状况，是遥感应用中最早、研究最多的一项基础性工作。遥感技术的出现，极大地丰富了土地资源研究的手段，拓展了研究内容，深化了研究程度。遥感技术在土地资源领域应用的初期，更多地表现在信息获取手段的增强方面，对于获取空间信息的作用更大。基于实地调查，在实际地物与遥感数据或遥感影像间建立对应关系，即判读标志，然后通过对遥感数据或影像的专业分析，识别不同类型的土地、编制图件、量算面积等，此后的数据汇总与分析又回归传统。遥感应用初期的主要特点体现在调查方面，更多情况下具有“摸清家底、填补空白”的性质。成果形式主要包括图、表和报告等。

随着遥感技术的发展，特别是卫星数量和传感器种类的增加，有效降低了天气等外部因素对遥感数据质量和可用性的不利影响，时间序列的遥感数据逐渐成型并日臻完善，土地资源遥感应用研究在调查的基础上，更多开始关注动态监测和数据信息的更新，获得了大量关于土地资源数量、分布、构成、类型转换等方面的动态变化信息，逐步开展了土地资源的现代过程研究。在很多研究中，还基于过程研究获得的知识，探索性地进行预测分析。

如果将传统土地资源研究的技术路线概括为分类系统制定—点、线调查—专题制图—面积量测—数据汇总—数据分析—成果处理与应用等环节，遥感的作用主要体现在这一技术流程的前期阶段。由于遥感信息的应用，结合点、线为主的实地调查，能够将相关知识拓展到整个空间区域，强化了对研究区域的整体认识。专题制图无论采用人机交互的判读分析还是计算机自动分类方法，都得益于遥感数据提供的空间信息，更易于实现，制图结果更符合实际。过去近20年来，GIS技术与遥感技术结合，进一步推动了土地资源遥感应用研究的发展，动态监测与过程分析受到重视。不仅实现了动态信息的获取，而且加快了整个技术流程的实现，有效提高了应用成果的现势性和应用价值。土地资源研究的技术路线也由传统的直线式逐步开展，演变出螺旋式演进的周期性特点。成果形式除了图、表和报告外，增加了影像库、专题信息库等数据库形式，多数情况下还实现了现状库与动态库的结合。

6.2.3　土地资源信息提取方法

基于遥感数据的土地资源信息提取主要是将遥感数据所包含的不同时期、不同空间、不同类型的土地依照其属性特征加以识别和表示的过程。提取方法一般归为两类：一类是基于专业人员对遥感数据及其区域状况的了解，采用综合分析的方法来实现；另一类就是利用计算机技术，主要过程是通过不同波段信息的组合计算加以区分和表示，就其效率和精度而言各有利弊。

目视解译是早期出现的遥感信息提取方法，根据专业经验和知识，建立不同地物类型的判读标志，进而识别、提取和绘制专题地图。这是人们通过遥感技术获取目标信息最直接、最基本的方法。无论是早期的利用航空相片，还是卫星影像，从遥感图像的选取—图像分析—解译标志的建立—判读与制图—面积量算—误差的平赋—精度分析等，已形成一套比较成熟的技术路线，在全国土地资源、三北防护林、西藏自治区土地利用等大型遥感中得到实际应用，形成了不同的土地资源遥感监测数据产品。目视解译具有便于利用地学知识综合判断、利于空间信息提取、灵活性强等优点，同时存在人工投入大、解译经验要求高且受个人主观因素影响大，在广泛推广时面临效率低和精度控制困难等问题。综合来看，目视解译方法因技术成熟，信息提取定性精度高达90%，目前仍然是一种比较成功且精度普遍被认可的分类方法。

判读分析方法更注重结果的准确性、合理性和可解读性，被认可程度高，在大多数应用工程类研究中受到重视。随着遥感技术和GIS技术的发展及其在土地资源研究中应用的深入，以纸质遥感影像为分析介质的传统遥感目视判读方法，逐步转化为人机交互方式，直接利用计算机显示遥感数据，在屏幕上进行判读分析，便于修改，也能够利用缩放功能更细致地观察对象，对于效率的提高有明显帮助，而且更便于专题信息的更新和动态信息的获取。这种方法常被诟病的是分析结果会因为专业人员的知识背景、理解能力、理解角度和对研究区的了解程度而有所差异，实际上基于计算机的自动分类也同样会因为类似原因存在这样的“不确定性”，“直到满意为止”的认可原则本身就表明了结果的不确定。

20世纪80年代以来，国内外学者一直致力于研究计算机自动分类方法用以替代传统的目视解译方法，一方面可以将专业的图像解译人员从繁重的解译工作中解放出来，同时可以去除主观性，特别是面向目前遥感数据时空分辨率逐渐提高、数据来源日益增多且研究区域全球化的发展形势，依靠专业人员目视解译的传统信息提取方法，难以满足数据量日益庞大的遥感信息提取数量与速度的需求。近30年来，学者们发展了大量的遥感自动分类方法，可归纳为三大类：统计学分类、人工智能分类及其他分类方法。

基于统计分析原理的非监督分类方法和监督分类方法是发展较早的两种简单分类方法。其中，非监督分类方法受人为因素影响较少，不需要对地面实际情况有很多了解，但分类精度较低，因此常被用于土地利用/覆盖分类前期的初分类，用以了解区域的大致情况。依赖训练样本的监督分类方法精度明显提高，其中使用最为广泛的是最大似然分类方法，在小区域应用研究中总体精度可达80%以上。该方法要求训练数据为正态分布，在大区域应用时由于地物类型趋于复杂，训练数据难以满足正态分布，难以获得较高的分类精度。

随着计算机和遥感技术的不断发展，神经网络分类、专家系统分类、蚁群算法分类等人工智能分类方法在遥感数据分类中得到了广泛的应用。最常用的算法是神经网络分类，发展有多种形式的神经网络算法，如反向传播网络、模糊神经网络、Kohonen自组织特征映射网络等，同时呈现出与遗传算法、小波变换以及模拟退火算法等多种技术综合集成的态势。神经网络方法具有自适应性和进行复杂并行运算的能力，对数据类型及数据分布函数没有限制性要求，可融合多种数据进行分类。人工神经网络在土地覆盖和土地利用方面得到了广泛应用。该方法应用在基于Landsat ETM+遥感数据的盐城滨海湿地覆被分类中，得到了85%的分类精度，相比最大似然法提高了6个百分点。不足的是，神经网络属于黑箱结构，难以对结果进行解释，并存在过学习、局部最小值和收敛速度慢等问题，虽然在小区域土地分类中使用广泛，但在大区域土地分类中应用不多。

此外，常用的还有支持向量机分类、决策树分类以及面向对象分类方法等。支持向量机通过解算最优化问题，在高维特征空间中寻找最优分类超平面，从而解决复杂数据的分类及回归问题。利用支持向量机和MERIS（300m）数据的区域土地覆盖制图研究发现，支持向量机在土地特征刻画过程中的分类性能和精度明显优于神经网络算法和最大似然算法，区域土地覆盖一级分类精度可达67%。

决策树分类是以分层分类思想作为指导原则，利用训练样本生成判别函数，根据不同取值建立树的分支并把数据分为特征更为均质的子集的一种方法。决策树分类法无须统计假设，可以处理不同空间尺度的数据，在遥感分类领域应用广泛。美国USGS、EPA等部门联合实施的“美国土地覆盖数据库”计划中，决策树分类技术在土地利用分类中的分类精度达到了73%～77%，可以满足大规模土地分类数据产品生产的要求。

面向对象分类方法是一种影像分割技术，其分类的最小单元是由影像分割得到的同质影像对象（图斑），而非单个像素，充分利用了影像的光谱信息、纹理信息和拓扑关系。面向对象分类方法在高空间分辨率的遥感数据分类中优势十分明显，目前已有成熟的面向对象分类方法集成商业软件平台eCognition。在小区域的分类精度可达80%～90%，在小区域高空间分辨率制图中应用广泛。

经历了近半个世纪的快速发展，遥感领域已经积累了一大批丰富的遥感信息提取方法，依据方法各自的特点有其相适应的应用范畴。简单而言，自动分类方法中的神经网络法、支持向量机法、面向对象法等在方法研究和小区域研究中取得了较好的效果，应用广泛；大区域土地利用/覆盖制图中有效的方法为决策树分类方法和目视解译方法。虽然传统的目视解译方法耗时费力，但目前仍是精度被广泛认可的大区域制图方法之一。自动方法通常对遥感影像中地物成像条件多变、类内差异大、类间差异不平衡等特点考虑并不充分，直接通过改进分类器来提高分类性能越来越困难。

依靠GIS计算优势的自动分类方法更注重过程，但多数情况下因为辅助信息的不足，影响了机理解释，假定条件多，结果精度难以被认可。而且，自动分类方法的直接实施对象是遥感数据，受像元的影响，结果多采用栅格方式，在制图方面存在不足，面积计算也受到直接影响。有些情况下，为了符合制图要求，虽然可以矢量化处理，但效果并不理想。一般认为计算机自动分类效率比较高，但实际上这一优势仅仅表现在计算过程环节，如果考虑完整的土地资源研究流程，总体效率并不存在明显优势。计算机自动分类对遥感数据的时相和质量要求高，时常难以保证，且分类后处理量大、难度高，在满足同样精度要求情况下，其效率会显著降低。特别是在区域性的应用研究和动态监测过程中，相邻区域的遥感数据可能存在明显的差异，需要对方法及其参数进行反复试验，动态信息又需要仔细甄别，其效率甚至不及人机交互分类方法。

近年来，两种方法的结合越来越多地应用于土地资源遥感应用研究中，依靠优势互补提高效率，保证了符合要求的精度。2007年开展的全国土地覆盖遥感监测工作，制定了符合中国实际的土地覆盖分类系统，以矢量方式建设完成了中国土地覆盖时空数据库。土地覆盖数据库的建设既依托中国土地利用数据库制作的框架数据基础，又在森林、草地的次级类型划分中，借鉴了遥感自动分类获取的林草信息，有效保证了数据库的质量。

在863计划项目支持下完成的全球地表覆盖30m分辨率遥感数据制图成果（GlobeLand 30），获得了世界上第1套30m分辨率的两期（2000年和2010年）全球城乡建设用地数据集。该数据集的建设中，也采用了遥感自动分类和人机交互分析相结合的方法。第2次全国土地调查采用政府统一组织、地方实地调查、国家掌控质量的组织模式，利用遥感影像为调查底图，采用人机交互判读分析方法实现了图、数、实地一致。

土地利用是人类在一定的社会、经济和技术条件下，以土地为对象，出于经济或社会目的，对土地进行的长期或周期性的经营过程，这个过程具有动态性。因而，对于土地资源信息的提取不是静态的，动态信息有时候更为重要。面对日益广泛和深化的应用需求，具有调查特点的现状数据越来越难以满足发展规划和过程研究的需要，依靠监测获取的动态信息得到更多的知识。国外的主要土地资源遥感数据产品和中国开展的大量研究，都对动态过程的监测给予足够的重视，逐步发展了时间序列的遥感应用成果。但多数情况下，并未建立专门的动态数据库，而是不同时间节点的静态数据为主。在中国科学院开展的全国土地利用遥感监测、土壤侵蚀遥感监测、土地覆盖遥感监测、城市扩展遥感监测中，首次并持续实现了现状库与动态库的同步建设，明确了每一个动态信息的实体意义。

6.2.4 土地资源信息的静态信息与动态信息

遥感技术和GIS技术应用于土地资源研究的一个明显变化是以数据方式表示的信息的多样化和大量化，一系列的土地资源遥感应用专题数据库相继建设完成，在现状数据库基础上，逐步开展了动态数据库的建设。相较于不同时间节点的现状数据库，动态信息在实际应用中有同等重要的价值。在缺少动态数据库情况下，通常采用比较前后两期现状数据来获取动态信息的方法，虽然具有理论上的合理性，但实际可操作性较差。因为，无论是人机交互专题制图，还是自动分类制图，错分、漏分在所难免，分类后处理或图形编辑也会导致地类属性、位置的差异，难以保证现状数据库的绝对准确，任何的误差和不准确，都会导致两期现状数据的不同，直接进入动态信息中，影响动态信息的准确性。另外，动态变化相对于土地资源状况在信息量方面处于弱势地位，这种“伪动态”会显著影响变化分析的质量。在时间序列研究中，这种影响具有传递和累积作用，必须尽可能消除。

现状数据是反映某一时刻状况的静态数据，为了避免现状数据质量对动态信息的不利影响，20 世纪 90 年代以来开展的土地资源遥感研究中，采用人机交互的判读分析方式，实现了专门针对动态信息的专题制图。这一过程中，在早期或起始年度现状数据的基础上，补充后期或监测末期的遥感数据，通过比较分析来识别动态，动态制图中采用独立的动态编码加以表示。因为现状信息与动态信息的紧密结合，以及动态信息提取中对早期现状数据可能存在的错误的修改，有效地保证了动态信息的准确性，也保证了动态信息与现状信息的一致性。中国土地利用遥感监测等工作，都是采用现状库与动态库同步建设的方法实现了连续更新。在基于遥感的土地资源自动分类和变化监测研究中，尚未见类似的处理成果报道。

自“九五”以来，在中国开展的土地资源遥感应用研究中，先后建设完成了 20 世纪 80 年代末至 2010 年的 1∶10 万比例尺中国土地利用时空数据库、1∶10 万比例尺土壤侵蚀数据库和 1∶25 万比例尺土地覆盖数据库，20 世纪 70 年代至 2013 年的 1∶10 万比例尺城市扩展数据库等，各专题数据库全部实现了现状库与动态库的同步建设，很好地反映了不同时期中国土地资源与环境状况以及不同时间段的变化情况。目前，中国土地利用遥感监测数据库包含了 6 期土地利用现状以及相对应的 5 个时间段动态变化数据，成为研究 20 世纪 80 年代以来中国土地利用及其变化的基础数据和权威数据。同时，该数据库也成全球变化和碳循环研究的重要下垫面数据来源。

全球性的主要土地资源数据集更多是一种土地利用/覆盖状况的静态反映，唯有 MODIS 土地覆盖数据集提供了 2001—2012 年 500m 分辨率的土地覆盖动态数据。但是该动态数据并不是一般意义上的土地覆盖变化信息，而是为了支持地表物候变化研究而构建的，反映的仅仅是年度内全球绿度和生长季变化的信息。缺少对土地覆盖变化信息的表示，在相当大程度上限制了这些全球土地覆盖数据集的使用价值。对于研究全球变化和气候变化来说，更需要长时间序列的多期土地利用/覆盖数据的支持，因此对于土地利用/覆盖动态遥感监测及其数据库更新必须持续下去。

6.2.5　系列专题研究

传统的土地资源研究中就有系列制图的概念和实例，可以从不同侧面对研究对象开展更有针对性的研究，也能综合不同侧面实现对研究对象的整体性了解。

针对中国的土地资源已经并正在持续开展系列专题研究。长时间序列的中国土地资源数据库已能涵盖 20 世纪 80 年代以来的变化过程。不同专题数据库采用相同的遥感信息源、相同的技术路线、相同的时间尺度、相同的技术参数建成，包括中国土地利用、土地覆盖、土壤侵蚀等时空数据库，这种时间序列和专题序列的结合，能够支持土地资源的社会属性和自然属性、资源与环境的综合分析，兼顾了状态评估、趋势比较和驱动因素分析等多重需要。

在系列专题研究中，不同专题的系列化、城镇化与人造覆盖相结合、土地类型与遥感参数相结合、自然属性与社会属性相结合等，在越来越多的研究中得到重视并予以实现。

20 世纪 90 年代开展的高原地区生态环境动态遥感监测，结合利用遥感数据、观测数据等，完成了生态环境状况的综合评估与动态比较。2011 年完成的中国科学院知识创新项目“耕地保育与持续高效现代农业试点工程”中，在耕地资源动态遥感监测的基础上，结合气象观测资料和遥感参数产品，分析了耕地资源时空变化及其对粮食生产能力的影响。2015 年启动实施的中国科学院学部咨询项目“‘胡焕庸线’时空认知：聚焦‘总理三问’”中，基于土地、地形与人口等多种专题数据开展了中国城镇化潜力评估。

6.3　土地资源遥感应用研究展望

遥感技术的出现，极大地丰富了地理学的研究方法和内容。得益于传感器获取的时间序列空间信息的支持，拓展了地理学研究的领域，深化了研究程度。特别是信息的周期性获取，为过程分析创造了条件，能够更好地针对地理学的时空特点开展研究。

技术的发展会促进应用需求的增强。多数情况下，应用需求的发展往往先于技术的进步，但在技术进步的促进下，应用需求的内容会拓展，程度会加深。遥感技术应需求而产生和发展，但在满足应用需求方面尚有一定的距离，对地物识别能力、识别精度、时空分辨率、结果时效性、时序信息的一致性等方面都有待加强。

6.3.1　创新研究方法，切实满足应用需求

在土地资源遥感应用研究中，受关注较多的是信息提取方法探索和工程性应用等。在遥感应用研究方面，特色比较明显，发展相对较快，不断形成区域性、国家级和全球性的研究成果。在信息提取与分析方法方面，仍然处于自动分类和目视判读并存阶段，无论是机理模型还是经验模型，在参数厘定和区域适用性方面，依然有诸多因素影响着结果质量。国内的许多研究在内容和方法方面依然以跟踪为主，创新性有待加强。大多数研究还处于对国外模型与方法的引用、完善或验证阶段，对于这些方法的原理和适用条件的理解与分析弱于具体应用，而且重复性较大，不同方法、不同研究中产生的同类遥感产品间时常存在明显的不同，虽各有特点，但对结果的解读和应用造成选择性困难。在资源环境研究中，美国的通用水土流失方程广泛应用于中国的土壤侵蚀研究，面对不足以支持相关因子量化表示的现实，为了实现模型应用，进行了诸多改进和假定，但由于缺乏合理布局的长期观测数据的积累，对模型的改进效果有限，验证困难。在遥感应用研究方面，全球数据产品在中国区域的精度不高是普遍看法，也是客观现实，但仍然得到越来越多的直接引用，深层原因值得思考。蒸散发、植被参数、地表参数、土地覆盖分类等方面，因为其在资源环境研究中的重要作用，受到关注最多，相关产品层出不穷，需要加深对这些成果的解读，开展一致性和互补性评估，才有助于实际应用。

遥感提供土地资源研究的最大便利是丰富的信息源，需要面对的最大挑战是专题信息的获取。深化遥感机理研究，创新信息获取与处理方法，形成有自主知识产权的成果，都需要给予更多的重视和付出更大的努力，这是遥感科学发展的需要，也是遥感技术应用的需要。遥感技术正在进入一个能够快速准确地提供多种对地观测海量数据及支持更广泛应用研究的新阶段，多分辨率多遥感平台并存，空间分辨率、时间分辨率及光谱分辨率普遍提高。遥感数据源的以上发展趋势，势必带动土地资源遥感应用研究向现势性、动态性、

全球化、精细化及自动化方向发展。信息源只是应用研究的基础之一，在跟踪式应用的基础上，由“独立完成”或“首次应用”提升到更高层次的“创新性实现”，“中国智造”的中国制造向中国创造的理念值得借鉴。基于遥感数据的信息结果首先需要可解读，才能被理解和接受，也才能在满足日益增强的实际需求中体现出价值。

6.3.2　加强与传统学科的结合

遥感基于物理学理论基础，在地理学领域得到了日益广泛的应用。加强与传统学科的结合是提高遥感技术应用针对性和实用性的要求。根本上讲，遥感技术和 GIS 技术在土地资源研究中的应用，主要是对传统研究方法的增强，有助于丰富研究内容、提高技术可行性，研究对象本质及其研究目的并没有明显的改变，遥感技术的应用需要符合土地资源研究自身的性质和特点。

长期以来的学科交叉拓展了传统学科的内容和实现手段，土地资源研究已经从重视类型、数量、质量、分布的调查研究层面，逐步发展到重视变化过程和变化趋势研究、重视变化影响研究的监测和预测阶段，而且随着研究的深化，需要从更大的时间和空间范围内认识、分析、评估研究对象，因而在全球变化和可持续发展这些综合性的研究中广受关注。相对于传统的土地资源研究，遥感技术的应用使得观测角度从地面转向了空中，增加了观测角度，强化了观测手段，实现了周期性的重复观测，极大地促进了土地资源研究。也正是由于这些特点，遥感数据与地面观测的结合一直受到遥感机理研究和应用研究的重视。在概念、内涵方面保持与传统研究的一致，厘清遥感参数与土地资源的关系和作用，实现分类信息与遥感参数的有机结合，有助于更好地理解、分析地理学研究对象，提高研究成果的适用性和可解读性，更好地服务于资源的合理利用规划和生态环境保护，支持可持续发展战略的实施和促进全球性资源环境问题的逐步解决。国家为了实施生态文明建设的需要，《中华人民共和国国民经济和社会发展第十三个五年规划纲要》对耕地保护、建设用地发展、大气质量、水质、森林覆盖度和林木蓄积量等资源环境指标提出了明确要求，遥感技术可望通过监测，支持对这些战略目标实施效果的监督与治理决策。多年来，虽然形成了土地、大气、植被和水质等方面的大量遥感数据产品积累，如果要非常有针对性地满足此类实际需求，尚需付出更多的努力，此类情况不在少数。遥感技术应该也能够在这些目标的实现过程监测与实施效果评估方面发挥更大的监督管理和辅助决策作用。

土地资源遥感应用研究的核心和基本目的之一是将遥感数据转化为专题信息，信息提取和分类是一项基础性的工作，态势评估和趋势预测需要调查、监测、模拟获得的诸多专题信息的支持。简言之，信息提取针对的是提取对象，多数情况下瞄准众多专题信息中的某类或某些信息，如提取耕地或植被生长状况等信息；信息分类更多针对的是某一目标区域和某个特定内容，完整性是主要特点，体现在区域完整性和内容完整性两个方面，需要完全覆盖整个区域，也需要识别出全部类型，如一个区域的土地覆盖制图等。不同方法获得的遥感分类信息、反演参数和地面观测数据的结合会显著提升结果的质量和实用价值。准确且完整区分土地资源类型，了解不同类型资源的分布区域及其相互影响，及时掌握它们的变化，才能更系统地评估其状况和趋势。

6.3.3　满足全球化趋势下的土地资源遥感应用研究需求

与其他资源相比，土地资源无论是在测量还在是管理方面均存在难度，在现代社会不仅需要土地资源管理能在面积分析、土地质量检测等方面做好工作，同时还需要通过各种技术了解地下矿藏储备情况，因此也需要通过研究方式的优化实现这项技术性能的提升。遥感技术的实际应用阶段中人们往往对于该技术在信息采集以及在工程环境下应用的特性较为关注。目前的土地资源遥感技术整体呈现出发展速度快、技术更新速度快的特点，并且遥感技术在地区或国家的优化中也由于科技理念的不同而发生变化，出现了各有特色的地质测绘技术，在信息提取与分析方法方面，仍然处于自动分类和目视判读并存阶段，无论是机理模型还是经验模型，在参数厘定和区域适用性方面，依然有诸多因素影响着结果质量。国内的许多研究在内容和方法方面依然以跟踪为主，创新性有待加强。大多数研究还处于对国外模型与方法的引用、完善或验证阶段，对于这些方法的原理和适用条件的理解与分析弱于具体应用，而且重复性较大，不同方法、不同研究中产生的同类遥感产品间时常存在明显的不同，虽各有特点，但对结果的解读和应用造成选择性困难。

遥感技术本身是物理学科知识的结晶，遥感技术目前已经被成功地应用在了地理学科的研究中，这也是学科融入的典范，在遥感技术的进一步发展中，还应进一步注意这项技术和其他学科的结合，使这项技术的性能得到进一步的加强，更好地完成各项土地资源的检测。

长期以来的学科交叉拓展了传统学科的内容和实现手段，土地资源研究已经从重视类型、数量、质量、分布的调查研究层面，逐步发展到重视变化过程和变化趋势研究、重视变化影响研究的监测和预测阶段，而且随着研究的深化，需要从更大的时间和空间范围内认识、分析、评估研究对象，因而在全球变化和可持续发展这些综合性的研究中广受关注。在概念、内涵方面保持与传统研究的一致，厘清遥感参数与土地资源的关系和作用，实现分类信息与遥感参数的有机结合，有助于更好地理解、分析地理学研究对象，提高研究成果的适用性和可解读性，更好地服务于资源的合理利用规划和生态环境保护，支持可持续发展战略的实施和促进全球性资源环境问题的逐步解决。

全球化趋势面对的资源环境问题是全球变化研究的核心特点，资源与环境研究又是全球变化研究的重要内容之一，国际性的大型科学研究计划都体现了这一特点。全球变化研究的是地球系统的整体行为，把地球的大气圈、水圈、岩石圈和生物圈等各个层圈作为一个整体，研究这个整体的过去、现在和将来的变化规律，研究控制这些变化的原因和机制，开展全球变化预测，为地球资源与环境的合理利用与有效管理提供科学依据。地球系统的整体性包括不同的圈层和不同的区域，是一个不断演变中的立体空间，要求从更大的空间区域、更长的时间过程、更多的观测角度研究全球性的资源环境问题。由于时空尺度的增大，对土地资源遥感应用研究的要求更高，需要开展研究的内容更多，区域差异的影响更大，诸多内容间的关系更为复杂，系统性地和有针对性地开展分析，明确影响全球变化相关要素间的关系及其变化规律尤为重要。

面对人类的共同家园，地球资源与环境受到越来越广泛的重视，国际上不断有大型的科学观测计划实施，《中华人民共和国国民经济和社会发展第十三个五年规划纲要》也明确提出围绕地球资源与环境动态监测技术开展研究，在整体性理解、层次化组织、动态监测技术探索和资源环境时空态势评估等方面的研究将逐步展开，系列专题数据库建设、区域到全球的系统化比较、动态监测、相互作用分析等，以及资源环境动态的综合评估与对策建议的提出，都应该成为研究内容之一。

就全球而言，不同国家和地区的资源基础不同，环境条件有异，民族历史和民族文化千差万别，又处于各自不同的发展阶段，需要有区别地认识和评估资源环境状况。而且，不同地理区域由于各种自然地理要素的分异，时空认知的一致性也是全球变化研究背景下土地资源遥感应用研究需要关注的内容。

6.4　典型案例

6.4.1　研究目的

彭州地处成都平原与龙门山的过渡地带，土地利用状况具有强度高、类型多、复杂程度大的特点，土地类型变化非常快。同时，5·12 汶川大地震严重破坏了该区域的生态环境，这场大灾难导致了地震灾区土地利用在类型和结构上都发生了巨大变化。因此，如何快速获取最新的土地利用信息对于灾后重建及政府决策具有重要意义。

6.4.2　研究区概况与实验流程

基于彭州市地震灾区对信息的获取要求迫切的实际情况，此次实验选择了位于四川省成都市彭州葛仙山镇熙玉村的灾后重建安置区，所选取地区具有的特点是地势变化幅度较大，且受地震影响较大。就地理位置而言，彭州位于成都平原与龙门山过渡地区，整体的地形地貌较为复杂，西北高而东南低，海拔最高达 1320m，最低海拔 623m。

利用无人机对土地利用及其变化状况进行动态监测的方案主要包括以下部分：

（1）获取无人机影像数据。基于无人机遥感平台，对实验区域的航线进行规划，实现数据的获取。

（2）影像数据自动拼接。利用改进的基于特征点的影像拼接方法对无人机影像进行自动拼接，即将实验区同期间拍摄的多张影像拼接为一张影像图。

（3）影像数据配准。将拼接好的影像图进行配准，便于后续的空间分析与变化检测。

（4）影像分割。建立了分割质量函数，获取最优分割尺度，完成影像分割。

（5）影像分类。建立合适的分类体系，运用面向对象的影像分析技术提取各类别的地类，并进行分类精度检验。

（6）土地利用信息动态监测。对两期分类后的影像进行地理编码后，导入土地利用信息动态监测系统中进行叠加分析即可得到土地类型统计结果及土地变更统计结果。

（7）变化原因分析。对土地类型变化原因进行分析，检验重建是否合理。

实验具体流程如图 6.1 所示。

6.4.3　数据和方法

1. 数据获取

实验中设定的无人机飞行高度是 650m，飞行方向的重叠度是 70%，旁向的重叠度则是 40%，整体飞行覆盖了将近 $10km^2$，且飞机配套相机的镜头焦距为 24mm。通过实验得到的影像的分辨率达到厘米级。本次实验数据分别为 2009 年 2 月和 2010 年 4 月通过无人机航拍所获取。图 6.2 所示为 2010 年 4 月所获取的航向、旁向相邻的无人机影像。

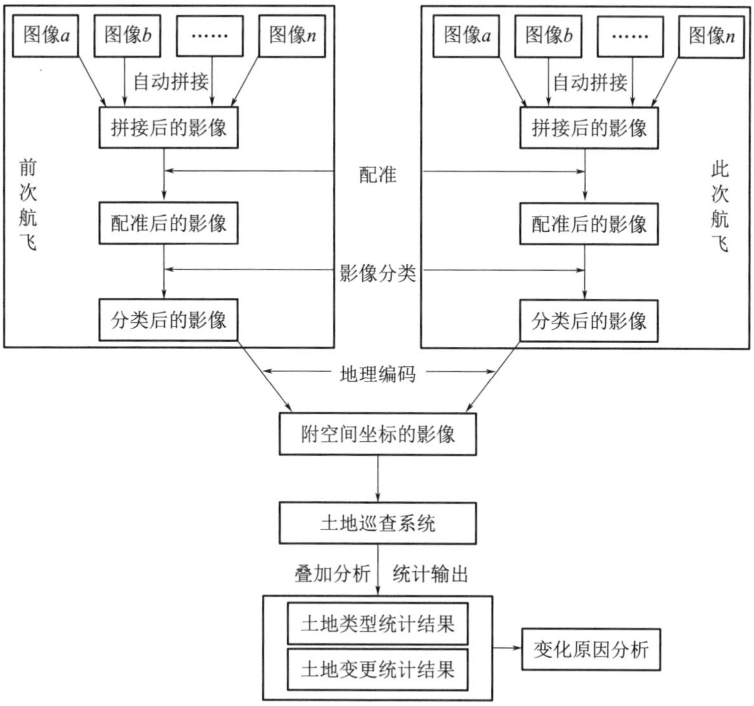

图 6.1 基于无人机影像的土地利用信息动态监测流程

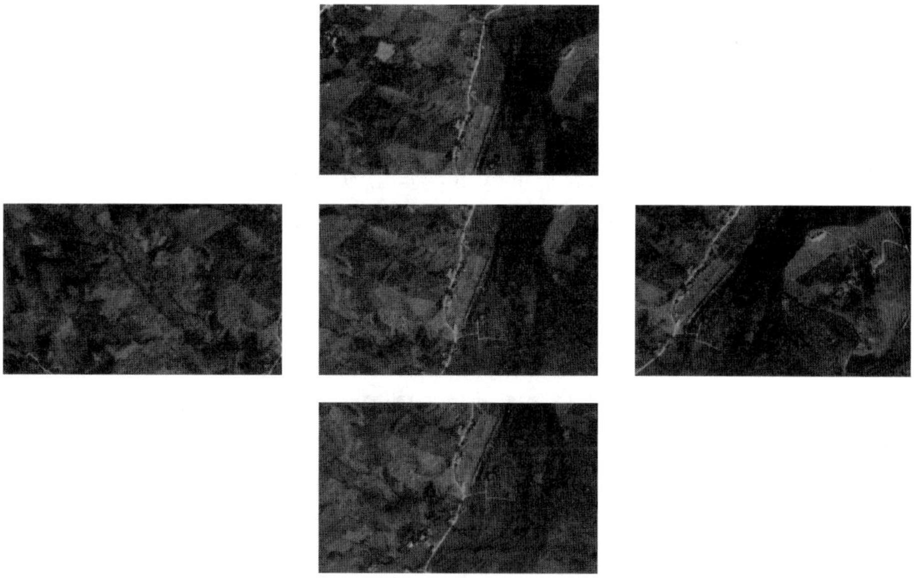

图 6.2 无人机拍摄的相邻 5 幅影像

2. 实验方法

(1) 无人机影像快速拼接。本次实验针对无人机影像的特点将 SIFT 算法运用在影像的自动拼接方面，计算出 SIFT 算法每个阶段耗费的时间。分析无人机本身的特点进而对算法进行改进，在提取特征点之前先估算每个邻近影像之间的重叠度进而有效缩小搜索范围；对尺度空间的极值进行检测时，利用实验中获得的数据得到优化后的高斯核尺寸，进而有效解决了传统方式中尺寸固定的不足，节约时间的同时能够获得更多的特征点，最终通过 Levenberg - Marquardt 方法求得精确变换矩阵完成影像镶嵌。

（2）影像分割。通过对照国家对土地实施分类时参照的依据，对实验地区的土地类型结构进行实地调研，并结合无人机影像涵盖的信息进行全面分析，最终建成高效的分类体系。实验地区的土地被划分为耕地、林地、交通运输用地、住宅用地、草地、其他用地等。

分割影像的重点在于经过分割的对象其内部是否具备较好的同质性，对象间是否具备较好的异质性。对象内部的同质性通过标准差来表示，具体计算公式为

$$v=\frac{\sum_{i=1}^{n}a_iv_i}{\sum_{i=1}^{n}a_i} \tag{6.1}$$

式中：v_i 为标准差；a_i 为面积，两者都是以对象 i 为自变量的；n 为对象总数；v 的值越小表示对象内部的同质性越高。

对对象之间的异质性进行分析其实就是全面分析光谱的异质性和形状的异质性并取权重，如

$$f=wh_{\text{color}}+(1-w)h_{\text{shape}} \tag{6.2}$$

式中：f 为对象之间异质性程度的高低；w 为光谱特征的比重，取值范围为0～1；h_{color}及h_{shape}为合并后的对象之间的光谱和形状的异质性。

标准差大小由对象本身大小来衡量权重

$$h_{\text{color}}=\sum_c w_c[n_{\text{merge}}\sigma_c^{\text{merge}}-(n_{\text{obj1}}\sigma_c^{\text{obj1}}+n_{\text{obj2}}\sigma_c^{\text{obj2}})] \tag{6.3}$$

式中：c 为影像层数；w_c 为影像层所占的权重；n_{merge}为合并后对象的像元数；σ_c^{merge} 为合并后光谱标准差；n_{obj1}为合并前对象 1 的像元数；n_{obj2}为合并前对象 2 的像元数；σ_c^{obj1} 和 σ_c^{obj2} 分别代表合并前对象 1 和对象 2 的光谱标准差。形状异质性 h_{shape}是紧凑度 h_{compact}和平滑度 h_{smooth}的综合。

$$h_{\text{shape}}=w_{\text{compact}}h_{\text{compact}}+(1-w_{\text{compact}})h_{\text{smooth}} \tag{6.4}$$

式中：w_{compact}表示在 0～1 之间变化的紧凑度权重因子。平滑度和紧凑度的计算公式为

$$h_{\text{smooth}}=n_{\text{merge}}\frac{l_{\text{merge}}}{b_{\text{merge}}}-\left(n_{\text{obj1}}\frac{l_{\text{obj1}}}{b_{\text{obj1}}}+n_{\text{obj2}}\frac{l_{\text{obj2}}}{b_{\text{obj2}}}\right) \tag{6.5}$$

$$h_{\text{compact}}=n_{\text{merge}}\frac{l_{\text{merge}}}{\sqrt{n_{\text{merge}}}}-\left(n_{\text{obj1}}\frac{l_{\text{obj1}}}{\sqrt{n_{\text{obj1}}}}+n_{\text{obj2}}\frac{l_{\text{obj2}}}{\sqrt{n_{\text{obj2}}}}\right) \tag{6.6}$$

式中：l_{merge}为合并后对象边界的周长；n_{merge}为合并后对象的像元数；b_{merge}为经过合并的外接矩形的周长。基于以上的定义，分析计算对象在合并前后存在的不同，并且分析每次合并前后对象存在差距的变化情况，最终确定是否需要继续发展该对象或是发展新的对象。

理想的分割是基于对象内部较高的同质性和对象之间较高的异质性，其实就是不断调

和 v 同 f 的过程。设置相关的分割质量函数，并定义为

$$W(v,f)=mW(v)+(1-m)W(f) \tag{6.7}$$

$$W(v)=\frac{v_{\max}-v}{v_{\max}-v_{\min}} \tag{6.8}$$

$$W(f)=\frac{f_{\max}-f}{f_{\max}-f_{\min}} \tag{6.9}$$

式中：$W(v)$ 为影像对象内部的同质性；$W(f)$ 为影像对象之间的异质性；m 为指数 v 在分割质量函数中所占权重，其取值范围为 [0，1]，可根据强调对象内部同质性及对象之间异质性的侧重点不同对 m 的取值范围进行调整。

根据上述函数关系，建立以分割尺度 x 为自变量的分割函数，从而可计算出最优分割尺度。

$$T_n(x)=t_0+t_1+t_2x^2+\cdots+t_nx^n \tag{6.10}$$

式中：$T_n(x)$ 为质量函数，其中自变量是 x，$T_n(x_i)=W(v_{x_i},\ f_{x_i})$。对影像实施 $n+1$ 次的预分割，基于式（6.1）～式（6.9）计算出 $n+1$ 个 $W(v,\ f)$ 的值，进而求得系数 t_0，t_1，…，t_n 的数值，进而得到质量函数。若 $T_n(x)$ 取最大值，此时对应的自变量就是最优化的分割尺度。

根据上述分析，对分割尺度的范围进行限定，将其限定在 5～100 范围内，且将步长设置为 5，依次计算每个分割尺度对应的 $T_n(x)$。$T_n(x)$ 取最大值时对应的是最优化的分割尺度。图 6.3 给出了每个分割尺度对应的 $T_n(x)$。若分割尺度到达 90 时，对应的 $T_n(x)$ 取得最大值，因此 90 为最佳分割尺度，本实验无人机影像即采用 90 为分割尺度。

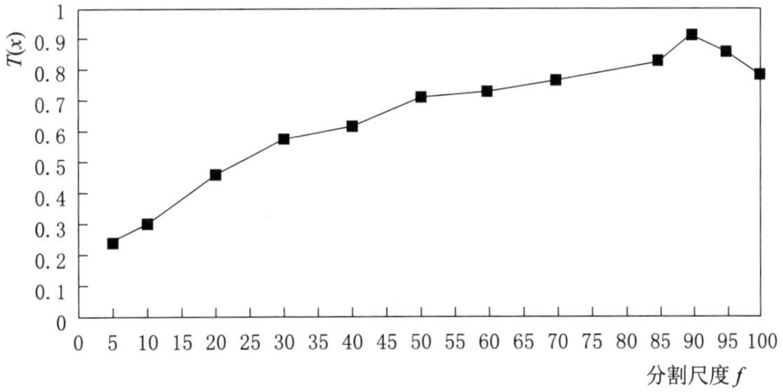

图 6.3 无人机影像处于各个分割尺度时的 $T_n(x)$

（3）影像分类。对影像实施分割就是为了进一步得到分类对象。对影像进行分类的核心部分就是对影像蕴含的特征信息进行有效提取。分析影像的特征信息，进而得到能够用于分类的特征信息，之后以这些信息为依据对对象实施分类处理。根据建立的分类定义分别对各类型地物进行提取，得到的分类结果如图 6.4 所示。

在考察分类方法能否发挥作用方面，分类精度具有重要作用。分类精度评价的信息能够用来进一步改善结果。此次实验是通过野外调研得到的样本进一步对分类结果的精度进行评价，且随机选择 502 个均匀分布的点在精度评价过程中作为参考，对对应地区的数据进行比对分析，最终该次分类结果的总体精度达到 86.21%，Kappa 系数为 0.84。

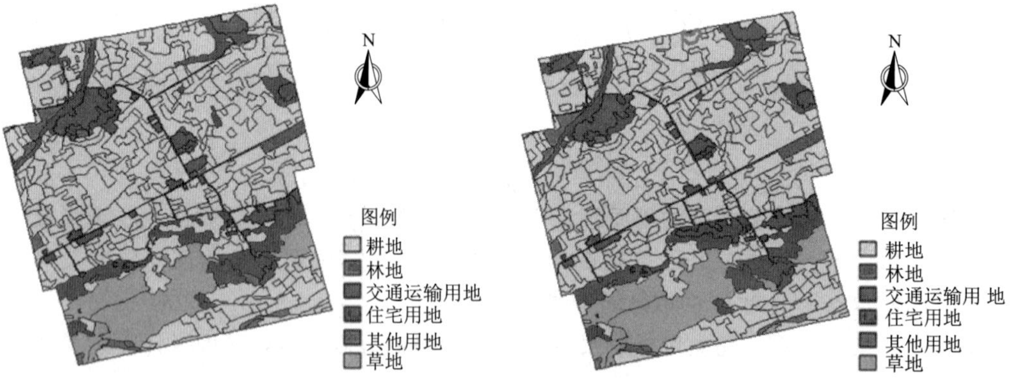

（a）　　（b）

图 6.4　两个时相的无人机影像分类结果

（a）时相 1；（b）时相 2

6.4.4　结果与分析

为实现土地利用信息的动态监测，利用 ArcEngine ＋ Visual C＃开发平台，构建了一个基于 C/S 的土地利用信息动态监测系统。该系统实现了土地利用信息结果的可视化显示、查询、统计分析、地图输出、数据管理与输出等功能，将获得的安置点两个时相分类结果导入系统，进行叠加分析，即可统计出两个时相的土地利用信息及其变化量。土地利用信息统计结果及变化情况见表 6.1。

表 6.1　　土地利用信息统计结果及变化情况

土地类型	时相 1 所占面积/m^2	时相 2 所占面积/m^2	变化量统计/m^2
耕地	10122.61	9592.78	－529.83
林地	1824.78	1869.32	44.54
交通运输用地	1307.86	1523.22	215.36
住宅用地	1665.28	1911.39	246.11
草地	300.30	291.85	－8.45
其他用地	2102.33	2134.60	32.27

通过对两个时相分类结果影像和土地利用变更情况进行对比可以发现：

（1）该安置点住宅用地在重建前呈现居民点密度低、规模小、分布分散、聚集程度低等特点。重建时着重考虑了进行居民点归并，合理布局居民点位置，提高居民点布局集聚程度。

（2）该安置点区域内重建后耕地面积有所减少，这是由于集中重建住宅用地和交通运输用地占用了部分耕地。在总体上来看，应该积极响应国策，在整体上保持耕地总量的动态平衡。

（3）重建后交通运输用地所占面积有所增长，这说明重建后安置点内道路有所增多。

第7章 农业干旱监测

旱情是指在一定时期内因水量相对亏缺造成某地理区域范围内的干旱情况，通常划分为农业干旱、水文干旱、气象干旱和社会经济干旱四种类型。在全球变暖的背景下，特大干旱、极端高温天气事件发生的强度和频率日趋增加，干旱所造成的灾害（简称旱灾）已成为当前世界上最为严重的自然灾害类型，严重威胁国家粮食安全、供水安全和生态安全。近年来，全球及区域旱灾频发，特别是在俄罗斯、澳大利亚和中亚国家发生的严重旱灾事件，不仅造成大面积粮食减产绝收危及粮食安全，还严重影响社会稳定和经济可持续发展。

传统的农业干旱监测方法主要基于以台站气象观测数据和墒情站土壤观测数据为代表的站点数据，通过能够表达干旱强度和持续时间的传统干旱监测指数，如作物湿度指数（crop moisture index，CMI）、帕尔默干旱指数（Palmer droughtseverity index）、标准降水指数（standardized precipitation index）、地表水分供应指数（surface water supply index，SWSI）等来划分旱情等级，开展干旱预警工作。上述指数的优点在于能够同化大气降水、土壤水分和湿度供给等信息，真实性较高；缺点在于监测精度易受站点分布密度的影响，在区域尺度范围内很难反映农业干旱的细节状况，并且在空间代表性上有一定的局限。遥感技术的发展有效弥补了传统监测手段的不足，遥感数据因其具有获取成本低、监测范围广、数据连续性强等优点，已成为当前开展农业旱情监测研究的主要数据源。

20 世纪 60 年代开始，在遥感技术不断发展之下，以极轨气象卫星、陆地资源卫星数据广泛应用为标志，利用卫星遥感数据进行大尺度区域农业干旱监测的研究不断深化。与传统的农业灾害监测技术手段相比，遥感监测技术具有宏观性、经济性、动态性、时效性等特征，成为传统农业灾害监测方法的重要补充，并得到了广泛的应用。当前，伴随着遥感技术高时空分辨率、高光谱、多平台的发展趋势，针对全球、区域尺度农业干旱信息获取的需求，以 30～1000m 空间分辨率 Landsat－8、HJ－1A/B、EOS/MODIS、FY 和 NOAA 系列卫星数据及雷达卫星数据为主，在农业干旱遥感监测机理深刻认识基础上，构建适用于区域业务运行的监测系统已成为农业干旱遥感监测应用的主要趋势。

从农业干旱遥感监测的数据源上，自 20 世纪 80 年代以来，随着 Landsat/TM、NOAA/AVHRR、EOS/MODIS 等数据的不断发射，基于光学遥感数据的农业干旱遥感监测逐渐展开；而 90 年代以来，Terra、Aqua、Radarsat 等具有雷达传感器的卫星发射升空，使得基于雷达数据的土壤水分反演研究逐渐增多。近年来，随着最新的美国 Landsat－8 卫星、欧洲 Sentinel－2 卫星和 Sentinel－1 雷达卫星的发射升空，基于这些最新卫星资料的干旱研究迅速发展，极大地推动了农业干旱研究的应用。农业干旱遥感监测方法可以分为以光谱反射率为基础的状态监测方法和以作物生长模型为核心的模拟方法两大类。前者是基于可见光、短波红外、热红外、微波谱等谱段的特征光谱空间原理构建干旱指数，结合农作物长势描述指标，能够较好地反映土壤水分的变化。该方法的优点是模型构建速度较快，原理清晰；不足是受地表状况的复杂性限制，区域应用的普适性仍需要进一步深入研究。后者以农作物生长模型，基于 LAI 等农作物参数准确反演，通过作物模型同化的方法，可以间接获取土壤水分含量。其优势是农业干旱紧密结合了作物生长特征的耗水需求，原理性强；缺点是作物生长模型参数复杂，且不同的时间、区域参数差异较大，使其本地化、空间化存在困难，且模型运行速度较慢，限制了该方法的业务化应用。

针对农业干旱遥感监测研究的业务化应用需求，当前干旱遥感监测系统的研制工作取得了一定进展，其中我国以中国农业农村部（农业部）农业干旱遥感监测业务系统为代表，国际上以联合国粮农组织的"全球信息与预警系统（Global Information and Early Warning System，GIEWS）"为代表。随着农业干旱遥感监测技术的发展，评价分析各类方法在业务化运行中的应用潜力，提高农业干旱遥感监测系统的监测和预警能力，成为农业干旱遥感监测技术业务化应用的重要研究方向。

7.1　旱情遥感监测方法

农业旱情评价对象主要涉及大气降水和两种典型地物（土壤和农作物植被），评价指标按照评价对象的不同具体分为：①降水监测指标——用于评价由于大气蒸发强烈导致降水和蒸发不平衡，从而造成的水分补充不足；②土壤含水量监测指标——用于评价由于降水不足而导致的土壤缺墒；③作物需水监测指标——用于评价由于降水减少和土壤缺墒导致的农作物水分亏缺及其对作物正常生理生长的抑制。本节从遥感监测的角度出发，对上述三种农业旱情评价指标及其评价方法进行归纳总结。

7.1.1　降水监测指标

降水是最重要也是最难于观测的农业旱情变量因素之一。准确获取农业区降水量的时空分布特征对于农业旱情监测具有重要的现实意义。传统由气象站点观测获得的降水数据，易受到站点分布不均匀、站点数量少等客观因素影响，无法对大面积农作物种植区进行有效的高精度观测。随着遥感卫星降水反演技术的发展和卫星降水产品的不断丰富，越来越多的国内外学者利用 SRE 在气象站点稀疏、地形复杂的农区开展旱情监测研究。

在众多卫星降水产品中，TRMM 数据因其精度最为接近气象站点观测的降雨量数据，因而被广泛用于农业旱情监测研究。Rhee 和 Carbone 基于 TRMM 数据，在美国西部地区开展了干旱监测，结果表明 TRMM 数据的应用可以有效解决无站点或站点稀缺地区干旱监测的精度问题。王兆礼等通过开展基于 TRMM 的高时空分辨率降水数据产品在中国大陆 1998—2015 年的干旱监测效用评估研究，证明了该产品适用于大尺度气象干旱的监测，能够有效揭示中国大陆干旱的演变规律。此外，水汽含量（又称大气可降水量）作为可以有效预测降雨的物理量，其时空变化信息也是农区旱情监测的一个有效因子。王永前等系统总结了目前热红外、微波和可见光-近红外遥感在水汽反演方面的优势和不足，并提出当前应进一步将多源遥感数据相结合，通过改进反演算法以解决时下缺乏高精度高时空分辨率水汽产品的问题。

7.1.2　土壤含水量监测指标

土壤含水量是指土壤非饱和层的水分含量。土壤水分含量不仅是大气和陆地能量交换过程的关键因子，同时也是农业领域评价农作物生长和农业旱情程度的重要指标。土壤含水量的监测主要包括以下 3 种方法：微波遥感监测法，可见光、近红外与热红外遥感监测法和高光谱遥感监测法，如图 7.1 所示。

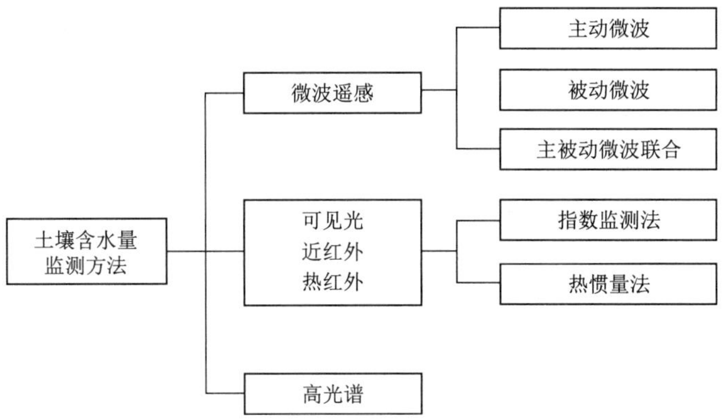

图 7.1 土壤含水量监测指标分类

1. 基于微波遥感的土壤含水量监测

红外和可见光遥感监测土壤水分易受到云层和光照条件的限制，而微波遥感具有全天候、全天时的特点，对云层和地表植被有较强的穿透力，可以不受天气条件的限制，目前已成为长时间序列大区域尺度上土壤水分监测的有效手段。由于土壤含水量和土壤介电常数具有较强的相关性，而微波后向散射系数与土壤介电常数密切相关，因而微波遥感应用于土壤水分监测具有良好的物理基础支撑。根据方式的不同，主要可分为三种方法：主动微波遥感监测、被动微波遥感监测和主被动微波遥感联合监测。

表 7.1 几种基于微波遥感的土壤含水量监测方法对比表

	主动微波遥感监测	被动微波遥感监测	主被动微波遥感联合监测
原理	通过观测土壤表面的后向散射系数变化反演区域土壤水分	通过星载微波辐射计，包括 AMSR - R、SSMR、FY - 3、SSM/I、Windsat 等，从远距离探测下垫面的亮度温度用于反演土壤含水量	通过优势互补，将主被动微波遥感联合应用于土壤水分监测研究
优点	空间分辨率相对较高，可探测地表下 5cm 深度的土壤水分信息，全天候、全天时	对地表土壤含水量变化更加敏感，具有较高的时间分辨率，数据量小且容易处理	简化土壤水分估算的过程，有利于提高土壤水分反演的精度
缺点	时间分辨率低，以及因数据量大带来的处理困难	空间分辨率较低	—
应用范围	测量范围广，主要用于土壤水分变化相对值的估算	用来进行土壤水分绝对值的反演，如：大区域尺度的土壤水分反演	协同反演表层土壤水分的研究

2. 基于可见光、近红外与热红外遥感的土壤含水量监测

由于不同湿度的土壤在可见光、近红外波段表现出不同的波谱特性，土壤水分含量越高，红光波段和近红外波段的吸收越强，反射率越低，特别是土壤光谱变化99%以上的信息可以通过红光波段、近红外和短波红外波段进行描述。主要方法包括：基于特征空间的指数监测法和热惯量法。一方面，基于土壤发射率变化，由 Abduwasit 等提出的基于近红外波段和红光波段的光谱特征空间建立的垂直干旱指数（perpendicular drought index，PDI），以及在此基础上构建的改进垂直干旱指数（modified perpendicular drought index，MPDI）被广泛用于土壤水分时空变化监测。其中，PDI 更适用于裸土监测，而不适用于植被覆盖度较高的区域。MPDI 则充分考虑了植被覆盖的影响，在不同植被覆盖条件下的监测精度更高。但与微波遥感监测方法相比，PDI 和 MPDI 只能反映表层土壤的水分信息，不能反映更深层次的区域土壤水分变化情况。

另一方面，随着卫星遥感技术的发展，应用于土壤水分监测研究的热红外遥感数据源在时空分辨率的选择方面均得到了极大丰富，因而成为国内外专家学者开展土壤干旱监测研究的主要手段之一。土壤热惯量是土壤的一个热特性参数，可通过热红外遥感监测地表温度的方法获取。

表 7.2　　常见的地表温度反演算法

1	单通道算法	基于 1 个热红外波段开发	大气校正法
			覃志豪单窗算法
			Jimenez Munoz JC 单通道算法
2	劈窗算法	基于 2 个邻近红外通道开发	基于 Landsat8 - TIRS 的劈窗算法
			基于 TERRA - MODIS 的劈窗算法
3	多通道算法	基于多个热红外波段开发	昼夜法
			温度发射率分离法
			灰体发射率法

土壤热惯量不仅可以有效反映土壤阻止温度变化的能力，还与土壤含水量变化显著相关，这使得热惯量法成为土壤旱情遥感监测的有效方法。由于计算真实的热惯量需要大量的地面数据，因而 Price 等利用遥感热红外数据，ATI 在裸土或低植被覆盖条件下具有较高精度，且方法简单实用，缺点在于该方法不适用于植被覆盖度较高的区域，特别是由于作物稠密而掩盖了土壤信息的农田区域。此外，ATI 需要计算昼夜温差，而卫星在昼夜过境时易受到云层覆盖的影响，从而导致实际监测效果不理想。

3. 基于高光谱遥感的土壤含水量监测

高光谱遥感作为一种新的技术手段，具有纳米级的光谱分辨率，可以有效获取土壤的反射光谱信息，可以对土壤水分进行定量反演和干旱监测。高光谱数据主要来自于星载高光谱传感器获取的高光谱影像和高光谱仪在野外和实验室获取的实测数据。在可见光（380～780nm）和近红外波段（780～2526nm）范围内，之所以可以建立土壤反射率和土壤含水量的关系，是因为土壤含水量的多少与土壤光谱反射率值的高低成反比，从而可以

根据所获取的土壤表层连续光谱，进而进行土壤水分的定量反演。国内外学者研究的结果表明，高光谱技术的不足之处在于：一是在土壤单位含水量一定的情况下，不同土壤类型由于受土壤母质、有机质等多种因素影响，其光谱反射率具有较大差异，如何建立一种适用于不同土壤类型且普适性较高的反射率和含水量关系模型是主要难点。二是如何处理野外复杂条件下采集的实测光谱数据与实验室内获取的光谱数据之间存在较大差异。

7.1.3 基于热惯量的土壤水分遥感监测方法

热惯量是物质热特性的一种综合量度，反映了物质与周围环境能量交换的能力，在地物温度的变化中热惯量起着决定性的作用。通常可表示为

$$P=\sqrt{\rho\gamma c} \tag{7.1}$$

式中：P 为热惯量，$J/(m^2 \cdot K \cdot s^{0.5})$；$\rho$ 为密度，kg/m^3；γ 为热导率，$J/(m \cdot K \cdot s)$；c 为比热容，$J/(kg \cdot K)$。土壤热惯量与土壤的热导率、比热容等有关，而这些特性与土壤含水量密切相关，通过计算不同土壤质地的热惯量可以推算土壤水分含量。

由于遥感数据无法直接获取原始热惯量模型中参数 ρ、γ、c 的值，Price 根据地表热量平衡方程和热传导方程提出了表观热惯量。在实际应用时，通常使用表观热惯量（ATI）来代替真实热惯量（P），建立表观热惯量与土壤含水量之间的关系

$$ATI=\frac{1-A}{T_{max}-T_{min}} \tag{7.2}$$

式中：A 为全波段反照率；T_{max}、T_{min} 为 1 天中最高、最低温度。只要用遥感方法获得 1 天内土壤的最高温度和最低温度，通过模型就可以计算出土壤含水量。Watson 等于 1971 年最早将热惯量应用于卫星遥感中，根据地物热惯量的不同来区分不同的地质单元，绘制了不同地区的热惯量图。在具体应用时，一些学者利用热惯量模型对干旱情况进行了监测，如刘振华等在热惯量模型概念下引入了地表显热通量和地表潜热通量反演表层土壤水。热惯量法及其改进方法模型都是从土壤本身的热特性出发反演土壤水分，要求获取纯土壤单元的温度信息，因此热惯量法主要适用于裸土类型，在有植被覆盖时需要考虑植被的影响。

与所表达的理论概念相比，从表观热惯量的计算公式可以看出，表观热惯量模型是假定土壤性质一致的条件下，考虑了太阳辐射、地表温度与土壤水分的关系。因此当将土壤热惯量模型应用到不同的土壤类型时，还需要考虑土壤类型变化对土壤水分反演的影响。

7.1.4 基于冠层温度的干旱遥感监测方法

根据冠层温度的高低对作物干旱情况进行判别是遥感干旱监测常用方法，其中最为典型的是 1995 年 Kogan 使用 NOAA/AVHRR 数据提出的温度条件指数（temperature condition index，TCI），该指数计算公式如下

$$TCI_j=\frac{T_{max}-T_{s_j}}{T_{max}-T_{min}} \tag{7.3}$$

式中：TCI_j 为第 j 日的温度条件指数；T_{s_j} 为第 j 日的地表亮温；T_{max} 和 T_{min} 分别为图像中最大、最小地表亮温。

TCI 实际上通过假设在干旱条件下，水分减少，影响了作物的生长，导致作物冠层温度升高，或者土壤表面的温度升高基础上，且其假设植被生长主要与土壤水分相关较大，

而其他因素变化较小的前提下。然而，在实际的监测中，TCI的值往往受到传感器、大气状况、植被因素等的影响产生变化，造成监测的准确性降低。

基于TCI的作物干旱遥感监测研究已有较多，如：闫娜娜等利用TCI对全国旱情进行了监测；计淇才则以MODIS影像为基础，计算了河南省的TCI指数，对河南省TCI指数干旱监测的效果进行了评价，并对比了TCI、植被状态指数（vegetation condition index，VCI）、归一化植被指数（normalized difference vegetation index，NDVI）、距平植被指数（anomaly vegetation index，AVI）等不同干旱监测指标的监测精度和效果。

结合分析TCI的计算条件，该算法实际上是通过假定光照强度、土壤质地、作物长势等一致或对土壤水分影响较小的条件下，直接将冠层温度的变化视为干旱情况的标志，本质上是从简化干旱计算参数的基础上获取干旱的量度，在大尺度区域时，这一假定很可能存在很大的误差，导致这一指数的计算精度降低。

7.1.5　基于作物长势状况的干旱遥感监测方法

利用卫星监测资料反演的植被指数，可反映作物生长变化状况，进而反映干旱状况，也是干旱遥感监测的常用方法。最为典型的是植被状态指数VCI，计算公式如下

$$VCI=\frac{NDVI_i-NDVI_{\min}}{NDVI_{\max}-NDVI_{\min}} \tag{7.4}$$

式中：$NDVI_i$为第i年某一日的$NDVI$值；$NDVI_{\max}$、$NDVI_{\min}$分别为多年中同一日$NDVI$值的最大值和最小值。该指数实质上是通过对比植被长势与历年长势最好和最差之间的差异，并认为若植被长势良好，则干旱发生的可能性或程度较低。

相似的，以植被长势状态进行干旱的监测方式还有距平植被指数AVI、标准植被指数（standard vegetation index，SVI）、归一化干旱指数NDDI等。这一类指数的特征是通过NDVI等代表植被长势的指数，通过长势的差异情况来代替干旱的程度。例如AVI指数，利用NDVI与距平值的差异来评价植被长势与历年平均值（代表生长正常状态）的差异，进而评价干旱对于植被的影响。

对于另一类类似的指数，是以评价植被冠层水分的状态来评价干旱的程度，如归一化差值水分指数NDWI、短波红外垂直失水指数（shortwave infrared perpendicular water stress index，SPSI）、归一化差异水分指数（normalized difference water index，NDWI）、全球植被水分指数（global vegetation moisture index，GVMI）、短波红外水分胁迫指数（shortwave infrared water stress index，SIWSI）等。实际上，当干旱程度较高、植被长势较差时，冠层水分含量降低，从而造成相应的指数变化，间接指示干旱程度。

以VCI指数等作物长势监测为基础的干旱监测算法，是假设光照、土壤、温度等条件一致的情况下，植被的长势变化仅与土壤水分的变化有关，该算法也是通过简化计算参数实现干旱监测的。有研究指出，该类指数可以减弱土壤背景因素、地区差异等影响，可指示大范围干旱状况，尤其适合于低纬度植被茂密地区的干旱监测。然而，由于以植被状态表征干旱程度会有一定的滞后性，导致该方法可能存在干旱预警时效性降低等问题，同时，不同年份之间植被的地表覆盖类型可能发生变化，导致该方法检测的失效。

7.1.6　综合冠层温度与作物长势的干旱遥感监测方法

植被供水指数（vegetation supply water index，VSWI）、温度干旱植被指数（temperature vegetation dryness index，TVDI）等方法是最为典型的综合冠层温度、作物长势的干旱遥感监测方法，类似的指数还有条件植被温度指数（vegetation temperature condition index，VTCI）等。

植被供水指数的计算公式如下

$$VSWI=\frac{NDVI}{T_s} \tag{7.5}$$

式中：$NDVI$ 为某一点的归一化植被指数值；T_s 为植被冠层温度。

植物冠层的气孔在植物缺水的压迫下会关闭气孔防止水分蒸发。这同时也导致了植物冠层温度的升高。当出现旱情时，植被长势较差，NDVI 较低，同时由于蒸腾作用等的减弱，冠层温度增高，因此 VSWI 值较小，反之则说明较为湿润。以此原理得出植被供水指数越小，指示旱情越严重。这一模型主要适用于植被覆盖度高的地区，同时容易受到土壤的物力参数和不同植被类型差异的影响，波动性比较大；此外，不同地区和时段的 VSWI 值的对比不具有实际意义，导致其应用受限。

Gurney、Moran、Price 等研究发现，如果研究区植被覆盖包含从裸土到全覆盖，土壤湿度从极干旱到极湿润的各种情况，以遥感数据获得的 NDVI 和 LST 横纵坐标的散点图呈三角形或梯形，即所谓的 NDVI - LST 特征空间，如图 7.2 所示。Sandholt 等对简化的 NDVI - LST 三角形特征空间进行研究，认为 NDVI - LST 特征空间中有一系列由 LST 和 NDVI 比值构成的土壤湿度等值线，据此提出了温度干旱植被指数 TVDI 的概念。

温度干旱植被指数的计算公式如下

$$TVDI=\frac{LST_i-(a_2+b_2NDVI)}{(a_1+b_1NDVI)-(a_2+b_2NDVI)} \tag{7.6}$$

式中：(a_1+b_1NDVI) 为干边，即某 $NDVI$ 对应的最高地表温度；(a_2+b_2NDVI) 为湿边，即某 $NDVI$ 对应的最低地表温度。$TVDI$ 值越大，LST 越接近湿边，土壤湿度越大。

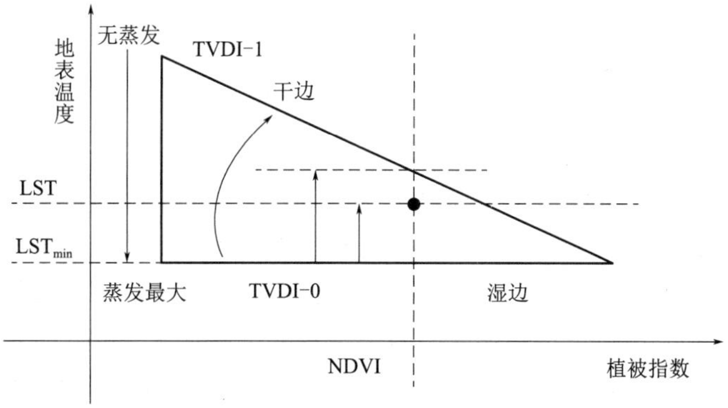

图 7.2　NDVI - LST 特征空间

然而在实际应用中，NDVI 和 LST 并不总是呈线性关系，在植被生长初期 NDVI 值过高地估计了植被的覆盖度，而植被生长后期却容易存在饱和现象，过低地估计了植被覆盖度，所以提取干边、湿边时一般限制 NDVI 在 0.15～0.85。如果研究区域较大，遥感数据分辨率过高，形成的 NDVI - LST 空间中数据的点过多，造成干边变小、湿边增大。

因此，TVDI指数适用于小区域的干旱监测。此外，NDVI和LST之间的关系受地区、纬度、地形、季节、水分以及太阳辐射的影响，并不是规则的三角形或梯形分布，这也会在一定程度上限制其应用。

综合冠层温度和作物长势的干旱遥感监测，相比单纯使用冠层温度或作物长势的干旱监测，考虑到了不同密度植被对于温度的影响情况，更加全面，原理性更强，在区域的应用中也更多。

7.1.7 基于蒸发（腾）的作物干旱遥感监测方法

植物健康时，蒸腾作用的发生使得叶片温度相比裸土温度降低；而当水分亏缺时，蒸腾量减小，则可能导致叶片温度升高。通过测量叶片温度，以能量平衡原理为核心计算地表覆盖蒸发（腾）量，并通过地面观测的土壤水分进行标定，进而获取蒸发（腾）表达的土壤含水量，是有别于温度、植被指数等方法获取干旱信息的重要的干旱遥感监测方法。作物缺水指数（crop water stress index，CWSI）最为经典，其他类似原理的算法还有土壤干旱指数（soil water stress index，SWSI）、水分亏缺指数（water deficit index，WDI）等。

作物缺水指数的计算公式如下

$$CWSI=1-\frac{ET}{ET_{\mathrm{P}}} \tag{7.7}$$

式中：ET为实际蒸散；ET_{P}为潜在蒸散，可以依据Penman-Monteith蒸散公式计算获取。

CWSI的值在0～1之间，值越大，表明干旱程度越高。CWSI实际上表示的是植被当前的蒸散与最大可能蒸散的关系，该值越高，表明与最大可能蒸散的差值越大，土壤的水分含量也越低。

由上可知，利用CWSI进行作物干旱反演，关键是获取植被的实际蒸发量，而潜在蒸发可以通过地面气象观测资料由Penman-Monteith蒸散公式计算。实际蒸散发可利用双层蒸散发模型计算，其将能量平衡原理方程简化为

$$R_{\mathrm{n}}=G+H+LE \tag{7.8}$$

式中：R_{n}为地表净辐射通量，代表的是地面所接收的总能量；G为下垫面土壤热通量，表示土壤表层和深层的热量传递状态；H是地表与大气的热交换能量，即感热通量或显热通量；LE为潜热通量，指的是地表与大气的水汽热交换，L代表水分的汽化潜热，E为瞬时蒸散量。其中，R_{n}、G和H等参量可以在遥感计算与气象观测数据辅助条件下计算获取，遥感技术获取的参数包括辐射、与地表覆盖有关的比辐射率、地表温度等，气象观测获取风速、空气动力学阻抗、空气密度、气压和空气比热容等参数。CWSI是土壤水分的一个度量指标，它是由作物冠层温度值转换来的，是利用热红外遥感温度和常规气象资料间接地监测植被条件下的土壤水分，对于植被覆盖度较低的地区，该模型具有一定的局限性。该模型物理意义明确，适应性较强，在大尺度区域的应用也较多，如汪左等利用CWSI指数对安徽省干旱的时空特征及影响因素进行了分析，虞文丹等利用CWSI对江苏省徐州市的土壤水分时空分布及动态变化进行了分析，并对蒸散发双层模型进行改进，获得了更好的土壤相对含水量估算效果。

7.1.8 基于作物生长模型的土壤水分监测

作物生长模型模拟的基础是物质平衡和能量守恒原理，以农田的光、温、水、肥等条件因子为驱动，模拟作物光合、呼吸、蒸腾等生理过程，形成作物对生长环境响应的结果。目前应用较多的是荷兰的SWAP、美国的CERES和DSSAT、加拿大的SIMCOY、澳大利亚的APSIM等，由于作物生长过程的复杂性，致使大部分作物模型参数较多，加上作物生长环境的多变性，导致区域应用时作物参数难以获取。遥感技术在一定程度上解决了LAI、蒸散发等个别参数的区域获取问题，但对于作物模型的区域应用，众多参数仍然需要依靠地面观测获取，这也是作物模型区域化应用中的主要难点。采用同化技术是解决这一问题的有效途径。所谓同化，是以遥感技术获取的参数等作为"真值"，将模型数据的同种参数与之比较，对于比较合格的像元认为输入的参数是准确的并予以采用，比较不合格的像元认为输入的参数是不准确的并继续进行调整直至符合要求。以SWAP模型为例，需要输入的参数和信息包括气象数据、作物数据等，包含土壤特性、边界条件、热量模拟选项、日辐射、气温、水汽压、风速、降雨、作物的生长时期、作物高度、根深度、叶面积指数等，各项参数可以根据文献资料、地面实测等方式获取。SWAP模型的输入参数中，包括土壤水分参数，即在SWAP模型中，土壤水分含量是作为驱动因子输入的。SWAP模型的输出结果包括水量的平衡关系、土壤剖面数据、灌溉制度、土壤水蓄变量等。通过各项因子的输入，驱动SWAP模型运行可以获取作物LAI、ET等参数，将这些参数与遥感LAI、ET比较并构建代价函数，通过调整模型输入参数，使构建的代价函数达到可接受的精度就完成了模型同化过程，其中的土壤水分结果就是作物生长模型获取的土壤水分监测结果。当然，可调节的模型参数不宜过多，否则会导致运行结果的不确定性。

基于作物模型进行土壤水分反演的优点是具有明确的物理-生物过程原理，当输入参数精度较高时，可以获取较高的水分监测精度，对于点状或小块区域，由于可以获取较为明确的参数，可以获取较高的精度；然而，对于大尺度区域，由于无法获取精确的各项参数，使用遥感数据进行同化等方式获取大尺度区域的土壤水分含量成为主要方式，然而其运行速度较慢，且一般同化参数较少，难以做到精确模拟，导致精度受限。与作物土壤水分遥感监测概念性模型相比，尽管该方法更为间接，也更为复杂，但将作物模型的参数对应为光照、土壤、作物、温度四个类别，其原理仍然是适用的。

7.2 基于多源数据的干旱综合监测模型

7.2.1 综合多信息的监测指数法

单纯利用一种数据或者某一方面的信息无法刻画干旱这样复杂的事件，越来越多的学者开始认识到发展干旱综合监测模型的重要性。作物水分指数CMI就是在Palmer干旱指数（Palmer drought severity index，PDSI）的基础上综合了作物需水信息而建立的更适合于农业干旱监测的模型。地表供水指数SWSI则融入了更多的信息，把水文和气候特征耦合成了一个综合的指标值。遥感为获取区域地表参数提供了有效途径，不少学者开始探索将遥感和部分气象要素结合应用到复杂的能量平衡理论中建立更加具有物理意义的监测模型，作物缺水指数CWSI就是其中代表性的方法。仝兆远等对土壤水分监测方法做了较全面的总结，提出需要综合利用各种遥感手段进行土壤水分监测。杨绍锷等综述了目前国内外农业干旱遥感监测研究进展，提出需要综合农业、气象、水文、植物等众多学科信息进行旱情监测。

有效的干旱监测不仅需要反映土壤水分、植被的生长状态，而且应该考虑植被类型、温度、地形以及人为灌溉等因素的差别和影响。需要将传统的气象数据干旱监测方法和遥感监测方法进行有效的结合，同时考虑地形、植被类型和人为因素对干旱监测的影响而建立基于多源数据的干旱综合监测方案。目前很多学者在这方面进行了探索和研究，一些国家利用多指标权重赋值法发展了综合多种信息的干旱监测业务化系统。近年来数据挖掘逐渐被用于干旱监测研究，取得了较好的效果。

7.2.2　多指数权重赋值法

基于权重赋值法的综合监测模型主要是各个国家和地区通过自动气象站网络、卫星和 Internet 多种监测手段综合利用而建立的干旱业务系统。美国国家级的干旱监测业务系统（The Drought Monitor）始于 20 世纪 80 年代，该系统采用基于各监测模型概率分布的百分位法将各个指标综合到一起，该业务系统被认为是最好的综合干旱信息监测系统之一，因为它综合考虑了 6 个关键的干旱监测指数和多个辅助性的参考指标。6 个主要的干旱监测指数包括：PDSI、CPC 土壤湿度模式、美国地质测量局日流量指标、标准降水百分位数、标准降水指数（standardized precipitation index，SPI）、VCI。

中国气象局国家气候中心 1995 年开发研制了“全国旱涝气候监测、预警系统”，该系统采用的监测指数包括降水距平百分率、标准化降水指数、Ki 指数、湿润指数和综合旱涝指标 Ci 等。澳大利亚国家农业监测系统（National Agriculture Monitoring System，NAMS）由气象和澳大利亚联邦科学与工业研究组织（CSIRO）合作完成，主要考虑的干旱监测指标包括降水百分位、降水历史评估指标及显著性、降水可信度、NDVI 距平、作物产量模拟值等。

7.2.3　多信息源数据挖掘方法

数据挖掘技术采用机器学习、模式识别、统计、数据库等技术对数据进行分析、聚类并可视化，解决了从大量的数据库中进行信息提取的问题，越来越多的学者应用该方法分析环境问题。同时，对于干旱监测这样复杂的科学问题，数据挖掘方法也同样适用，Tadesse等在这方面做了积极探索。

（1）时序分析模型的应用。Tadesse 等在其研究中用数据挖掘探索干旱和一些海洋和气候指数之间的关系，以帮助决策者在干旱发生之前进行正确的决策处理以应对干旱。以 Nebraska 为研究区，采用两种时间序列数据挖掘模型研究海洋和气候指数与干旱指数之间的关系。两种模型分别是：Representative Episode Association Rule（REAR）、Minimal Occurrences With Constraints and Time Lags（MOWCATL）。

（2）基于规则的回归树模型应用。Tadesse 等首先将这种数据挖掘的新方法应用到干旱监测中。该方法考虑到植被生长的不同阶段，将整个生长季分成三个阶段，并分别用基于规则的回归树模型同时分析干旱和遥感数据获取的植被健康状况、气象干旱指数、生态数据（包括地表类型数据、土壤有效含水量、灌溉数据）等之间的关系。随着该技术的不断完善，最终形成了有效的综合干旱指数（vegetation drought response index，Veg DRI）

并应用于美国多个州的干旱监测，取得了良好的效果。

采用各个指标权重赋值的方法无法解决各监测指标空间尺度和时间尺度不匹配的问题。这类模型一般具有较多的参数，而且每个参数都需要较长的历史数据积累，要求各个参数都具有相同的历史标定期，但实际中这种条件同时满足比较难达到。同时该类模型的监测指标权重的确定困难，往往具有主观因素，很难反映客观的实际情况。基于数据挖掘的干旱监测综合方法提供了干旱研究的新思路，其主要的进步是解决了气象监测指数、遥感监测指数、其他影响因素的时间尺度和空间尺度的不一致问题，能够将不同类型的数据综合到一起形成反映综合信息的干旱监测模型。但也存在一定的缺陷和不足，主要表现在：未加入地表温度信息，无法反映植被生长的水热条件；综合模型只应用了少量的遥感和气象指标，未深入对比分析其他遥感监测模型在综合模型中应用的效果；未评价综合模型的各参数对综合监测结果影响的特征。通过比较不同类型干旱指数的特性，基于决策回归树模型集成气象、遥感和地表物理属性数据，选取合适的因子建立全面刻画干旱特征的地表干旱综合指数（integrated surface drought index，ISDI），在中国的干旱监测中获得了精度较高的结果，并通过了降水、土壤湿度等多种实测数据的验证。

7.3 应用及展望

农业干旱遥感监测业务应用是干旱遥感监测技术的落脚点，也是检验干旱遥感监测技术的标准。目前中国农业科学院、中国科学院、国家气象局、水利部信息中心等国内多家单位都先后建立了各自的干旱遥感监测系统，实现了业务运行。因服务的对象与部门不同，系统的应用目标差异也较大。农业农村部遥感应用中心从 2003 年开始，采用 EOSMODIS 数据开展全国范围的农业干旱遥感监测，以土壤热惯量法和植被供水指数法为主要技术方法，实现每 15 天 1 次的耕地土壤墒情监测，评价农业干旱等级。系统在历年的农业干旱监测中发挥了重要作用，监测信息使农业主管部门及时掌握农田土壤墒情和作物缺水状况，采取应对措施缓解和减轻旱灾威胁，对保障种植业生产安全和国家粮食安全意义重大。

7.3.1 孕灾背景调查与研究

根据干旱灾害预测预报的相关理论，灾害孕育是一个过程，需要对多个相关的因素进行长期观测以分析其中规律，常用的因素包括多年平均降水量、日降水量、植被发育等。降雨量的变化情况可以通过气象卫星实现实时监测，而地表变化情况则可以通过资源卫星的遥感数据获取，其中涉及多个波段的组合与分析。有机整合不同类型的卫星资料，可以有效辅助对各类孕灾因素的监测。因此，干旱灾害孕灾背景的调查研究中，遥感技术的使用十分重要。

7.3.2 干旱灾害现状调查与区划

在干旱灾害出现后，需要相关部门在第一时间及时分析干旱灾害现状，了解干旱灾害发生规模和特征，有针对性地制定相应救灾和避灾措施。干旱会影响植被长势，对人们正常生产、生活产生影响，相应遥感图像也会呈现不同特征。关于干旱灾害发生规模和形态特征的信息都可由遥感影像提取，针对目标区域全面细致分析旱灾发生点和隐患点，从而对灾害规模、分布以及发展趋势等进行掌握。此外，还可对干旱灾害发生地进行区域划分，分级管理干旱灾害，严密监控干旱灾害可能出现的地区，为建立干旱灾害监测网络提供基础资料。

7.3.3　干旱灾害动态监测与预报

在灾害体彻底引发灾害之前，其过程不易察觉，是一种从量变到质变的积累性变化。干旱灾害动态监测则使实金过量的结果，必然会导致湿地生态保护区域发展的不公平，补偿资金难以得到优化配置。在制定湿地生态补偿标准时，应当以受偿地区社会经济发展水平作为依据，考虑地区差异，制定有差别的生态补偿标准，实现资金的合理分配。

7.4　典型案例

7.4.1　研究区概况

黑龙江省位于我国东北边疆，属于寒温带与温带大陆性季风气候，全年无霜期短，年平均降水量为400～650mm。黑龙江省是我国重要的粮食产地，拥有1190万hm^2农业耕地，约占全省总面积的25%，占全国同期总耕地面积的8.82%。据统计，全省2017年粮食年产量为6.0188万t，连续7年位列全国第一，第一产业增加值为2968.8亿元，占全省GDP总量的18.33%，在全省经济发展乃至全国粮食生产中占据重要地位。黑龙江省干旱灾害频繁发生对全省的粮食安全和经济发展造成巨大影响，但原统计方法对旱情的监测存在缺陷。遥感技术具有高效快速的特点，能及时有效监测旱情，因此基于卫星遥感数据和黑龙江省墒情站点实测土壤含水率数据，构建温度植被多项式模型，遥感监测黑龙江省2018年3—7月的旱情，可进一步评价旱情发展状态并提高监测精度。

7.4.2　材料与方法

1. 遥感数据

收集美国Aqua卫星2018年3月1日—7月31日1km空间分辨率Level2级MODIS产品MYD09GA和MYD11－L2的NDVI和LST数据，对应的数据行列号为h25v03、h26v03、h26v04、h27v04。MODIS数据需进行投影变换、几何校正、影像拼接、裁剪等预处理操作。

2. 地面数据

收集2018年3—7月黑龙江省墒情站点每旬一次的实测数据，其中站点实测数据共包含10cm、20cm、40cm 3种深度的土壤相对含水率，以此计算0～40cm的垂线平均含水率。

3. 基础地理数据

基础地理数据包括黑龙江省土壤类型数据和耕地分布数据。土壤类型数据用于模型率定，耕地分布数据用于受灾面积统计。

4. 实验方法

土壤含水率、植被状态与地表温度三者之间具有复杂的相关性，植被指数-地表温度之间具有显著的梯形空间特征。土壤含水率SM与地表温度LST和植被指数Ⅵ之间的特征梯形如图7.3所示，其横、纵坐标分别表示地表温度L_{LST}和植被指数（即归一化植被指数N_{NDVI}），下角标s、o分别代表最大值和最小值。

在植被区，植被冠层温度受空气温度控制，裸土温度与土壤含水率密切相关，而受植被冠层与裸土层综合影响的地表温度空间变异较小，即在地表温度-植被指数梯形特征空

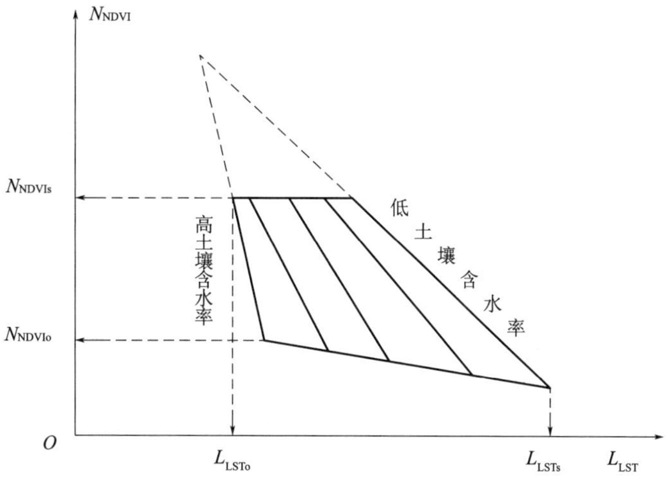

图 7.3 土壤含水率 NDVI - LST 特征梯形

间上部，由土壤含水率变化所引起的地表温度变化范围较小。在裸土区，仅受裸土层影响的地表温度空间变异较大，即地表温度-植被指数梯形特征空间下部，由土壤含水率变化所引起的地表温度变化范围较大。如图 7.3 所示，地表温度的横向变化可以视为土壤含水率等值线的横向变化。另外，在植被覆盖度更高的区域，光学/近红外、热红外辐射很难穿透植被冠层，所以虚线标记部分仅有理论存在可能。

实验与理论分析表明，基于 NDVI 和 LST 的多元回归可以很好地反演土壤含水率。考虑到土壤类型的影响，在反演过程中按照土壤类型的不同，分类进行多元回归拟合，构建温度植被多项式模型用于土壤含水率的反演。其中温度植被多项式模型的表达式为

$$S_{SM}=\sum_{i=0}^{m}\sum_{j=0}^{n}a_{ij}N_{NDVI}^{*(i)}L_{LST}^{*(i)} \tag{7.9}$$

式中：S_{SM}为土壤含水率；a_{ij}为模型系数，由 MODIS 的 NDVI、LST 数据和墒情站点土壤含水率数据通过多元回归分析获得；i、j 均为多项式最高项数；N_{NDVI}^*为 NDVI 归一化值；L_{LST}^*为 LST 归一化值。

N_{NDVI}^*、L_{LST}^*的计算公式分别为

$$N_{NDVI}^*=\frac{N_{NDVI_i}-N_{NDVI_{min}}}{N_{NDVI_{max}}-N_{NDVI_{min}}} \tag{7.10}$$

$$L_{LST}^*=\frac{L_{LST_j}-L_{LST_{min}}}{L_{LST_{max}}-L_{LST_{min}}} \tag{7.11}$$

式中：N_{NDVI_i}为当期 NDVI 图像的像元值；L_{LST_j}为当期 LST 图像的像元值。

在多项式拟合过程中，土壤类型作为影响因子之一，无法直接量化。根据黑龙江省土壤类型分布，对每一种土壤类型进行一次多项式拟合，即每一种土壤类型对应一组模型系数 a_{ij}。对于多项式最高项数 i、j，在拟合过程中发现当取值为 2 时，即多项式确定为二项式时拟合精度较高，取值为 3 时会出现过度拟合的情况。因此式（7.9）中的 m、n 同时取

值为 2，式（7.9）可表示为

$$S_{SM}=\sum_{i=0}^{2}\sum_{j=0}^{2}a_{ij}N_{NDVI}^{*(i)}L_{LST}^{*(i)} \tag{7.12}$$

为进一步实现旱情监测，将反演结果按照干旱等级标准进行土壤旱情等级的划定与统计。

7.4.3　结果与分析

结合遥感数据、墒情实测数据和基础地理数据，基于温度植被多项式模型对黑龙江省进行每旬一次的土壤含水率遥感反演，根据反演结果和旱情等级划分标准，监测黑龙江省的旱情，并根据耕地分布图统计耕地的受旱面积（受旱面积为轻旱、中旱、重旱和特旱四个干旱等级面积之和），得到受旱面积变化图，如图 7.4 所示。

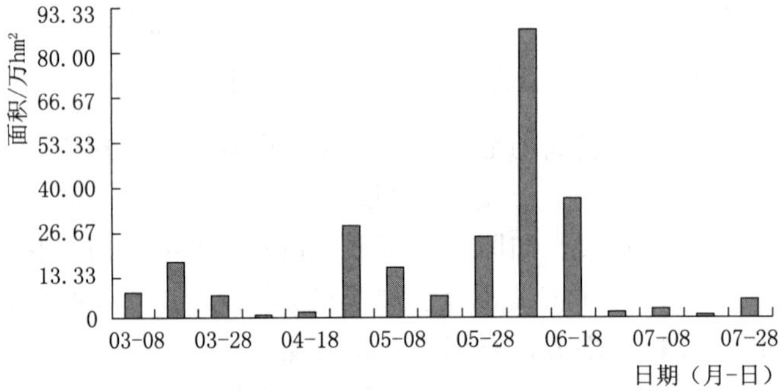

图 7.4　受旱面积统计柱状图

为进一步分析黑龙江省的旱情发展情况，结合实测旬降水数据对比验证监测过程中的旱情变化，得到黑龙江省 2018 年 2—7 月的旬降水量柱状图（图 7.5）。

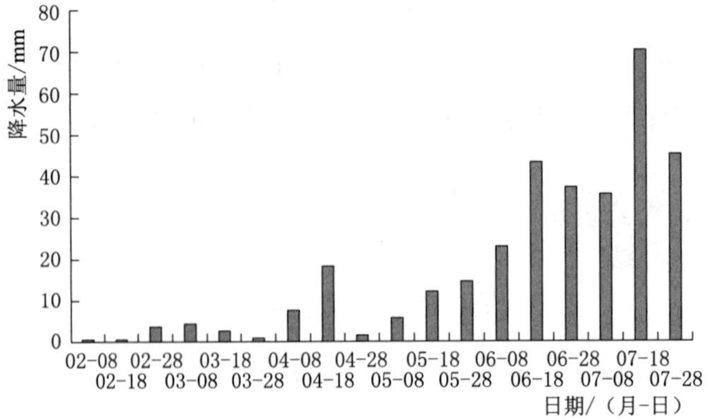

图 7.5　黑龙江省 2018 年 2—7 月旬降水量统计柱状图

结合降水量统计图和旱情等级图，第一阶段旱情发生的起因是 4 月下旬的降水量缺失，旱情核心区位于黑龙江省东南部区域；第二阶段旱情是整个监测时间内最严重的阶段，6 月上旬的监测结果显示受旱面积超过 66.67 万 hm^2，旱情遍布全省，核心区域是西南部区域，结合降水量推测，由于 6 月之前长时间的降雨不足（除 4 月中旬外，其他时间内旬降水量均未超过 20mm），温度逐渐上升，地面蒸发加强，这些因素共同造成了这一阶段旱情集中出现。在经历了 6 月中旬的有效降水过程后，旱情得到明显缓解，随着降水量增加旱情逐渐消失。

根据模型反演结果结合站点实测数据，对反演结果进行精度分析。选取 3 月 28 日、4 月 28 日、6 月 8 日、6 月 18 日四次监测数据，得到散点图（图 7.6）。由于遥感图像受云层遮盖影响，且土壤相对含水率的值集中在（0.5，1.0）这一区间，这些因素共同造成散点图中 R^2 偏小（$R^2=0.3515$）。将反演结果与实测数据按照旱情等级划分标准进行分级，对比分析两种数据对旱情的监测效果（表 7.3）。表中旱情等级相同即为反演结果与实测数据在划分旱情等级时属于相同等级。结果显示，根据实测数据反映的旱情状况，反演数据得到的旱情等级与实际基本相符，相同比例超过 90%，可以认为反演精度满足旱情遥感监测的需求。

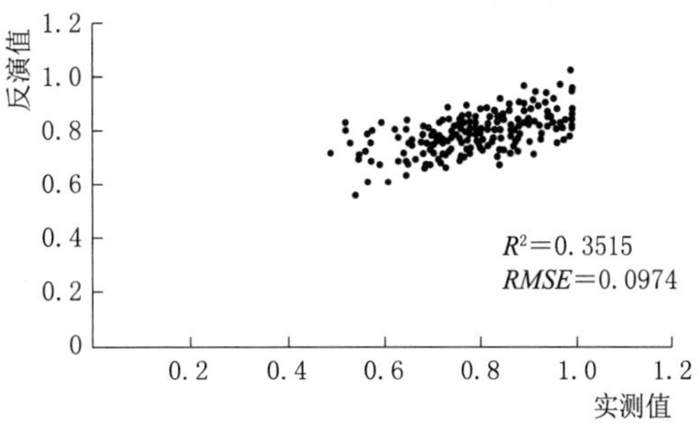

图 7.6 土壤含水率反演值与实测值散点图

表 7.3 反演结果与实测旱情监测结果对比

日期（年-月-日）	受旱面积/万 hm²	旱情等级相同比例/%	差一级比例/%
2018-03-08	8.07	91.30	4.35
2018-03-18	16.98	96.15	3.85
2018-03-28	7.12	93.75	6.25
2018-04-08	0.91	100.00	0.00
2018-04-18	1.95	97.67	2.33
2018-04-28	28.37	93.94	6.06
2018-05-08	15.63	93.18	6.82
2018-05-18	6.33	88.52	8.20
2018-05-28	25.05	88.52	8.20
2018-06-08	88.13	91.04	7.47
2018-06-18	36.28	96.15	3.85
2018-06-28	2.42	97.50	2.50
2018-07-08	2.95	100.00	0.00
2018-07-28	5.71	97.92	2.08
平均		93.35	4.35

7.4.4 结论

（1）本实验构建的温度植被多项式模型拟合方便、实用性强，充分考虑了土壤类型对土壤含水率遥感反演精度的影响，模型反演精度较高。根据反演结果划分干旱等级，能与实际情况相吻合，可用于区域旱情遥感监测。

（2）本实验所用遥感数据是MODIS系列产品，其优点是可以免费获取且时间覆盖度较高，缺点是作为光学遥感数据，成像质量受云层影响较大，且空间分辨率为1km，对于区域旱情监测来说稍显不足。在后续研究中，将考虑引入微波数据对多云雨区域进行观测，引入Landsat、SPOT系列卫星数据以提高遥感图像的空间分辨率。

第8章 土 壤 侵 蚀

土壤侵蚀是全球范围内发生最广泛、危害最严重的生态环境问题之一。土壤侵蚀加速了土地荒漠化，它不仅使生态系统恶化，而且其危害性往往扩大至整个流域以及更大范围，从而对人类的生存和发展构成了严重的威胁。国际社会对土壤侵蚀给予了高度的关注，全球变化研究正在执行的4个国际科学计划：世界气候研究计划（World Climate Research Programme，WCRP）、国际地圈与生物圈计划（International Geosphere - biosphere Programme，IGBP）、全球环境变化人文因素计划（International Human Dimension of Global Environmental Change programme，IHDP）和生物多样性计划（DIVERSITAS）都把全球性土壤侵蚀列为重要研究议题之一。

长期以来，研究人员进行了大量的土壤侵蚀野外定位观察和区域调查工作，在土壤侵蚀强度及空间分异、土壤侵蚀机理的研究方面，取得了大量成果。但传统的土壤侵蚀研究方法不仅繁杂，而且时效性较差，因此，方法的创新成为土壤侵蚀研究的焦点。随着地球信息科学技术的不断进步，土壤侵蚀研究方法已经由传统的野外填图、航测填图、卫（航）片目视判读，进入数字遥感影像调查的新阶段。与其他方法相比，数字遥感影像调查不仅节省人力物力、效率高、调查标准与精度统一，而且可以与地理信息系统配合使用，建立区域土壤侵蚀信息系统，从而实现土壤侵蚀动态监测。探讨新技术在土壤侵蚀研究中的应用，对于拓宽土壤侵蚀研究的空间范围和构建其时间序列都具有重要的意义。综合运用3S技术进行土壤侵蚀研究已成为土壤侵蚀研究领域的热点。

8.1 土壤侵蚀研究中常用遥感平台和数据源

遥感技术系统主要包括平台、传感器和数据处理器等，通常按照平台不同可以分为地面遥感、航空遥感和航天遥感。一般地，对于大范围资源调查和生态评价，选用覆盖范围大、周期短的卫星遥感影像是比较经济适用的手段，但由于其精度较小，在开展小范围的区域研究时，选用大比例尺的具有立体像对的航空相片将具有更好的解译效果。具体为：地面平台高度一般在100m以下，主要用于近距离测量地物波谱和获取供实验研究用的地物细节影像，为航空遥感和航天遥感做校准和辅助工作；航空平台高度一般在80km以下，包括飞机和气球两种，应用广泛，具有机动灵活、分辨率好、调查周期短、不受地面条件限制及资料回收方便等优点；航天平台高度在80km以上，且大多数在150km以上，主要包括高空探测火箭、人造地球卫星及宇宙飞船等，在这个平台上进行的航天遥感可以对地球进行宏观、综合、动态和快速调查，成为目前应用最广泛、发展前景最好的遥感平台。

目前我国土壤侵蚀研究主要使用的是航天遥感中卫星遥感产品，按其服务内容可分为气象卫星系列、陆地卫星系列和海洋卫星系列。中国常用卫星遥感数据源有美国陆地卫星（Landsat）、地球观测试验卫星（SPOT）、中巴资源卫星（CBERS）、两种对地观测商用小卫星（IKONOS 和 Qucikbird）以及近年来中国自主研发的一系列资源环境卫星。这些数据源具有不同的空间分辨率和时间序列长度等，可以针对土壤侵蚀研究的实际情况进行合理选择。

8.2　区域土壤侵蚀特征识别、监测与尺度效应

我国土壤侵蚀遥感调查技术在 20 世纪 80 年代取得了迅猛发展，遥感技术逐渐成为土壤侵蚀调查工作中不可缺少的工具，其方法可概括为遥感影像目视解译检测法、遥感光谱分析检测法、人机交互式解译监测法、智能化土壤侵蚀监测法和模型参数化监测法等。这些方法在区域土壤侵蚀监测、评估和模型因子反演中极大地弥补了人为实地采样的不足。全国范围内的土壤遥感侵蚀调查已经进行了 3 次，1983—1991 年首次调查使用的遥感资料是纸质的，比例尺小、分辨率低，准确度有待提高；1999 年进行了第 2 次调查，这次调查中采用了数字遥感技术，极大地提高了效率和准确度，在 1995—1996 年 TM 影像的基础上按照 1∶10 万比例尺，快速准确查清了各类土壤侵蚀的分布、面积和侵蚀强度；2001 年，同样采用了数字遥感技术，在 2000 年数字遥感影像的基础上进行土壤侵蚀制图。在全国土壤侵蚀遥感调查的基础上，许多地区也已经或正在进行行政区域或地貌分区内的相关调查。但目前依旧存在一些问题，例如，地表粗糙度、植被覆盖、土地利用结构等复杂因子影响下的土壤侵蚀研究精度有待提高；遥感制图栅格网格尺寸的敏感性和误差有待进一步研究；基层遥感资料更新不及时和图像解译中人为主观因素影响较大等。此外，在水土保持遥感调查中，不同尺度下遥感数据源的选择同样重要，同一环境下不同尺度的研究结果往往有较大差异。

8.2.1　区域识别和监测

在全国范围内，通常依据区域土壤侵蚀主导外营力，将全国划分为三大类土壤侵蚀类型区，即水力侵蚀区、风力侵蚀区和冻融侵蚀区。常见的几种分类方法各有优劣，对于三大 1 级侵蚀区的范围划定稍有不同但差异不大，但对于 1 级侵蚀类型区下对应的 2 级（或 2，3 级）区的划分，几种分类方法差异较大，尚无定论。

我国水力侵蚀区大体分布在大兴安岭—阴山—贺兰山—青藏高原东缘线以东地区，其中，西北黄土高原区是我国目前土壤侵蚀研究的重点区域。该区域大尺度土壤侵蚀遥感调查始于 20 世纪 80 年代中期，但因其调查的局限性和调查结果不适于基层应用等难以克服的缺点，调查工作者们逐渐将调查重点放在了小流域范围内的土壤侵蚀调查上。小流域的土壤侵蚀模数可以通过解译成果中所有划分单元的面积和土壤侵蚀强度推算出来，并且通过对比推算出的土壤侵蚀模数与野外实地调查取得的土壤侵蚀模数，可以验证解译成果中划分单元的土壤侵蚀强度赋值的总体精度。在黄土高原地区，遥感技术主要应用于以下三个方面：土壤侵蚀区域识别、坡耕地等土壤侵蚀重点区域研究和水库泥沙淤积研究。根据遥感卫星影像纹理及色彩提取该流域的土地利用现状及植被覆盖度信息，同时综合数字高程模型（digital elevation model，DEM）提取坡度信息，可以判断出该流域的土壤侵蚀等

级。在此基础上，通过决策树分类算法获取土壤侵蚀图，可以识别流域中侵蚀区坡度大于15°的地方，并以此为依据指导区域退耕还林还草规划布局，同时通过综合运用遥感、地理信息系统技术并依托SWAT等水文模型模拟生态水文过程，构建出了全面的区域景观格局变化与土壤侵蚀耦合框架。在人机交互解译环境下，Gabor滤波器和灰度共生矩阵（gray-level cooccurrence matrix，GLCM）被联合应用于解释坡耕地和梯田之间纹理趋势和密度分布的差异，通过基于窗口的纹理分析方法和实地调查的分类准确度评估表明，在研究区内该方法解释精度超过80%。黄土高原以外的水力侵蚀区包含范围较广，按照我国地理区划，该区域包含了华南、东南、华北、华东全部地区和华中、西南、东北的大部分地区，这些区域地貌景观破碎程度小、包气带薄，能够更好地发挥遥感数据的优势。在华南和东南的广大红壤地区，遥感图像和DEM被综合应用于土壤侵蚀区域的识别。同时，遥感影像与通用土壤流失方程（universal soil loss equation，USLE）被综合应用于广东山区土壤侵蚀特征分析。喀斯特石漠化是威胁我国西南地区可持续发展的主要生态环境之一，湄公河流域、丽江流域等均是土壤侵蚀研究的重点区域。该区域多以遥感网格数据和通用土壤流失方程为基础，结合STIRPAT模型等，识别不同级别土壤侵蚀区域或分析植被覆盖及其驱动力、分析喀斯特石漠化的影响因素。华中地区桐柏—大别山区、河南燕山水库集水区的水土保持研究中，基于3S技术建立的土壤侵蚀敏感性评价指标体系和标准已用于确定高侵蚀敏感性地区；湘西梯田侵蚀条件下的模型框架平台被应用于确定梯田退化程度及其原因，这种梯田监督模型的交叉验证误差在8%以下，可以在山区梯田景观承载力研究和梯田规划等工作中推广应用。华东地区地势相对平坦，山东丘陵区的土壤侵蚀调查研究验证了以像元流失量为基础的定量遥感的可行性，避免了人为定级的主观性和时效性等不足；在河流入海口利用遥感图像监测运移物质沉积形成三角洲的面积变化，可以此分析河流泥沙运移变化。华北和东北地区工业发展较早，在大规模开发区进行土壤侵蚀实验涉及成本较高，而该区地势相对平坦，遥感图像阴影干扰较少，利用反向传播神经网络并基于遥感图像计算植被覆盖率，结合流域出口径流泥沙数据，能够在识别土壤侵蚀变化驱动力基础上定量分离生物物理和人为影响并确定对流域生态系统有极端影响的临界阈值。

风力侵蚀区大部分位于400mm年降雨量线以内干旱和半干旱地区，且强度侵蚀、极强度侵蚀和剧烈侵蚀几乎都位于200mm年降雨量线以内。该区域具体分布在新疆、青海、宁夏、甘肃、内蒙古和陕西等省（自治区）部分地区，气候干旱、降水少、蒸发强、风力强劲加之植被稀疏或低矮，造成了这些地区强烈的风蚀和风沙迁移、堆积。基于地理信息系统和遥感技术的风力侵蚀研究还没有引起足够的重视，但在风力侵蚀强度和季节变化规律、沙地土壤侵蚀和草地土壤侵蚀方面也有了一些研究，部分区域建立了局部风力侵蚀数据库。沙尘暴是干旱、半干旱区灾害性气象过程，也是评价荒漠化水平的重要指标。科尔沁沙地和库布齐沙漠是该区风蚀研究的重点区域。中国政府已经启动了沙源控制方案，对科尔沁沙地进行了实地调查和遥感监测。而在库布齐沙漠，综合风蚀建模系统和RS、GIS综合应用与沙粒跃移的模拟，通过植被、土壤迎风面积、起沙风等指标校正突变模型，从而计算其总输沙率，这一结果已通过水文站监测数据验证。土壤侵蚀遥感调查与风洞实验、野外调查相结合用于监测沙地变化在内蒙古、西藏自治区等地取得了良好的监测效果。

冻融侵蚀区可分为北方冻融侵蚀区和青藏高原冰川冻融侵蚀区。其中北方冻融侵蚀区主要分布在东北大兴安岭山地和新疆天山山地，冻融侵蚀的发生主要受气候季节变化的影响，土体或岩体因冷暖、干湿交替而反复冻结、融化，最终破碎，造成沟蚀延伸扩展甚至引发滑坡、泥石流，严重危害该区人民生命财产安全。青藏高原冰川冻融侵蚀区分布于雪线之上，特别是现代冰川活动的地区，冰川侵蚀强烈，造成许多锥形山峰、角峰、冰斗和冰川槽谷，进而在各地造成冰碛堆积物及冰碛湖。冻融侵蚀是典型的侵蚀过程，同时伴随着风力侵蚀和水力侵蚀，还没有得到足够的重视。该区域相关研究多基于微波遥感技术建立分析、评价模型，通过冻融循环天数、水形态变化水量等一系列指标确定冻融侵蚀的区域，评价冻融侵蚀的程度。在青藏高原冰川冻融侵蚀区，微波遥感技术已在土壤侵蚀程度评价、变化监测和影响因素分析等研究中有所应用，并取得了良好效果。

8.2.2　尺度效应

土壤侵蚀的影响因素涉及气候、地形、土壤和土地利用方式等，驱动力的不同导致了侵蚀要素在作用形式上的时空差异性，从而导致了土壤侵蚀的尺度依赖性，在一种尺度空间下的结构性成分往往在另一尺度空间下成为噪声成分，因此通过遥感获取的土壤侵蚀特征信息并不能简单的由小尺度向大尺度推广。水土流失过程随着尺度变化趋于复杂化，随着分割尺度的增大，越来越多的其他地物混合进来，各类地物的标准差都在增大，而相同地物在不同尺度上的表现是不同的。这些都导致了尺度效应机理分析的诸多问题，例如小尺度研究数据对大尺度研究区的代表性不足、研究指标与响应尺度的主导影响因素不匹配等。

针对不同尺度的遥感影像，高分辨率影像精度较高但往往价格较高、时序较短，适合于小流域或县域等较小尺度的细节研究，而对于中尺度而言，Landsat、SPOT 等数据的时空分辨率虽无法反映短期生态变化，但在反映土地利用和覆盖的年际、季节变化中效果良好。尺度转换对影像对象分形维数、紧凑度、面积、均值、标准差等均有影响，对比不同分辨率的 DEM 数据，ASTER（30m）数据在地形平坦地区有明显噪声且坡度表面结构的紊乱导致了实用价值的降低；而 SRTM（90m）数据会因分辨率过低而导致坡度衰减，相比之下 25m 分辨率的国产 Hc－DEM 数据能够对我国土壤侵蚀研究中需要的地貌情况进行较为科学准确的表征，随着分辨率的降低，获取到土壤侵蚀程度高的面积减小且土壤稳定性增加。对于地物描述与尺度转换而言，最优尺度往往是相对的，某一类别的最优尺度对于另一个类别可能不是最优的，因此最优尺度通常是一个范围而不是一个特定值。影像对象的与邻域绝对均值差分方差比被认为是选择影像最优尺度效果较好的指示器，但地形的破碎会影响其精度。无论采取何种方法，在进行尺度间逐级转换时，需要满足不同尺度上过程与机理具有相似性这一前提。

8.3　土壤侵蚀模型

土壤侵蚀是发生在特定时空条件下的土体迁移过程，遥感只能记录影响土壤侵蚀的部分因素的信息，人机交互式解译的实质是对计算机储存的遥感信息和人所掌握的关于土壤侵蚀的其他知识、经验，通过人脑和计算机的结合进行推理、判断的过程。因此，为了采用现代先进技术定量研究土壤侵蚀，土壤侵蚀模型应运而生。土壤侵蚀模型主要是在对土壤侵蚀机理与过程理解的基础上构造的数学模型，它为定量评价土壤侵蚀强度提供了手段，成为土地利用、土壤侵蚀防治规划和工程设计的基础。土壤侵蚀模型一般可分为经验模型和物理模型两大类。

8.3.1 土壤侵蚀经验模型

1. USLE/RUSLE

通用土壤流失方程是估算土壤流失最常用的方程之一。这一方程是为估算小块农地的土壤流失而建立的，已经在上万个地块进行了实证，现在其应用已扩展到流域范围。在该方程中，年土壤流失量用降水径流因子、土壤可蚀性因子、地形因子、植被与经营管理因子和水土保持措施因子来计算。方程表述为

$$A=RKLSCP \tag{8.1}$$

式中：A 为土壤侵蚀量；R、K、L、S、C、P 分别为降水径流因子、土壤可蚀性因子、坡长因子、坡度因子、植被覆盖因子、水土保持措施因子。

修正通用土壤流失方程（revised universal soil loss equation，RUSLE）升级和扩展了USLE，可用于估算建设项目、采矿、土地开垦等非农业用地的土壤流失量。RUSLE 合并了经验公式和一些基于过程的程序，也使 USLE 数据库更为优化，同时，它的因子也分成更细的子因子，使土壤侵蚀的计算更为科学。

该类模型在与 GIS 的集成应用中，一般通过 GIS 在数字高程模型上提取地形因子，通过 RS 图像提取植被与管理措施因子，然后利用 USLE 或 RUSLE 进行栅格计算。在检索到的基于 GIS 的土壤侵蚀模型应用实例中，这种方法是应用最多的一种。一些功能更强大的模型，如农业非点源污染模型（agricultural non - point source，AGNPS）、农业管理系统化学径流侵蚀模型（chemicals，runoff，and erosion for agricultural management systems，CREAMS）和生产力影响估算模型（erosion productivity impact calculator，EPIC）等，也都是以 USLE/RUSLE 为基础来计算土壤侵蚀量的。这类模型在北美地区土壤侵蚀量计算中应用较为广泛。

2. MMF/EUROSEM/SEMMED

MMF（Morgan，Morgan and Finery）模型是一个经验模型，它把侵蚀过程分为水阶段和泥沙阶段，用于预报小流域尺度的年土壤侵蚀量。与 USLE 相比，它有更多的物理基础。该模型用年降水量来确定降水溅蚀的能量，相应的径流量的计算以年降水量为基础。输送泥沙的能量根据径流量、坡度和植被盖度来确定。欧洲土壤侵蚀模型（European soil erosion model，EUROSEM）的土壤侵蚀模块是以 Morgan 的理论为基础进行动态模拟的。该模型是基于过程的土壤侵蚀预报模型，可以预报独立降雨事件的侵蚀，可用于评价小流域土壤保护措施。

SEMMED（soil erosion model for mediterranean areas）模型也是建立在 MMF 方法的物理基础上，用于估计区域尺度的年土壤侵蚀率。

8.3.2 土壤侵蚀物理模型

1. 农田尺度的水侵蚀预测模型（WEPP）

WEPP 是一个能够连续模拟水蚀过程的预报模型，可用于坡面和小流域的水蚀模拟。

这一模型包括气候发生器、冬季处理、灌溉、水文过程、土壤、植物生长、残留物分解、地表径流、侵蚀 9 个过程。该模型是对沟蚀和沟间侵蚀以及泥沙运动机理的物理描述，是一种基于侵蚀过程的模型。WEPP 是美国农业部组织多个部门和大学研发的新一代水蚀预报计算机模型，目前已相当成熟，已向用户公布剖面版、流域版、网格版 3 种不同的版本。WEPP 应用的一个难点在于确认流域的结构，即沟道和坡面的组成。

2. 流域非点源污染模拟模型（ANSWERS）

ANSWERS 是一个分布式参数、基于物理概念的连续模拟模型，适用于小区、小流域或多流域尺度。该模型将模拟区域划分成统一的正方形网格，假设网格内所有的特性（土壤性质、植被、地表状况、作物管理、气候等）是一致的。在一次径流过程内，模型根据降雨数据以 30s 的步长模拟水文过程，在径流过程之间，则以 1 日的步长来模拟。

3. LISEM 模型

LISEM 是一个与栅格 GIS 完全一体化的物理概念性模型。模型完全采用 GIS 命令结构，不需要其他转换程序。它能模拟流域尺度的单次降水过程的水文和土壤侵蚀过程，可用于较大的流域。在与 GIS 结合方面，LISEM 和其他土壤侵蚀模型的最大区别在于它使用栅格类型来表述集水区，可以更细致地（比如以 10m×10m 分辨率）反映侵蚀过程。

土壤侵蚀物理模型没有体现土壤侵蚀的空间分散性和不均匀性。土壤侵蚀是各种自然、人文因素综合作用的结果，具有空间分散和不均匀的特点。而土壤侵蚀模式的构建是建立在许多自然、人文条件均一的假设和理想状态的基础之上的，因此，模式的应用忽略了土壤侵蚀属性的区域差异性。对不同单元流域的水沙形成机制及模拟参数上的差别考虑不足。对单元流域对全流域出口断面的贡献是否能够满足迭加原理没有充分考虑。

基于以上分析，土壤侵蚀分布式模型成为今后发展的趋势，与传统侵蚀产沙模型相比，它具有能够描述流域内侵蚀产沙的时空变化过程、及时地模拟出人类活动或下垫面因素的变化对侵蚀产沙过程的影响，以及结构较严谨、参数的物理意义明确的优点。其作为研究流域土壤侵蚀和产沙的重要手段，正处在日益完善和由传统集总式模型向流域单元划分的分布式模型过渡的发展阶段。

8.4　3S 技术与土壤侵蚀研究结合

8.4.1　区域土壤侵蚀调查

20 世纪 90 年代以来，GIS 开始与土壤侵蚀模型结合，应用于区域土壤侵蚀评价。Batjes 和 Dawen 等利用 0.5 经度×0.5 纬度网格的全球地球科学数据和 USLE、RUSLE 结合对全球尺度的土壤侵蚀进行定量评估；Kirkby 和 Poesen 等利用遥感技术对小流域土壤侵蚀进行了动态监测及尺度效应与转换的研究。对于不同尺度区域土壤侵蚀的研究，应该利用不同分辨率的遥感图像，例如，Landsat 和 SPOT 图像提供的空间分辨率最好应用于识别大尺度和中尺度区域土壤侵蚀特征和分类的研究，但不能够根据它们提供的多时相图像探测出土壤侵蚀的动态变化。Vireling 等的研究表明，对于巴西中部的大河谷来说，ASTER 图像比 ENVISAT ASAR 图像能更好地描述河谷的外形，实现与其他自然要素的叠加和进行空间分析。Price 通过研究发现，Landsat TM 的单个波段（特别是第四波段）

的反射值与林地的土壤侵蚀率之间具有较高的相关性。Lee 利用 Landsat TM 图像、空间数据库 5m×5m 栅格数据提取 USLE 计算所需要的因子属性，对韩国 Boun 地区的土壤侵蚀进行了研究。随着高分辨率卫星的使用，例如 IKONOS、QuickBird 等，它们的全色模式空间分辨率和多光谱模式空间分辨率分别为 0.61m、1m 和 2.44m、4m，已实现了对小尺度区域土壤侵蚀特征的探测和监督。

8.4.2 土壤侵蚀的生态效应

Maximina 等利用 1973 年 1 月 7 日的 Landsat MSS 图像、1988 年 1 月 11 日和 1994 年 1 月 29 日的 SPOT HRV 图像分析了菲律宾 Manupali 流域上游地区土壤侵蚀对下游水浇地的影响，结果表明，流域上游 20 年持续的土壤侵蚀，导致了下游灌渠淤积，农业生产力和居民生活水平的显著下降。Felfoul 等利用 1989 年的航空照片结合野外调查，研究了突尼斯中部半干旱地区沟蚀和水库效益之间的关系，为流域水库体系的规划设计提供了科学依据。Schimmack 等结合 GIS 技术分析了德国 Bavaria 农区土壤侵蚀和沉积速率的区域差异。Wissmar 等利用 GIS 技术分析了美国华盛顿州 Beckler - Rapid 河灌区土壤侵蚀和沉积风险的关系。

8.4.3 风沙地貌与沙漠化研究的数字化

传统研究方法主要以纸质图形式表达，不仅不利于深入分析，而且不利于风沙地貌的动态监测和数据更新，在一定程度上限制了对风沙地貌的研究。利用 GPS 可以对主要风沙地貌类型进行快速、精确、高效、方便的定位，也可以通过数据转化将储存在 GPS 接收机中的沙丘位置坐标及调查数据直接形成风沙地貌类型数据库，这有利于内业数据的汇总统计；RS 可以实时监测人力难以到达的沙漠地区，尤其是沙漠腹地，获得传统手段难以获得的信息；GIS 能够根据遥感影像解译的风沙地貌类型数据建立风沙地貌类型数据库，对沙丘类型、空间分布、数量特征进行有效的组织、管理和分析。上述三者紧密结合形成了一个增益系统，为实现风沙地貌定位、定量、动态监测以及数据的分发、共享、分析模拟与灾害评价创造了条件。

8.4.4 辅助沙尘暴监测系统的建立

在沙尘暴的监测方法中，传统的地面监测方法受到许多因素的制约，不能很好地反映沙尘暴的全过程。卫星遥感技术可以从空间上捕捉沙尘天气动态信息，而且时间分辨率高，是目前最为有效的监测、跟踪、分析沙尘天气的手段。随着遥感技术的不断发展，利用多源遥感数据监测沙尘暴、提取沙尘暴信息、定量分析沙尘暴的有关参数，已成为沙尘暴研究的热点。通过遥感反演沙尘暴途经区域下垫面的有关参数，分析其与天气形成和演化间的关系方面的研究也取得了阶段性成果。相对于土壤风蚀监测，GIS 在沙尘暴监测中的应用更加深入。

8.5 研 究 展 望

近年来，网络技术、通信技术、多媒体技术等的发展都加速了 3S 技术的集成，在数字地球的大趋势下，3S 技术在土壤侵蚀研究中的应用越来越广泛。综合来说，在土壤侵蚀研究领域，未来 3S 技术可望在以下几个方面取得更大的发展。

(1) 3S集成技术将推动土壤侵蚀研究向广度和深度的方向发展。凭借RS多波段、多时相、能迅速获取信息，GIS强大的空间信息管理和综合分析功能以及GPS的高精度定位能力，3S集成技术在研究侵蚀区域时空演变规律中具有无可比拟的优势，今后更将应用于侵蚀研究的全过程。随着3S集成技术应用的继续深入，直接生成土壤湿度、植被覆盖度等风蚀影响因子数据，进行多尺度、多时相、大范围、长期、连续、实时、动态的侵蚀定量监测与评价将成为一个发展趋势。

(2) 3S技术在土壤侵蚀研究中的应用精度将进一步提高。近年来，高分辨率卫星、雷达卫星、微波遥感技术、高光谱分辨率传感器的联合应用，使得地面监测精度不断提高，空间上可实现地块上的侵蚀监测，时间上可实现月、日甚至更小时间尺度上的侵蚀监测。我国小卫星群计划的实施将解决时间分辨率和空间分辨率不能同时满足的矛盾。另外，遥感分类和反演算法精度的不断提高、侵蚀定量模型和多元数据的相互融合，都为土壤侵蚀应用精度的提高奠定了坚实的技术基础。

(3) 建立土壤侵蚀信息服务平台，实现土壤侵蚀信息共享网络化。随着计算机和互联网技术的迅速发展，WebGIS和信息共享技术的不断成熟、空间互操作技术的逐步应用为土壤风蚀信息空间数据发布、模型运算、信息的检索与技术共享提供了网络平台，极大地推动了风蚀监测技术、模型和信息的共享，真正实现跨领域、跨信息平台的信息服务，满足实时更新监测成果的要求，从而能为相关部门的应急决策、政府办公提供决策支持和服务。

(4) 3S技术在土壤侵蚀研究中应用的精度不高。GIS在模型运算中精度不高的问题首先源于土壤侵蚀模型本身。由于模型对问题复杂性的简化，或者模型因子测量方法本身就不正确或者不确定，都会导致误差产生；模型选取不当，也会产生计算结果的极大误差；其次，源于DEM的误差对模型因子的影响，不同比例尺的DEM所包含的空间信息有明显的差异；第三，来自GIS技术本身，在图层叠加、与模型结合时的非线性运算将会使误差进一步扩大；第四，用于侵蚀监测的遥感数据的精度，即遥感数据的空间分辨率、时间分辨率和光谱分辨率都有待提高。侵蚀模型与遥感结合目前还只是一种松散式的结合，致使侵蚀模型和遥感的优势均不能得到充分发挥。在未来的研究中，必须进行模型的改进，加强土壤侵蚀过程模式的构建研究，促进模型和遥感数据的紧密结合，充分发挥遥感技术在土壤侵蚀研究中的优势。

(5) 利用3S技术对于区域土壤侵蚀因子的研究缺乏与综合评价方法或模型之间的协调。区域土壤侵蚀模型的研究未与大尺度水文模型研究紧密结合，因此，水文模型的研究成果不能应用于土壤侵蚀的研究，造成两者的脱节，使土壤侵蚀模型的构建缺乏水文学研究的支撑，科学性降低。土壤侵蚀模型研究如何与大尺度水文模型相结合，是未来土壤侵蚀研究工作者面临的一个新问题。

8.6 典型案例

8.6.1 研究方法及技术流程

首先对研究区自然地理资料进行收集、整理，得到该地区的土壤类型、降水及地形等资料，根据ETM卫星影像图解译出该地区土地利用一级分类图。然后在ARCINFO软件支持下进行数字化处理，得到研究区的数字高程模型，进而求解出地形因子，将各因子进行栅格连乘，应用修正通用土壤流失方程模型计算该地区土壤侵蚀模数及土壤侵蚀量。研究的技术路线图如图8.1所示。

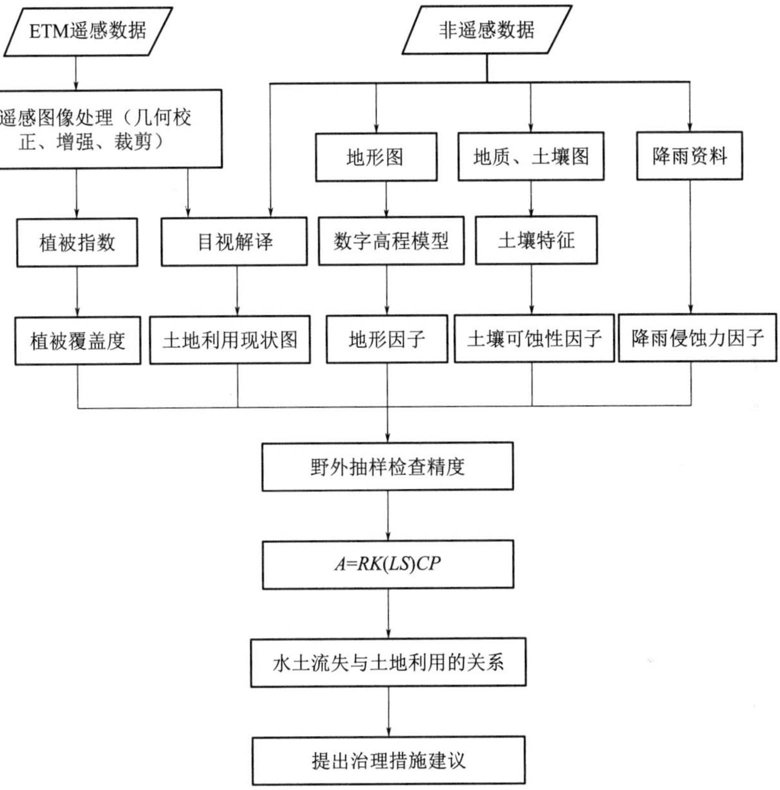

图8.1 研究技术路线图

8.6.2 研究区概况

冷碛镇位于四川省甘孜藏族自治州泸定县县城以南19km，大渡河东岸，东部与天全县相接，南邻兴隆镇，西接田坝乡，北连泸桥镇，地处二郎山西麓，界于邛崃山脉与大雪山脉之间。位于北纬29°27′～30°05′，东经101°49′～102°21′之间，全镇面积72.8km²，海拔1200～3500m。泸定县地处四川盆地到青藏高原过渡带上，受东南、西南季风和青藏高原冷空气双重影响，气候垂直差异明显，大渡河谷及其支流河谷，海拔1800m以下地区属热带季风气候，为有名的干热河谷区。

8.6.3 实验

1. 修正通用土壤流失方程

本实验选取目前广泛应用的修正通用土壤流失方程，有

$$A=0.224RK(LS)CP \tag{8.2}$$

式中：A为单位面积上土壤流失量；R为降雨侵蚀力因子；K为土壤可蚀性因子；坡长坡度常作为综合因子LS（即地形因子）；C为植被覆盖和田间管理因子；P为水土保持

措施因子。

2. 各因子选取与计算

(1) 降雨侵蚀力因子 R。研究选取的降雨资料为泸定县气象站（台站海拔：1321.2m）1961—2010年月均降雨量，计算降雨侵蚀力因子。

$$R = 0.3589F^{1.9462} \quad F = \left(\sum_{j=1}^{12} P_j^2\right)/P \tag{8.3}$$

式中：R 为年均降雨侵蚀力；P 为年均降雨量，mm；P_j 为第 j 月均降雨量，mm；F 指数（mm）大小与年均降雨量 P 的季节分布有关，取值范围在 $P/12 \sim P$ 之间。

表 8.1　　泸定县 1961—2010 年月均降雨资料

月　份	1	2	3	4	5	6
月均降雨量/mm	0.9	3.4	16.2	36.7	65.7	105.5
月　份	7	8	9	10	11	12
月均降雨量/mm	143.8	145.3	84.8	33.7	7.8	0.7

由表 8.1 可得研究区多年平均降雨量 P 为 643.9mm，求得多年平均降雨侵蚀力因子 R=3037.47MJ·mm/(hm^2·h·a)，由于研究区面积较小，认为降雨侵蚀力在区域内不变。

(2) 土壤可蚀性因子 K。主要受土壤物理性质的影响，土壤物理性质包括土壤质地、结构及稳定性、黏粒类型、土壤渗透性、有机质的含量、土壤厚度等。本次研究采用 EPIC 模型法计算土壤可蚀性因子。EPIC 模型中，采用土壤有机碳和粒径组成资料来估算土壤可蚀性值。

$$S_n = 1 - S_a/100 \tag{8.4}$$

$$K = \left\{0.2 + 0.3\exp\left[-0.0256S_a\left(1 - \frac{S_i}{100}\right)\right]\right\}\left(\frac{S_i}{C_i + S_i}\right)^{0.3}$$
$$\left[1 - \frac{0.25C}{C + \exp(3.72 - 2.95C)}\right]\left[1 - \frac{0.7S_n}{S_n + \exp(-5.51 + 22.9S_n)}\right] \tag{8.5}$$

式中：S_a 为砂粒（2.00～0.05mm）含量,%；S_i 为粉砂（0.05～0.002mm）含量,%；C_i 为黏粒（<0.002mm）含量,%；C 为有机碳含量,%。

查询《甘孜藏族自治州泸定县林业志》，发现研究区土壤类型有明显的垂直分布，结合有关资料和研究得到研究区土壤性质资料，计算 K 值，见表 8.2，建立 5.55m×5.55m 的栅格图层。

表 8.2　　研究区土壤性质及土壤可蚀性因子 K

土壤类型	山地红壤	山地黄棕壤	山地棕壤	山地灰棕壤	亚高山灰化土
K	0.324	0.274	0.237	0.195	0.204

(3) 地形因子 LS。地形因子，是指在其他影响土壤侵蚀的因子相同的情况下，一定坡面（某一坡度和坡长）的土壤流失量与标准径流小区土壤流失量之比值。

L 值为坡长因子，利用坡度对坡长进行计算，通过坡长公式进行计算

$$
\begin{aligned}
&L = (\lambda/22.13)^m \\
&\lambda = flowacc \cdot cellsize \\
&m = n/(1+n) \\
&n = (\sin\theta/0.0896)/(3.0\sin^{0.8}\theta + 0.56)
\end{aligned}
\tag{8.6}
$$

式中：L 为坡长因子；λ 为坡长；$flowacc$ 为流水累积量；$cellsize$ 为栅格尺寸，本次研究为 5.55m×5.55m；m 为坡度指数；n 为细沟侵蚀量与细沟间侵蚀量的比值；θ 为坡度，(°)。

S 值为坡度因子，坡度是影响土壤侵蚀的重要因子之一，坡度图采用 ARCINFO 表面分析中的坡度生成获得，修正通用土壤流失方程中推荐采用的坡度因子计算式为

$$S = 65.4\sin^2\theta + 4.56\sin\theta + 0.0654 \tag{8.7}$$

式中：S 为坡度因子；θ 为坡度，(°)。

在计算坡长因子前，需先对研究区的 DEM 图进行水文分析，填洼计算，得到流水累积量 flowacc，并建立 5.55m×5.55m 的栅格图层，然后分别利用 ARCINFO 空间分析功能进行栅格计算，得到 LS 因子 5.55m×5.55m 栅格图层，研究区 LS 因子空间上变化较大，其值在 0.065～1373.96 之间。

(4) 植被覆盖与田间管理因子 C。植被覆盖与田间管理因子的值介于 0～1 之间。C 值影响因子较多，耕作和管理措施极为复杂，往往难以通过实测来评价。本次研究缺乏研究区域季节作物类型、耕作方式、各生育期降雨量等资料，参考多名学者对 C 的研究，根据研究区土地利用分类及农事活动规律对 C 予以赋值（表 8.3），然后将 C 因子值赋予相应的土地利用类型得到 C 因子 5.55m×5.55m 栅格图层。

表 8.3　　不同土地利用类型 *C* 因子值

土地利用类型	耕地	林地	草地	建筑用地	未利用土地
C 值	0.31	0.006	0.04	0	1

注　研究区耕地旱田比例为 93.5%，所以耕地 C 值取旱田的 C 值。

(5) 水土保持措施因子 P。水土保持措施因子值在 0～1 之间，反映了水土保持措施对土壤侵蚀的防治效果。参考相关的研究结果，结合当地耕作情况对不同利用类型予以赋值，具体赋值结果见表 8.4。将 P 因子值赋予相应的土地利用类型，得到 P 因子 5.55m×5.55m 栅格图层。

表 8.4　　不同土地利用类型 *P* 因子值

土地利用类型	耕地	林地	草地	建筑用地	未利用土地
P 值	0.35	1.0	1.0	0	1.0

8.6.4　土壤侵蚀模数计算

根据以上各因子计算及栅格图层，利用 ARCINFO 空间分析功能将各因子栅格图层进行因子连乘，算出研究区不同单元土壤侵蚀量，得到研究区年平均土壤侵蚀模数栅格图层。研究区土壤侵蚀情况统计见表 8.5。

表 8.5　　研究区土壤侵蚀状况

侵蚀强度等级	侵蚀面积/hm^2	百分比/%	侵蚀量/(t/a)	百分比/%
微度	1888.52	25.94	5638.63	1.19
轻度	3323.21	45.65	33695.05	7.14
中度	853.70	11.72	30798.71	6.52
强度	416.90	5.73	26367.33	5.58
极强度	277.13	3.81	29674.55	6.29
剧烈	520.53	7.15	345757.80	73.26

参考国家土壤侵蚀分类分级标准，将土壤侵蚀模数进行分级，共分为六级，单位 $t/(km^2 \cdot a)$；将侵蚀模数图与土地利用图进行叠加，以分析不同土地利用类型对土壤侵蚀的影响，如图 8.2 所示。

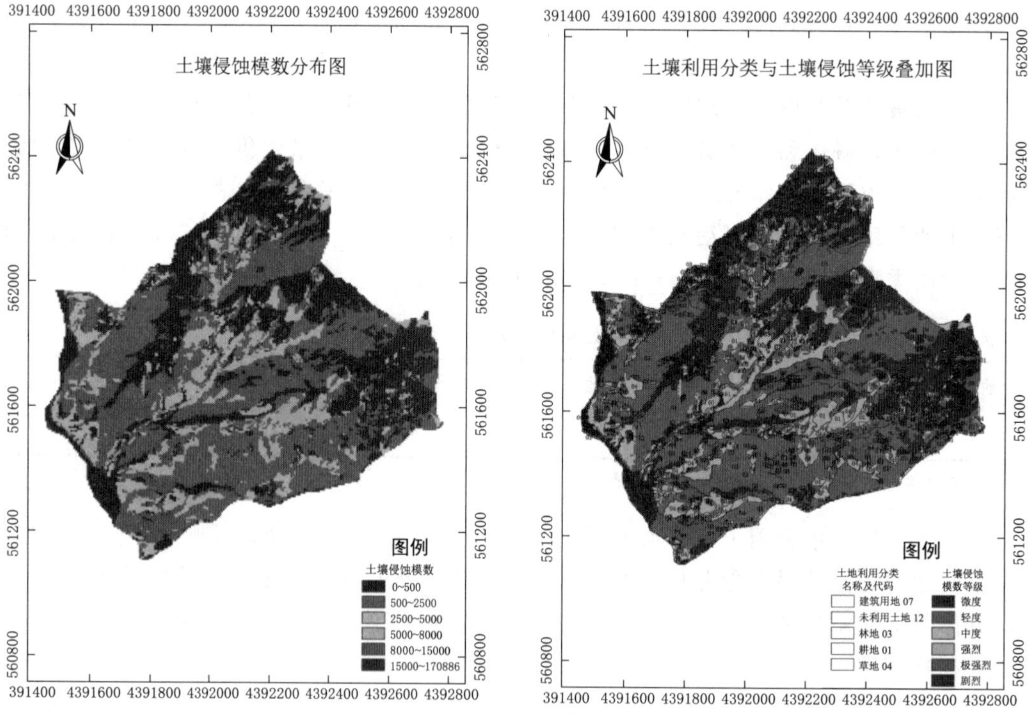

图 8.2　研究区土壤侵蚀模数分布及与土地利用类型叠加

8.6.5　结果与分析

(1) 研究区土壤侵蚀状况分析。整体而言，该地土壤侵蚀达到强度侵蚀强度，说明该地土壤流失量较大，土壤侵蚀状况比较严重。由表 8.5 可看到，该地区大部分区域属于轻度和微度侵蚀，这两种类型占该地总面积的 71.59%，侵蚀量仅占总侵蚀量的 8.33%，说明该地大部分区域土壤流失程度轻，这和该地森林和草地植被覆盖率高有关。中度侵蚀占该地总面积的 11.72%，侵蚀量占总量的 6.52%。强度及以上侵蚀等级区域，占该地面积的 16.69%，而侵蚀量占该地土壤流失总量的 85.13%，特别是剧烈侵蚀，其面积仅占 7.15，但侵蚀量却占流失总量的 73.26%，说明该地土壤流失量主要来自剧烈侵蚀区，该区域应为防治土壤流失的重点。

（2）土壤侵蚀与土地利用关系。将土地利用分类图与土壤侵蚀等级图叠加，分析土地利用类型和土壤侵蚀之间的相互关系。由图 8.2 可知，微度和轻度侵蚀与林地、草地的分布大致吻合，说明林地、草地对该地土壤流失有抑制作用。处于中度侵蚀区域的土地利用类型主要是耕地，说明该地作物种植和耕作活动对土壤流失作用较大，部分耕地有加大土壤侵蚀的风险；其次是草地，这与当地放牧对草地造成了不良影响有关，应采取相应措施防止草地退化。强度及以上等级土壤侵蚀区域对应的土地利用类型主要为未利用土地，说明未利用土地是该区域土壤侵蚀的主要来源；部分林地土壤侵蚀剧烈，可能是该部分林地景观结构单一，覆盖率低导致。

8.6.6 结论

采用 3S 技术对区域土壤侵蚀状况做出快速预测，经过计算与分析，研究了该区域土壤侵蚀状况与土地利用类型的关系。

（1）研究区土壤平均侵蚀达到强烈侵蚀等级，土壤侵蚀以微度和轻度侵蚀为主，强烈及以上侵蚀等级区域，占该地面积的 16.69%，而侵蚀量占该地土壤流失总量的 85.13%，特别是剧烈侵蚀，其面积仅占 7.15%，但侵蚀量却占流失总量的 73.26%。

（2）该区域濒临大渡河，为当地居民主要聚集区，人类活动最为强烈，但土壤状况良好，说明人类的合理活动对土壤保持有积极效果。总体而言，该地土壤侵蚀严重，应调整当地土地利用结构，减少放牧量，保护林地，以改变当前状况。研究对于研究区土地利用规划和水土保持决策有参考和指导意义。

第9章 农业种植结构提取

农作物种植结构是农作物空间格局的组成部分之一，其描述的是一个地区或生产单位内农作物的组成和布局，即主要农作物类型和其空间分布。及时、准确地获取农作物种植结构及其时空动态变化信息，不仅是区域作物产量估测、作物结构调整和优化的主要依据，也是理解全球变化影响和原因的重要内容。遥感技术因覆盖范围大、探测周期短、现势性强和费用成本低等优点，已经广泛应用于对地观测活动中，为快速和准确获取大范围的农作物种植结构信息提供了新的技术手段。

早在20世纪70年代，美国NASA、农业部和国家海洋大气管理局等部门联合开展了“大面积作物清查试验”，利用Landsat 1-3卫星数据估算出美国大平原9个州的小麦空间分布。然而，该时期研究重点集中于对特定农作物的遥感识别，对农作物种植结构提取不多。20世纪80—90年代，随着应用需求的增加和遥感技术的发展，农作物遥感监测从单一农作物监测发展到多种农作物（含粮食、经济和蔬菜等作物）组成的种植结构监测。如美国“农业和资源的空间遥感调查计划”对美国和世界多个国家的主要粮食作物种植面积进行了遥感估算，欧盟“遥感农业监测计划”较好地实现了欧盟农作物种植面积监测和估产系统。进入21世纪，农作物种植结构遥感提取技术和应用更加成熟，如美国农业部实现了美国48个州的农作物空间分布图的制作和定期更新，覆盖的农作物类型达24种。中国农作物种植面积遥感监测起源于“六五”期间（1981—1985年）农作物遥感估产试验研究，研究对象为冬小麦。此后，中国陆续开展了一系列重大农作物遥感监测项目，如1997年“中国资源环境遥感信息系统及农情速报”、2000年“北方冬小麦气象卫星遥感动态监测及估产系统”和2002年“全国主要农作物遥感估产业务运行系统”等。监测的农作物类型从单一作物类型（小麦）逐步转变到多种作物类型（如水稻、小麦、玉米、大豆和油菜等）。

总体而言，过去20多年随着空间技术的不断发展，多传感器、多时间分辨率和多空间分辨率的遥感数据已广泛应用于农作物种植结构遥感提取，无论是在理论和技术方法方面，还是在实践方面都取得了长足的进展。

9.1 理论基础

农作物的反射光谱特性是农作物种植结构遥感提取的基本物理基础。和其他绿色植被一样，农作物在可见光的蓝光和红光波段有两个吸收带，其反射率较低；在两个吸收带之间的可见光绿光波段有一个明显的反射峰；至1.1μm近红外波段范围内反射率达到高峰，形成植被的独有特征；在中红外波段（1.3～2.5μm）因绿色植物含水量的影响，吸收率大增，反射率大大下降，在水吸收带形成低谷。但是农作物的光谱特征常常会因农作物类型、生长季、长势状况以及田间管理等不同而有所差别。因此，科学合理利用农作物光谱特征差异可以实现农作物种植结构遥感提取。

农作物的时相特性是农作物种植结构遥感提取的特定理论基础。农作物种植结构是一种或多种农作物通过连作、轮作、间种与套种等种植模式组合形成的种植结构。受“同物异谱和异物同谱”现象、混合像元效应等影响，农作物种植结构遥感提取比单一作物空间分布遥感提取复杂得多，单纯依靠光谱特征难以取得理想效果。由于组成农作物种植结构的不同作物具有特定的生长规律和物候特征，不同生长时期的同一作物光谱特征不同，同一生长期的不同作物光谱也具有差异。因此，充分利用农作物的典型季相节律特征是区分作物与作物、作物与其他绿色植被的关键理论依据。

农作物空间特性是农作物种植结构遥感识别的重要理论基础。空间特性是包含地形、地貌、水文、植被等自然要素在内的地物特征在影像中的真实反映。除了农作物、植被自身的属性特征差异外，它们所处的生存环境也不同，使得它们在影像中呈现出来的纹理特征、结构特征、几何特征以及上下文层次特征等均同。因此，合理利用作物的空间特征可以实现作物与作物、作物与绿色植被的区分。随着图像处理技术的快速发展，空间特征已成为辅助光谱特征、时相特征进行农作物种植结构遥感提取的重要手段，尤其对抑制“同物异谱”现象有突出效果。

9.2　单时相遥感影像种植结构提取

农作物种植结构遥感提取较常用的方法是基于单一遥感影像进行提取。该方法适宜种植结构相对简单的区域，采用单期影像或少数几期影像就可以实现农作物种植结构提取。该方法的重点是找到不同作物的“关键物候期”，即寻找待分作物的光谱特征与背景光谱特征具有最大差异的特定时期。如郑长春等以黑龙江 852 农场为研究区域，选取了 2007 年 8 月 23 日 SPOT 影像，此时期属于水稻生长旺期，水稻、大豆、玉米的光谱特征及背景特征差异明显，利用该时期作物在光谱波段及归一化植被指数中呈现的特定光谱特征，基于简单决策树分类器提取了水稻、小麦和玉米三大作物组成的种植结构信息。Mathur 等利用 2003 年 9 月 22 日 IRS－1D 影像的光谱单波段特征量，采用支持向量机分类器提取出了印度旁遮普区域棉花和水稻两大农作物的空间分布。基于相同的识别特征量和分类器，Jia 等选取 2009 年 3 月 28 日 HJ－1A CCD2、4 月 26 日 HJ－1B CCD2 和 5 月 12 日 HJ－1B CCD1 共 3 期影像得到山东运城市主要农作物的最佳识别物候期，成功提取了该区域小麦和棉花的种植面积。除光学影像外，雷达影像因其“强穿透性、全天时和全天候”的观测优点，在基于单一影像的农作物种植结构提取中也得到应用。如：贾坤等将 2009 年 5 月 12 日的 HJ－1B CCD 多光谱影像与 2009 年 5 月 8 日的 Envisat ASAR VV 极化数据进行融合，融合后的数据充分利用了环境卫星的光谱信息和 VV 极化数据对于地物结构及纹理敏感的特征，显著提高了研究区小麦和棉花作物的识别精度。

然而不同分类器对不同数据源、不同作物光谱特征的敏感性不同。一些研究者尝试用多个分类器进行作物分类，从中获取精度最高的作物种植结构提取结果。如彭光熊等通过分析云南省弥勒县农作物物候历特征，确定了以 2008 年 3 月 18 日的 CBERS02B－CCD 影像和 2008 年 4 月 6 日的 Landsat - 5TM 影像为主要数据源，利用光谱角制图、最大似然分类、面向对象分类、神经网络等分类器较好地提取了甘蔗、玉米和水稻等空间分布。Yang 等选取了 2006 年 5 月 19 日的影像，基于光谱单波段特征量尝试了 5 种监督分类方法（最小距离、马氏距离、最大似然、光谱角制图、支持向量机），提取了美国得克萨斯州南部两个农业生产区的玉米、棉花、高粱和甘蔗等作物类型，发现最大似然与支持向量机分类器的整体精度最高，分别为 87.4%和 91.0%。

虽然基于单一影像的农作物种植结构提取方法效率高、操作性强，但也存在明显不足。首先，该方法多采用光谱识别强的中高空间分辨率遥感数据，而中高空间分辨率数据重访周期长，受云雨天气的影响，往往难以获得种植结构识别“最佳物候期”的图像数据。其次，当区域种植结构复杂时，基于少量时相影像的分类方法很难辨识光谱相近的两种或多种作物，尤其当作物识别的“关键物候”特征不够明显时，利用该方法获取的农作物种植结构效果和精度往往较差。因此，如何获取“最佳物候期”卫星影像，充分利用光谱和空间特征识别物候历相近的两种或多种作物是该方法有待深入研究的关键问题。

9.3　多时相遥感影像种植结构提取

如前所述，农作物种植结构是多种农作物通过一定的种植方式组合形成的空间表达，其遥感提取要比单一农作物空间分布提取更为复杂。不同农作物生长发育阶段不同，传统的单一遥感影像难以覆盖所有作物光谱识别的最佳时相，因此，如何利用时间序列遥感影像较好表征作物季相节律和物候变化规律的特点来进行农作物种植结构提取成为目前最为主流的技术方法。

9.3.1　单特征提取方法

最常用的基于单一特征变量的方法是阈值法。农作物种植结构中的每类农作物有其特定的光谱特征时序曲线。阈值法就是分析比较不同农作物光谱-时序曲线特征，找出每类作物识别最适宜的时间点；基于专家知识、已有的先验知识或简单的光谱统计分析，找出每类作物最佳区分点的光谱特征量阈值，构建阈值法模型实现每类作物的识别和提取。如黄青等在分析农作物的物候特征和归一化差值植被指数（NDVI）时序变化特征的基础上，找出了东北三省主要农作物类型识别的关键期，通过物候历以及农情野外监测数据对作物识别阈值进行迭代修正和调整，构建了东北地区农作物种植结构遥感提取模型；张霞等根据玉米、小麦 MODIS 增强型植被指数（EVI）时序曲线所表现的物候规律，确定了 4 个物候关键期变量，即作物起始生长时间 Tonset、生长峰值时间 Tpeak、EVI 达到最大值 EVIpeak 时间和生长终止时间 Tend；结合专家知识确定了关键期变量的阈值，成功识别出了华北平原冬小麦与玉米空间分布及轮作方式。

阈值的合理确定是阈值模型构建的关键。基于已有经验或专家知识选取的阈值具有一定的主观性与不确定性，为了使阈值选取更加定量与精确，一些研究采用光谱统计分析法设置阈值。如张健康等通过比较各个作物 MODIS EVI 曲线中各个时序点的最大值、最小值和平均值，找出各个作物识别的关键期以及相应的阈值，再辅以 Landsat TM 监督分类的结果，较好地提取出了黑龙港地区农作物种植结构；Foerster 等协同 1986—2002 年不同季节的35景TM/ETM+影像构建作物NDVI时序曲线，通过分析不同作物在各个时序点的光谱标准差取值差异，设置合理阈值成功绘制出了德国东北部12种农作物的空间分布图。

近年来，一些针对单一特征变量处理或分类的新方法，如数据融合法、傅里叶变换法和BP神经网络法等，也在农作物种植结构提取中日益得到应用。如何馨等采用小波变换对时序MODIS NDVI和TM NDVI进行了融合，融合后的NDVI既保证了原有时间序列的光谱特征，空间分辨率也从250m提高至30m，提高了单一NDVI特征量提取种植结构的精度；蔡学良等同样将ETM+影像与时序MODIS NDVI影像进行融合，利用融合后的24景时间序列NDVI数据，较好地提取了漳河灌区的水稻、油菜、小麦分布及其轮作方式。Zhang等运用快速傅里叶变换对MODIS NDVI时序曲线进行处理，选取曲线均值、1～3级谐波的初始相位及振幅比例作为作物识别的参数，实现了华北地区玉米、棉花及轮作方式的识别；熊勤学等选取夏秋作物轮作期和MODIS NDVI均值为标准，采用分层方法区分秋收作物区与其他区，利用BP神经网络法进行分类，有效地提取出了湖北省江陵区中稻、晚稻、棉花3种作物类型；郝卫平等通过分析时序MODIS NDVI影像，采用ISODATA非监督分类算法以及光谱耦合技术得到了东北三省农作物种植结构的空间分布。

基于时间序列影像单一特征量的农作物种植结构提取方法操作简单、效率高，其引入了农作物的时间变化特征，在不同农作物的区分和识别中具有明显优势，尤其对农作物种植结构比较简单的区域提取效果较好。然而，该方法也存在一些不足，该方法通常选择EVI或NDVI作为特征量，特征量的选取具有较强的主观性，缺乏特征量的敏感性分析。另外，单一的EVI或NDVI特征量对于作物类型复杂多样的区域存在局限性，因为该特征量未必是所有作物识别的最优特征量，使得不同农作物提取的精度差异较大。

9.3.2 多特征提取方法

针对单一EVI或NDVI特征量方法的不足，越来越多研究者尝试利用多个光谱时序特征量来更好捕获每类作物区别于其他作物的特性，实现农作物种植结构的准确提取。基于时间序列影像多光谱特征参量的方法也常用阈值法，如李鑫川等除构建主要农作物的EVI和NDVI时序曲线外，还综合考虑了红波段、近红外波段等多个光谱波段的时序曲线，共同确定不同农作物识别的主要特征及相应的阈值取值，较好地获取了大豆、玉米、水稻和矮瓜4大作物的种植结构空间分布图；林文鹏等结合EVI和陆表水分指数（surface water content index，LSWI）作为特征参量，利用地面采样点来确定不同作物识别特征参量的阈值，实现了玉米、大豆、棉花、水稻和花生等主要秋季作物的提取。郝鹏宇等组合2011年多期Landsat TM与HJ-1A/B CCD1/2影像构建时序WRDVI、EVI和NDVI曲线，通过植被指数线性转换、曲线相似性比较，迭代计算出各个作物识别关键期的光谱阈值，较好地实现了新疆博乐市农作物种植面积自动提取。

随着数据挖掘技术的迅速发展，一些新的非参数分类器，如集成Boosting算法的See 5.0、回归决策树、随机森林等也广泛应用到农作物种植结构信息的提取。此类分类器能够同时分析海量特征参量，综合多种特征量的“组合优化”，挖掘不同作物识别的最佳特征量及阈值，可以克服阈值法中特征量及阈值选取的主观性。如Wardlow等采用逐层分类法提取了农作物种植结构，首先利用非监督分类 ISODATA 方法提取出耕地与非耕地，结合 15 个时间序列点的 MODIS NDVI 特征量，采用 See 5.0 决策树在耕地层面中识别出了苜蓿、夏季作物、冬小麦和休耕地，最后再基于 13 个时间序列点的 MODIS NDVI 特征量区分出了夏季作物中的玉米、高粱和大豆。

此外，NDVI、EVI 以及单波段光谱特征以外的纹理特征、地形（如高程、坡度和坡向信息等）、土壤、作物分布环境等特征量，也逐渐引入到农作物种植结构提取，两者结合可以较好地改善农作物种植结构的提取精度。如 Peña - Barragán 等对 Aster 影像进行面向对象分割时，除选取对象的 Vigreen、NDVI、GNDVI、TCARI 和 TVI 等时序光谱特征外，还构建了 GLCM 同质性、GLCM 非相似性和 GLCM 熵等纹理特征，共计 336 个特征量，最后利用决策树实现加利福尼亚州优洛县 13 种作物组成的种植结构的自动提取。美国国家农业统计局在 AWIFS 和 Landsat TM 的时序光谱波段特征量基础上，融入了高程数据等作为输入特征量，采用 See 5.0 决策树实现了美国 48 个州农作物种植结构的准确提取，产品精度超过 85%。根据不同农作物生长过程所需的总热量不一，Zhong 等引入累积积温（growing - degree - day，GDD），并采用随机森林分类器对 GDD、光谱单波段、EVI、归一化差值衰变指数（NDSVI）和归一化耕作指数（NDTI）等多个特征量以及它们之间的组合进行测试，研究发现，时序光谱特征量结合 GDD 共同参与分类，能获得最高的整体分类精度。Chang 等通过引入地表温度（land surface temperature，LST），结合 MODIS 7 个时序单波段和时序 NDVI，作为最终的输入特征量，基于回归树分类器提取出了美国主产区的玉米和大豆空间分布面积。Biradar 等整合多时序 AVHRR 及 SPOT VGT 影像，基于高程、降雨、温度等多特征量对影像进行分割，结合非监督分类及简单决策树依次识别出全球 9 类雨养作物。基于相似的特征量组合和分类方法，Thenkabail 等也在同年提取出了全球 28 种灌溉作物的空间种植结构信息，整体精度达 90%以上。

基于时间序列影像多特征量的农作物种植结构提取方法较好地利用了多维特征向量的集成优势，可以有效解决混合作物交界处和内部光谱混合或变异的问题，适用于农作物种植结构复杂区域。然而，特征向量的增加会降低数据处理和运算的效率，也会带来误差的累积。因此，如何确定适宜的特征量数量以及选取合适的特征量是需要重点考虑的问题。此外，如何实现不同特征量，尤其是光谱和非光谱特征量之间的整合及尺度协同，也需要深入研究。

9.3.3 基于统计模型

基于时间序列影像的农作物种植结构提取得到多是“硬分类”结果。然而，我国很多区域地块破碎、地形多样、种植结构复杂，混合像元现象突出，农作物种植结构遥感提取存在很多难点问题。如果农作物的种植面积与光谱-时序曲线存在某种定量的相关关系，可以通过建立作物光谱-时序曲线与面积丰度之间的定量函数关系，实现农作物种植面积及空间分布准确提取。基于这一假设，部分学者采用数理统计方法探索农作物种植面积与光谱-时序曲线之间的定量关系，取得了较理想结果。如 Pan 等以冬小麦为研究对象，通过对样本及其植被指数时序曲线分析发现，每个像元内部冬小麦种植面积比例与冬小麦 EVI 时序曲线上的 4 个关键物候期存在很高的关联性；通过构建冬小麦丰度与关键物候期之间的多元回归模型，实现了对整个区域冬小麦分布的自动和定量化提取。Lobell 等假定每个像元由多种作物混合而成，将单个光谱特征时序曲线视为光谱曲线，曲线每个时序点视为单个波段，利用线性光谱分解原理（即每个像素的光谱值是多种作物光谱值的综合结果），每个像元的每个时序光谱值由像元内不同作物相应时序光谱值共同作用形成，通过构建相应的多元线性模型可计算出每个像元内部作物丰度。基于相似的时相分解原理，Ozdogan 等采用独立分量分析法提取了美国内布拉斯加州、堪萨斯州，土耳其西北部 3 个农业区的夏季作物和冬季作物，与参考数据相比，各个区的分类结果均方根误差均低于30%。Atzberger 等以神经网络能够自主学习 NDVI 时序曲线与端元丰度之间的非线性关系为理论基础，构建神经网络算法，对意大利托斯卡尼区域 1988—2001 年间 AVHRR NDVI 影像进行作物识别，提取出的夏季和冬季作物种植面积同 TM/ETM＋分类结果相比，均方根误差仅为 10%；基于相同的神经网络亚像素分解方法，Verbeiren 等利用时序 SPOT - VEGETATION NDVI 影像成功提取出比利时冬小麦和玉米的空间分布，同农作物统计数据的相关系数分别达 0.85 和 0.95，表明基于神经网络的亚像素分解方法优于常规的光谱线性分解方法。

基于光谱-时序特征量构建的统计模型一定程度上解决了混合像元问题，使得农作物种植面积提取精度更高。然而，这种经验或半经验模型的稳定性、普适性还需要进一步加强与完善，以更好地满足不同区域农作物种植结构提取的精度要求。

9.4 遥感与统计数据融合

遥感技术在农作物种植结构提取中发挥了重要作用，但受遥感数据获取能力、混合像元、大气纠正和尺度转换等影响，单纯基于遥感技术的方法往往多应用于区域尺度，国家乃至全球尺度的农作物种植结构遥感提取仍较欠缺。随着全球地表覆盖遥感制图的不断发展，全球耕地制图技术日益成熟，使很多不同尺度的全球耕地遥感产品出现成为可能。很多学者开始探索将遥感数据和统计数据进行融合，利用遥感数据在耕地空间分布表达和统计数据在农作物类型和数量特征描述方面的优势，基于特定的空间分配规则进行统计数据的空间化表达，实现国家或全球尺度的农作物种植结构提取。如 Leff 等综合已有的全球遥感耕地数据和国家、省级和县等多个层次的农作物统计数据，通过非耕地区域掩模、数据归一化处理、丰度计算等过程，实现 20 世纪 90 年代全球 5 分栅格尺度下 18 种农作物空间分布提取。Monfreda 等整合 MODIS 和 GLC2000 两类全球耕地遥感产品，以及国家、州和县等多尺度统计数据，构建线性回归模型，将 175 种农作物统计信息分配到全球 5 分栅格尺度耕地像元中，提取出了 2000 年全球农作物种植结构信息。基于 Monfreda 和 Ramankutty 等的全球农作物分布产品，Portmann 等融入灌溉和雨养作物的物候历、作物统计面积、气候和地形等数据，通过重分类、汇编、编辑、均质化等过程，获取了 2000 年 5 分栅格尺度的 26 种灌溉和雨养农作物的空间分布。You 等提出的 SPAM 模型综合利用了 Monfreda 等的全球耕地空间分布、农作物统计面积、农业灌溉分布和农作物适宜性分布等多源信息，基于交叉信息熵理论和方法，将农作物统计信息分配至 5 分栅格尺度像元，得到了全球 20 类农作物的空间分布。同样，Fischer 等在最新的 GAEZ 模型中，也综合利用全球耕地分布图、农作物适宜性、人口密度、市场距离等信息，基于相同的交叉信息熵理论和方法，将农作物统计信息分配至 5 分栅格尺度像元，得到了全球 23 类农作物的空间分布。

毋庸置疑，遥感与统计数据融合获取的农作物种植结构数据为全球尺度农作物面积统计、产量估算和期货贸易等提供了重要数据。然而，较粗的空间分辨率和较低的制图精度，使得这些数据的区域适宜性较差，而且这些数据往往针对特定的时间点或时段，缺乏长时间序列数据集，难以用于分析农作物种植结构动态变化。因此，如何提高此类方法的空间分配精度和数据产品的时间序列长度是需要重点解决的科学难点问题。

9.5 研究展望

中国是一个农业大国，出于气候、地形、小农生产和分散经营等原因，农作物的种植结构十分复杂，农作物种植结构提取研究对区域作物产量估测、作物结构调整和优化都具有重要意义，它在灌溉水管理和农业管理中具有越来越重要的意义。近年来，随着遥感技术的发展和农作物种植结构研究需求的不断增长，农作物种植结构遥感提取技术取得了较大进展。比如，中国于 2001 年建立的中国农业遥感监测系统（CHARMS），其主要作用之一是对作物种植区进行提取和空间分布快速、准确、自动，这对于提高农作物种植结构遥感提取的精度具有重要意义，是进一步完善农业遥感监测系统的重要组成部分。

然而，随着农作物种植结构遥感提取研究的不断深入，对于覆盖农作物的种类、大范围农作物种植结构提取能力、多种作物遥感影像的时空和光谱分辨率等不断提出新的要求。目前农作物种植结构遥感提取技术面临着新的挑战，现有的研究能力急需加强，通过充分利用多源数据和优化遥感提取的方法，才能促进农作物种植结构遥感提取精度和效率的提高。农作物种植结构遥感提取未来发展的厅向主要有以下几个方面：

1. 扩展农作物的类型

农作物的类型主要包括粮食作物、经济作物（油料作物、蔬菜作物、花、草、树木）两大类。农作物是能大批长成或大面积收获，供盈利或口粮用的植物（例如谷物、蔬菜、棉花、亚麻等），我国农作物的种植存在着明显的地域差异性。农作物种植结构提取就是对多种农作物类型的进行准确的提取，为农作物的整体种植结构优化和提高收益提供依据。目前国内的农作物种植结构提取覆盖类型整体偏少，比如；高粱、芝麻和花生等农作物很难覆盖，从而限制了这些种类农作物的产量估测、作物结构调整和优化等研究，进而无法满足不同用户因地制宜大力发展特色种植和对于农作物空间分布信息的需要。

2. 加强农作物种植结构提取能力

针对大规模、大范围的农作物种植结构提取的需求，基于中分辨率成像光谱仪、归一化差异植被指数的作物种植区自动识别方法，通过分析提取模型的准确性评价以及提取结果在农作种植结构提取中的应用，进一步深入研究春小麦、冬小麦、春玉米、夏玉米、棉花、大豆和水稻等主要作物种植区的提取原理、方法和模式，从而为加强农作物种植结构提取能力提供理论基础和技术支持。

3. 充分利用多源数据

多源遥感数据是随着现代遥感技术的发展，各种对地观测卫星源源不断地提供不同的空间分辨率、时间分辨率和波谱分辨率的遥感图像。多源遥感影像数据所提供的信息具有冗余性、互补性、合作性等优点，是农作物种植结构提取研究的重要依据。如何充分利用多源遥感数据进行农作物种植结构提取研究是未来重要的研究方向之一。

4. 提升农作物种植结构遥感提取方法

根据调查结果显示，我国农作物的总种植面积呈缓慢下降趋势，如何调整农作物的种植结构和提高作物产量，需要更加精准的农作物空间分布信息。农作物种植结构遥感提取方法的提升是提高农作物空间分布信息的有效手段，然而现有的农作物种植结构提取方法还有待进一步改进。未来发展的方向主要是以下四个方面：

（1）遥感数据的预处理。

（2）特征和时相选择问题。

（3）分类器的合理选择。

（4）农作物结构动态变化遥感提取。

事实上，农作物种植结构时空动态变化对气候变化、陆地生态系统、地球物理和地球化学循环过程、全球陆地一海洋相互作用等有着重要影响。因此，在未来的研究中，需从扩展覆盖农作物类型、提高提取能力、充分利用多源数据等方面入手，从而提高农作物种植结构优化和空间分布信息。

9.6 典 型 案 例

9.6.1 研究区概况与数据源

研究区位于新疆开孔河流域（82°56′～88°12′E，40°48′～43°20′N）农业区，主要包括博斯腾湖农业区 1019km^2、开都河农业区 2459km^2 以及孔雀河农业区 2789km^2。开孔河流域具有明显的大陆性干旱气候特征，总体特点为日照时间长、昼夜温差大、气候波动频繁、降雨稀少、蒸发剧烈。农业区降水主要集中在 4—7 月，最大降水量在 20～40mm，农作物生长期主要集中在 3—10 月。博斯腾湖、开都河以及孔雀河农业区是该地区重要的特色农产品生产基地，其中博斯腾湖和开都河农业区主要集中在和静县、和硕县、焉耆县和博湖县，主要种植作物有小麦、玉米、棉花、辣椒等；孔雀河农业种植区主要集中在库尔勒市和尉犁县，主要种植作物有棉花和香梨。

研究采用的数据包括遥感数据、主要农作物物候信息和野外考察样本点数据。遥感数据包括 Landsat 8 OLI 数据和 MODIS 数据，其中 Landsat 8 OLI 数据空间分辨率为 30m，从地理空间数据云平台（http：//www.gscloud.cn/）下载 2016 年 4—9 月的 7 景 Landsat 8 OLI 数据；从 NASA 官网（https：// ladsweb.nascom.nasa.gov/search）下载的 2016 年全年 23 期分辨率为 250m 的 MOD13Q1 以及秋、夏季节的 4 景 500m 分辨率的 MOD09A1 产品数据。

Landsat 8 OLI 数据预处理主要包括辐射定标、大气校正、影像裁剪等内容。MODIS 数据已经过严格的几何校正、辐射定标、大气校正等预处理，利用 MRT 工具对数据进行投影变换（正弦投影转 UTM _ Zone _ 45N）、格式转换（HDF 转 TIF）、波段提取（NDVI 波段和对应的 QC 波段）、影像裁剪以及滤波等处理。

从中国气象数据网（https：//data. cma. cn/）获得新疆开孔河流域小麦、玉米、棉花 3 种农作物物候期资料；实地调查获得辣椒、香梨和芦苇物候期资料（表 9.1）。由于博斯腾湖农业区分布有大量的芦苇，也将其作为农作物分类识别的对象之一。

表 9.1　　开孔河流域主要农作物物候期

月	2	3			4			5			6			7			8			9			10		
旬	下	上	中	下	上	中	下	上	中	下	上	中	下	上	中	下	上	中	下	上	中	下	上	中	下
小麦	播种		出苗			分叶、拔节				拔节、孕穗			乳熟		收割										
玉米						播种		出苗			拔节			抽穗				乳熟		收获					
棉花						播种		出苗、长叶					现蕾		花铃			裂铃					棉花采摘		
辣椒				播种		出苗		定植			生长				开花			结果				收获			
香梨			返青			开花		生长												果实成熟					
芦苇				发芽		展叶			生长							孕穗		抽穗		开花	成熟			落叶	

研究区内农作物样本点数据主要通过实地调查并结合 Google Earth 进行采集。2018 年 7 月对研究区内的农作物种植情况采用 GPS 定点及拍照的方式进行了实地调查，采集实地的农作物样本点。此外，结合 Google Earth 上影像的色彩以及纹理等特征增加样本点，并删除 2016 年与 2018 年影像不一致的野外考察样本点。采集的样本点总计 368 个，其中小麦 67 个、玉米 50 个、棉花 63 个、辣椒 76 个、香梨 42 个、芦苇 70 个，主要用于精度验证。

9.6.2 研究方法

为了解决研究区实际样本点无法获取的困难，本实验基于 Landsat 8 OLI 和 MODIS NDVI 影像构造作物样本点，进而得到不同作物的 NDVI 年际变化曲线，分析可得作物生长明显差异的关键期，选择关键期的 Landsat 8 影像，通过构造作物识别知识规则，基于决策树分类方法开展作物的识别与分类，并基于单一 MODIS 影像数据进行作物识别与分类的方法进行对比分析，探讨基于多平台遥感数据在农业种植结构提取方面的适用性。

1. 选取作物样本点

实验中采用的是 2016 年的数据，由于无法获得研究区实际的农作物样本点，基于 Landsat 8 和 MODIS 影像，结合不同作物的物候信息构造和筛选作物样本点。

首先利用专家知识，根据不同作物在同一时期的 NDVI 差异及同种作物在不同时期的 NDVI 变化，选择不同月份的 Landsat 8 影像建立初始样本点。具体方法如图 9.1 所示。选择 a 时期影像和 b 时期影像，其中 a、b 时期影像中的每个小矩形代表一部分像元，颜色代表像元的 NDVI 值，NDVI 不同则颜色不同。在影像 a、b 中，可以区分出深绿色和白色为不同的作物，对 a、b 影像进行叠加，则可以区分出红色、橘色、蓝色和紫色 4 种不同的作物。结合农作物物候信息，再对 4 类作物进行区分，确定具体为哪一类作物，直至选择出所有作物样本点。基于该方法，构造的候选样本点总计 394 个，其中小麦 43 个、玉米 61 个、棉花 52 个、辣椒 68 个、香梨 71 个、芦苇 99 个。完成候选样本点构造后，利用 MODIS 数据对候选样本点进行筛选。计算 394 个候选样本点的全年 23 期 MODIS 影像的 NDVI 值进行提取，得到每个候选样本点的 NDVI 时序变化曲线，剔除每一类候选样本点中 NDVI 明显异常的曲线和不符合农作物物候规律的曲线，得到符合作物生长 NDVI 曲线的样本点总计 149 个，其中小麦 16 个、玉米 29 个、棉花 15 个、辣椒 26 个、香梨 30 个、芦苇 33 个。结合高分辨率的 Google Earth 影像对筛选得到的样本点进行验证，并与 2018 年野外考察的样本数据中确认未发生变化的地物样本点进行对比，结果显示最终筛选出的样本点符合实际情况。

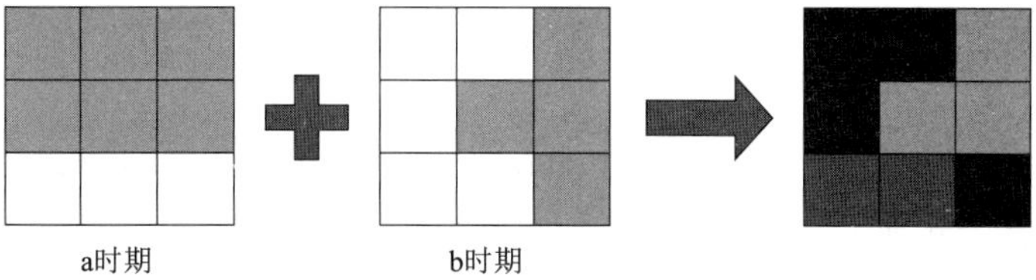

图 9.1　候选样本点选择方法

2. 作物生长期 NDVI 曲线分析

对最终确定的典型作物样本点 NDVI 曲线求平均得到小麦、玉米、辣椒、棉花、香梨和芦苇的 NDVI 年际变化曲线，如图 9.2 所示。

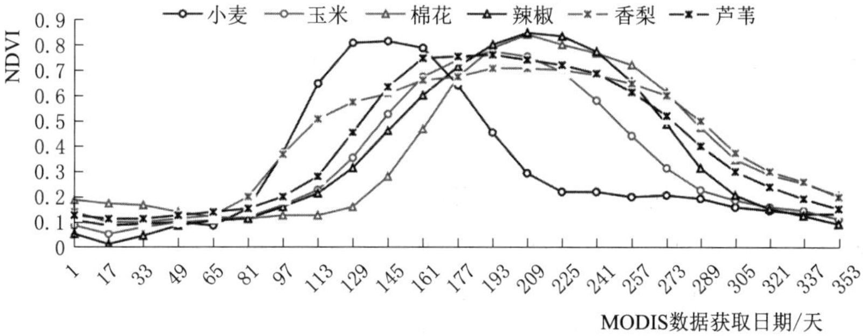

图 9.2　不同作物及易混淆地表覆盖 NDVI 年际变化曲线

由农作物生长期 NDVI 曲线可知，小麦、香梨和芦苇 3 种作物的生长期早于辣椒、棉花和玉米，这与作物物候历是吻合的，说明所选择的样本点符合实际情况。小麦、香梨和芦苇 3 种作物在 3 月中旬左右开始生长，而辣椒、棉花和玉米 3 种作物则在 4 月中旬左右开始种植。据此，可以选择 3 月中旬到 4 月上旬的关键时期影像将其分为两大类，然后再进行细分。

3. 基于决策树分类的作物识别与提取

根据不同作物 NDVI 年际变化曲线找到差异明显的关键时间节点，并选择该节点所对应的同时期较高空间分辨率的 Landsat 8 影像通过构建知识规则，可以最大限度地利用较少影像实现 NDVI 差异明显的作物分类，但对于生长期较为相似的作物，仅基于 NDVI 无法实现分类。因此结合作物在不同波段的光谱差异进一步进行分类。同时，为了避免其他信息对农作物提取的干扰，需要预先提取出水体和其他非植被区域。

(1) MNDWI 规则。利用 MNDWI (modification of normalized difference water in-

dex）对水体进行提取。计算公式如下

$$MNDWI=\frac{Green-SWIR}{Green+SWIR} \tag{9.1}$$

式中：*SWIR* 为短波红外波段的反射率值，Landsat 8 OLI 第 6 波段、Landsat 7 ETM+第 5 波段的反射率值；*Green* 为可见光绿色波段的反射率值，Landsat 8 OLI 第 3 波段、Landsat 7 ETM+第 2 波段的反射率值。为了避免冰雪融化的干扰，选择 5 月 16 日（第 137 天）、9 月 5 日（第 249 天）以及 9 月 21 日（第 265 天）3 个时期的影像分别代表夏初、秋初和秋末来提取水体信息，具体规则为：($MNDWI_{5/16}>0.1$) and ($MNDWI_{9/5}>0.1$) and ($MNDWI_{9/21}>0.1$)。

（2）NDVI 规则。本实验利用 NDVI（normalized difference vegetation index）对农作物进行提取。计算公式如下

$$NDVI=\frac{NIR-Red}{NIR+Red} \tag{9.2}$$

式中：*NIR* 为近红外波段的反射率值，Landsat 8 OLI 第 5 波段或 Landsat 7 ETM+第 4 波段的反射率值；*Red* 为可见光红色波段的反射率值，Landsat 8 OLI 第 4 波段或 Landsat 7 ETM+第 3 波段的反射率值。选择 5 月 16 日（第 137 天）、7 月 27 日（第 209 天）、9 月 21 日（第 265 天）3 个均有植被覆盖时期的影像来排除裸地，具体规则为：($NDVI_{5/16}>0.1$) or ($NDVI_{7/27}>0.1$) or ($NDVI_{9/21}>0.1$)。

（3）农作物知识规则的建立。小麦、香梨和芦苇 3 种作物的生长期早于辣椒、棉花和玉米，5 月中旬，小麦处于孕穗期，香梨处于叶子生长期，植被覆盖度很高；而玉米、棉花和辣椒处于出苗期，植被覆盖度很低，NDVI 值远低于 0.4。选择 5 月 16 日（第 137 天）的关键期影像将其分为两大类，分类规则为：($NDVI_{5/16}>0.4$)。接下来在每一类中进行细分。小麦与香梨和芦苇分离的关键节点在 7 月下旬，此时小麦已经收割，在 7 月 27 日（第 209 天）的 NDVI 值远低于 0.3，而此时香梨和芦苇 NDVI 值在 0.5 以上，通过设置规则 ($NDVI_{7/27}<0.5$) 将小麦与香梨和芦苇进行分离。由于香梨和芦苇的 NDVI 生长曲线相似，单一的基于 NDVI 值无法将两者很好地分离，因此，结合光谱规则进行分离。经过多次实验及反复对比，选择蓝光波段（band blue）和近红外波段（band NIR）的值作为光谱特征参数对香梨和芦苇的空间分布特征进行识别和提取，具体规则为：芦苇 ($B_{NIR}\leqslant 2500$ or $B_{blue}\leqslant 600$)。

玉米与其他作物分离的关键节点在 9 月下旬，此时玉米已经收割，棉花和辣椒仍然处于生长期。在 9 月 21 日（第 265 天）玉米的 NDVI 值远低于 0.4，而此时棉花和辣椒的 NDVI 值在 0.5 以上，通过设置规则 ($NDVI_{9/21}<0.5$) 将玉米与棉花和辣椒进行分离。由于芦苇生长状况参差不齐，利用 5 月 16 日影像进行分类时，玉米、棉花和辣椒中也被分进部分芦苇。因此，在分离棉花和辣椒之前需要把芦苇提取出来。选择 5 月 16 日蓝光波段，设置规则 ($B_{blue}\leqslant 800$) 可将芦苇从棉花和辣椒中剔除。9 月 21 日，棉花处于花铃收获期，辣椒处于采摘期，都已停止生长。但由于棉花是白色，辣椒是红色，其光谱特征存在差异。为了准确识别两者的空间分布特征，选择蓝光波段和近红外波段的值作为特征参数对辣椒和棉花空间分布特征进行识别和提取，具体规则为：辣椒 ($B_{blue}\leqslant 550$ or $B_{NIR}\leqslant 550$)。基于分类规则构造的决策树如图 9.3 所示。

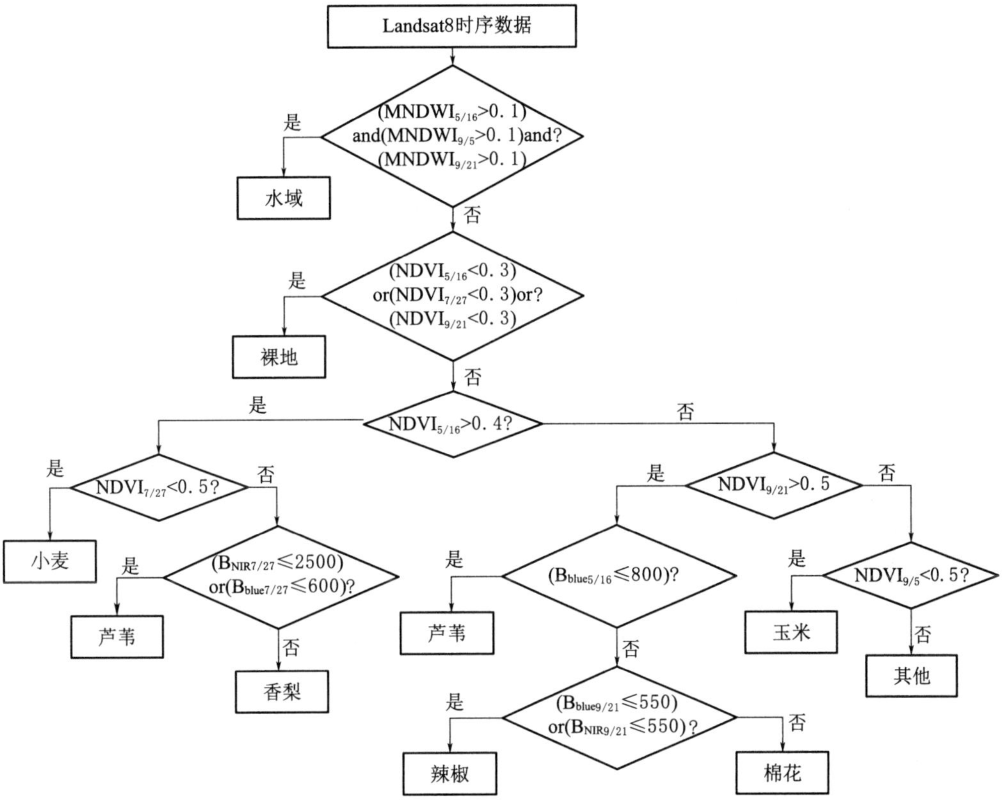

图 9.3 分类决策树

4. 分类精度评价方法

混淆矩阵是表示精度评价的一种标准格式，用 n 行 n 列的矩阵形式来表示。具体的评价指标有总体分类精度 OA（overall accuracy）、Kappa 系数等。

总体分类精度描述的是对每一个随机样本，所分类的结果与参考数据所对应区域的实际类型相一致的概率，计算公式如下

$$OA = \sum_{i=1}^{n} X_{ii} / N \tag{9.3}$$

式中：N 为样本点总数；X_{ii} 为被分到正确类别的样本数。

Kappa 系数是一种定量评价遥感分类图精度的方法，计算公式如下

$$Kappa = \frac{N\sum_{i=1}^{n} X_{ii} - \sum_{i=1}^{n}(X_{i+}X_{+i})}{N^2 - \sum_{i=1}^{n}(X_{i+}X_{+i})} \tag{9.4}$$

式中：N 为样本点总数；X_{ii} 为被分到正确类别的样本数；X_{i+} 和 X_{+i} 为表示第 i 行和第 i 列的总样本数量。

9.6.3 结果评价与分析

1. 分类结果

利用图 9.3 构建的决策树，对开孔河农业区的主要农作物进行分类，获得初步分类结

果。由于决策树分类是基于像元的作物分类方法，其分类结果不可避免地出现一些像元孤岛等“椒盐”现象，利用分类后处理功能模块对分类结果进行小斑块去除。随后根据当地作物实际种植的经验知识，并借助 Goolge Earth 影像，对去除小斑块后的结果再进行适当的人机交互处理。

通过分类结果可知，博斯腾湖和开都河农业区作物种植主要为小麦、玉米、辣椒及芦苇。其中芦苇为自然生长，其分布集中在博斯腾湖西部外围区。而小麦、玉米、辣椒分布较零散，没有明显的规律。相比之下，孔雀河农业区主要为棉花和香梨，种植比较集中，只零星分布一些玉米和小麦。开展仅利用时间序列的 MODIS 影像的农作物种植结构提取，同样基于图 9.3 的规则对阈值进行适当调整，经分类后处理得到农业种植结构。由于 MODIS 影像的空间分辨率为 250m，混合像元较多，很大一部分农作物的像元被分到非植被区域。

2. 分类精度评价

利用野外考察样本点，采用混淆矩阵的方法对上述分类结果进行精度验证（表 9.2）。综合利用 MODIS 和 Landsat 8 影像的分类方法与利用单一 MODIS 影像的分类方法相比，除香梨提取精度略微提高外，其他作物的提取精度都有显著的提高。综合利用 MODIS 和 Landsat 影像进行分类的评价结果，Kappa 系数为 0.86，总体精度达到 88.37%。其中芦苇、香梨、棉花分类精度较高，分别为 97.62%、96.43%及 94.12%。而小麦、辣椒与玉米分类精度相对降低。主要是因为在 30m 分辨率的 Landsat 8 影像上，3 种作物的种植结构零散且复杂多样，造成混合像元的出现。此外，小麦分类精度较辣椒和玉米更低的原因，是小麦收割以后的地块上会种植蔬菜等其他作物，导致小麦收割后的 NDVI 值仍然处于有植被状态，从而产生误分。而基于单一 MODIS 影像进行分类的评价结果 Kappa 系数为 0.53，总体分类精度只有 62.58%。其中芦苇和香梨分类精度相对较高，分别为 84%和 90.91%，而其他作物的分类精度则较低，其中玉米的分类精度最低，仅为 38.71%，主要是大量的玉米像元被误分为小麦。由于 MODIS 影像的空间分辨率较低，在 250m 分辨率的影像上存在着大量的混合像元，这是导致作物分类精度低最主要的原因。

表 9.2　　**分类精度**

方法	小麦	玉米	棉花	辣椒	香梨	芦苇	总体精度	Kappa 系数
MODIS+Landsat	78.48	87.50	94.12	85.92	96.43	97.62	88.37	0.86
MODIS	48.48	38.71	64.71	68.42	90.91	84.00	62.58	0.53

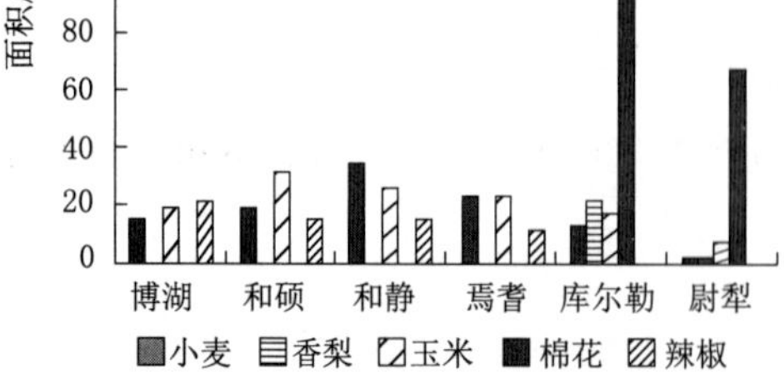

图 9.4　各县市农作物统计图

3. 主要作物种植面积分析

在综合利用 MODIS 和 Landsat 影像进行分类的基础上，进一步对各县市的主要农作物种植面积信息进行统计分析，如图 9.4 所示。

开孔河农业区主要作物种植总面积为 50.7 万 hm^2。其中棉花种植面积最大，为 19.7 万 hm^2。其次是玉米和小麦，种植面积分别为 12.3 万 hm^2 和 10.3 万 hm^2，辣椒种植面积为 6.17 万 hm^2，香梨种植面积最小

(2.28 万 hm^2)。由图 9.4 可知，孔雀河农业区以棉花种植为主，辅以香梨、玉米、小麦和辣椒等作物，约占整个开孔河农业区主要作物种植面积的 43.39%。库尔勒市和尉犁县的棉花种植面积均占绝对优势，香梨主要分布在库尔勒市。博斯腾湖和开都河农业区小麦、玉米和辣椒的种植面积较为均衡，约占整个开孔河农业区作物种植面积的 56.61%。

和硕、和静和焉耆地区作物种植结构比较分散，地块较为破碎，30m 分辨率的 Landsat 影像上仍然存在一定的混合像元，农田地块之间的防护林像元会被误分为农作物，使得作物种植结构的统计结果出现一定的偏差。小麦收割以后的地块上会种植蔬菜等其他作物，导致小麦收割后的 NDVI 值仍然处于有植被状态，从而产生误分，使得和硕、焉耆等县市小麦的统计结果低于实际种植信息。在今后的工作中，可以考虑结合更高分辨率的遥感数据开展作物种植信息的提取。

第 4 篇　3S 技术在水环境中的应用

第 10 章　水体信息遥感提取

广泛分布于陆地表面的江河湖泊等水体，一方面为人们的生活与工农业生产提供了水资源保障，另一方面是各种水生动植物的栖息地，对区域生态系统稳定、生物多样性保护、气候调节等方面有着至关重要的意义。然而，受近几十年来气候变化与人类活动的影响，水体的空间分布和储量在不断地扩张与缩小，转而对区域气候与人类福祉产生了特定影响。鉴于此，快速、及时、准确的地表水体时空变化监测对水资源管理、生态保护政策的制定等有着重要的意义。

遥感技术以其覆盖面广、时效性强、信息量大，以及不受地理环境影响等优势，为大范围水体变化监测提供了全新的技术手段。基于遥感数据提供的地表物理信息，选取水体的典型波谱特征进行信息提取并成图，从而监测某个时期地表水体的时空变化，在水资源管理及生态安全评估中得到了广泛的应用。尤其在环境恶劣的偏远山区，由于人类无法涉足，遥感技术已成为监测该区域地表水体变化的唯一手段。总体而言，水体变化监测所用的遥感数据源主要有微波雷达与光学遥感两大类。微波雷达，其长波辐射可以穿透云层和植被的覆盖，不易受气象条件的限制且具有全天候工作的能力。光学遥感，以其较高的时空分辨率与数据可获得性，在水体动态监测中得到了广泛的应用。近年来，随着各种卫星传感器的发射升空，遥感数据源越来越多，且一些数据已经对用户免费开放，如 Landsat、MODIS、Sentinel 等。目前，水体提取的算法主要有两大类，即传统算法（水体指数与阈值法等）和机器学习分类算法（随机森林等）。不同的算法有着不同的水体信息提取精度，同一算法基于不同数据的水体提取精度也不同，故各类算法与数据的组合产生了精度各不相同的水体提取方法。

10.1　水体信息提取基础理论

利用遥感数据进行水体信息提取的数据源主要包含雷达遥感数据、光学遥感数据以及两者结合数据。然后，对不同的数据源采用不同的分析方法，进而完成水体信息的提取。

10.1.1　基于雷达遥感数据的提取方法

基于雷达遥感数据的水体信息提取方法主要包括灰度阈值分割法、滤波法、机器学习法和结合辅助信息的提取方法等。灰度阈值分割法的原理是依据表面近似平滑的水体在 SAR 图像中散射值低、表现为暗区的特点，通过求解图像直方图的极值点来获取水体分割阈值，将图像中小于阈值部分标记为水体，大于阈值部分标记为背景，形成二值图。该方法的优点是速度快、原理简单、计算量小，适用于低噪声、图幅较小的 SAR 图像的水体提取。但是，当处理大面积图像时，该方法耗时长，精度和鲁棒性较差，同时由于受相干斑噪声和图像各处灰度信息不均匀的影响，难以获取准确的阈值点，大部分阈值确定需要通过人机交互实现。目前应用较多的灰度阈值分割法主要包括 Otsu 算法和熵阈值法等。李景刚等设计了改进的最大类间方差阈值法，分别进行洞庭湖区域枯水期和洪水期的水体提取，该方法相对简单，容易实现，提高了信息自动化提取水平。

SAR 的相干斑噪声是水体高精度提取的最大影响因素。针对相干斑噪声，研究者陆续发展了边界追踪法、Markov 分割法、滤波法和 Snake 模型等方法，其中滤波法应用最广。滤波法主要是基于小波变换、形态学滤波、Sigma 滤波和 Gamma 滤波等，通过结合不同的滤波算法和规则，可以较好地抑制 SAR 图像的斑点噪声，有很好的降斑效果。但是，基于小波变换和各种算法得到的水体边缘线不够连续光滑；形态学滤波由于形态结构元素的存在会引起边缘特征的误差，检测精度较低。Klemenjak 等结合形态学滤波和监督分类方法，自动选择训练样本，在两个不同研究地点应用 Terra SAR 图像提取河网，结果显示在不需要任何额外的用户输入前提下，该方法可以应用于不同的数据集（如多时间、多传感器和多极化数据集）。

随着 SAR 图像空间分辨率的提高，SAR 图像亮度范围更大，且纹理结构信息更加丰富。描述纹理特征的方法以灰度共生矩阵（GLCM）的应用最为广泛，基于灰度共生矩阵提取纹理特征，建立多维特征空间，通过样本采集，使用机器学习方法进行水体信息提取是目前水体信息提取应用较多的方法之一。将纹理灰度共生矩阵与图像中的灰度信息相结合，可以减弱 SAR 图像的斑点噪声，使分类结果的"椒盐"现象明显减少。但是，基于灰度共生矩阵提取纹理信息的计算量很大，灰度量化导致损失大量的纹理信息，纹理提取的窗口大小也需要不断调试；此外，获取样本的代价比较大，分类器的训练需要花费大量时间。Lü 等结合灰度共生矩阵与支持向量机（SVM）来提取水体目标区域，基于灰度信息和像元的空间分布信息来计算 4 个空间方向的 GLCM 纹理特征。与传统的阈值法相比，该方法能更好地区分水域和其他地形，但是由于 SAR 图像场景复杂，仅用一类特征很难准确描述水域和非水域之间的差异。

10.1.2 基于光学遥感数据的提取方法

采用光学遥感数据进行水体信息提取最初的方法是人工目视解译，该方法的优点是对地物提取精度高，但是时间效率低、成本高，不适于大区域的水体信息提取。随着提取方法的不断改进，通过加入一些规则、构建一些参数已实现了水体信息的自动分类提取。目前，应用最多的水体信息自动提取方法包括基于像元分类的阈值法和基于目标分类的分类法两种。阈值法更多地用在中、高分辨率影像上，主要是基于地物的光谱特征，利用光谱知识构建各种分类模型和水体指数来进行水体的提取；分类法更适用于高分辨率影像，综合影像的光谱、纹理和空间特征，充分利用地物的光谱、形状、结构和纹理等特征来提取水体信息。

10.1.3 雷达与光学遥感数据结合的提取方法

SAR 图像具有较低的空间分辨率和较多的噪声，但是在浅水和阴影区域可以提供有价值的信息；光学影像具有高空间分辨率和丰富的光谱信息，但是在水体识别时受云层和阴影的影响较大。一些研究者通过结合 SAR 和光学遥感影像，或者辅助 DEM 等信息，构建相应的模型来实现对水体的提取。Zeng 利用非监督分类方法先从光学影像中提取较粗尺度的水体，然后利用 SAR 的后向散射值对提取水体进行掩模细化，最后采用形态学滤波得到最终的水体。Irwin 等结合 SAR、光学遥感影像和机载激光雷达（LiDAR）数据，建立 3 个数据集的融合分类模型，采用多级决策树，通过最小化单个数据集的模型之间的差异实现水体的高精度提取。Hong 等结合 SAR、光学影像和 DEM 来提取水体，首先利用 ISODATA 算法从 Landsat TM 图像中生成土地覆盖图，然后利用土地覆盖图来确定水体分类时 SAR 影像的振幅和 DEM 地形信息的阈值，最后采用面向对象方法消除剩余噪声来提高水体信息提取的精度。

从理论上讲，水体的光谱特性，主要是透射入水的光与水中叶绿素、泥沙、黄色物质、水深、水体热特征相互作用的结果。一般地，0.41μm 处黄色物质有明显的吸收峰，因此 0.43～0.65μm 为测量水体叶绿素的最佳波段；0.58～0.68μm 对不同泥沙浓度出现峰值，所以近红外波段常被用来研究水中悬浮物浓度变化。对于大气纠正而言，特别是对大气气溶胶散射的纠正，一般避开水汽和臭氧选用 0.70～0.71μm 及 0.85～0.89μm 两个波段。

水体提取模型由影像原始波段或预处理得到的特征波段组合构建。通过对原始波段的修正、波段组合的缨帽变换（K－T 变换）、主成分分析、重采样、信息熵计算等方法，得到解译质量高的特征波段。水污染及水体富营养化研究的深入，一些学者从生物理化特性切入，结合色彩系统理化进行波段处理。

边缘是划分目标和背景的重要图像元素，也是图像分割的关键因素之一。直方图法根据水体与背景地物波谱曲线的峰值差异确定分割阈值，这种方法直观、操作简单，但主观性强。边缘划分方法利用分割算法搜索最优尺度，具有严谨的科学性和理论性，是较为常见的定量方法之一。利用边缘信息进行阈值选取，主要考虑梯度边缘像素划为目标像素或背景像素的问题，这一问题的研究最早应用于计算机图像处理。其基本思路为，首先利用抗噪性良好的形态学算法获得梯度图像并统计出梯度图像的直方图，依此计算出梯度的均值和标准差，以梯度值大于均值与标准差之和的梯度点作为大梯度边缘点，再以原始图像中的这些位置上像素的灰度级均值作为最终的分割阈值。基于这一思路，有学者设计 3×3 的搜索窗口，引入浮游藻类指数 FAI，对水陆交叉区域进行最优阈值获取。有学者通过计算每个像元分别与水体、非水体纯像元阈值的差值，绘制高误差与低误差百分偏差曲线，以曲线交叉点作为最优阈值，实现遥感影像上浅滩、潮汐带、湿地等区域阈值，实现遥感影像上浅滩、潮汐带、湿地等区域水体提取。事实上，最优阈值的获取过程是一个矛盾平衡的过程，由于优化算法是采用采样的方式进行最优值搜索，虽然能够加快寻优速度，但在优化算法的寻优机制或准则函数连续性不佳的情况下，可能存在经过多次迭代仍不能找到最优值的风险。这种情况下，优化算法是以允许一定的错误率来换取处理速度的提高。

因此在水域边界清晰区域，直观性强、操作方法简单的直方图法成为获取分割阈值的较好选择。对于复杂区域的多种水体提取，可采用“全局-局部”划分策略，先将图像按一定的规则进行划分，在这些划分的子图像中分别自动完成阈值分割和最优选择。

10.2 阈 值 法

阈值法也称模型分类法，是基于水体光谱特征曲线，选择合适的波段构建模型，进行水体提取的分类方法。包括单波段法和多波段法，多波段法又分为谱间关系法和水体指数法。阈值分类方法的核心是阈值选取的准则函数，其描述了该方法依据哪一种知识作为阈值选取的标准，包括信息量、灰度值、分类误差、相关性等。

10.2.1　单波段法

单波段法原理简单，主要利用水体和其他地物在近红外或中红外波段上光谱特征的差异来提取水体信息，阈值选取的准则直接决定了水体信息提取的准确性。在地物类型丰富、波段灰度值接近的影像上，单波段法具有一定的局限性。如今，单波段法已逐渐被多波段法取代，大部分研究是融合单波段法和多波段法协同提取水体信息。毕海芸采用 TM 影像，通过对比单波段法、多波段谱间关系法和水体指数法三种方法在武汉平坦地区和宜昌山地地区的水体信息提取效果，确定单波段法较适用于无地形起伏的平原地区，在地形起伏较大、阴影较多的山地地区并不适用。Frazier 等分别针对 TM4、TM5 和 TM7 波段采用阈值法进行澳大利亚 Wagga 湖的水体提取，结果表明 TM5 单波段阈值法的结果优于另外两个波段，但是仍不能提取细小水体。

10.2.2　多波段谱间关系法

多波段谱间关系法、比值法和差值法主要是利用地物在不同波段的光谱特征和光谱差异，通过构造光谱差异关系和水体信息提取模型将水体和其他地物最大化地区分开来。周成虎等基于 TM 影像，通过分析水体及其他地物的光谱特性曲线发现，只有水体具有灰度值 $TM2+TM3>TM4+TM5$ 的谱间特征，可以通过构建此特征来提取水体信息。汪金花等通过对唐山水体试验，认为水体具有 TM4 与 TM2 的比值小于 0.9 的特征，构建了谱间关系和比值模型 $(TM2+TM3)-(TM4+TM5)>0$ 且 $TM4/TM2<0.9$ 来提取水体信息。陈华芳等对香格里拉县区域分别利用差值法和阈值结合、多波段谱间关系法和阈值结合进行水体信息提取，结果表明多波段谱间关系法 $(TM2+TM3)-(TM4+TM5)$ 和阈值结合可以更好地去除山体阴影，但是阈值的确定需要多次试验。张明华和都金康等通过试验指出，多波段谱间关系法比较适合地形起伏较小的地区，因为阴影的影响，需要对多波段谱间关系法进行修正和补充才能使其更好地适用于山地区域。在地形复杂区域，特别是高山积雪和冰川活动及河流冲洪积物等较多区域，用多波段谱间关系法提取水体信息时，除阴影外，冰雪和冲洪积物等也对水体信息提取产生明显干扰。

10.2.3　水体指数法

水体指数法是基于水体光谱特征分析，选取与水体识别密切相关的波段，通过构建水体指数模型来分析水体与光谱值之间的关系，并给定相应的阈值，实现对水体信息的提取。目前多波段法中水体指数法的应用频次最高。考虑到单波段法波段单一，对地物类型丰富影像的信息提取有局限性，而多波段谱间关系法分析过程复杂、对背景信息抑制较差，McFeeters 根据归一化差异植被指数（NDVI）的构建原理，对应 TM 影像，利用绿波段和近红外波段构建了归一化差异水体指数（NDWI）。该指数可以最大限度地抑制植被信息，突出水体信息，但忽视了土壤、建筑和阴影的影响，可以有效地将水体与植被及山体阴影等信息区分开。然而不同的背景信息对水体提取精确性的影响不同，NDWI 不能很好地适合所有的现实状态。

单波段法主要利用水体在近红外或中红外波段强烈吸收的原理来识别水体信息，遥感影像水体研究初期，应用较为广泛。多波段法是综合遥感影像若干波段的光谱特征来识别水体的一种分类方法，包括多波段谱间关系法和水体指数法。多波段谱间关系法通过分析地物在遥感影像原始波段，或者原始波段转换得到的特征波段的光谱特征曲线，构建逻辑判断规则，来提取水体。相对于多波段谱间关系法，水体指数法应用频次最高。水体指数法通过比值运算得到特征指数，分析直方图以确定最佳阈值提取水体。Mcfeeters 考虑到多波段谱间关系法分析过程太复杂，且无法有效抑制背景信息，创建了归一化差异水体指数；有学者为了充分利用水体在红外波段的强吸收性，构建 NDWI3 模型。随着研究与应用的深入，学者们针对区域水系特点，提出了具有针对性的水体提取模型。如：有学者提出改进的归一化差异水体指数，用于城市区域水体提取；有学者提出增强型水体指数 EWI 用于半干旱地区的水系提取；有学者引入 B7 波段构建新型水体指数模型 NWI，进行水库、湖泊、网箱养殖区和海洋 4 种水体提取实验；有学者提出修订型归一化水体指数 RNDWI，用于消除山体、植被等阴影；有学者通过高斯转换，建立高斯归一化水体指数 GNDWI 用于河流水体提取；针对 MODIS 数据源，有学者提出 CIWI 水体提取模型。有学者为了提高水体提取模型的普适性，采集与分析新西兰、南非等全球区域的 312 个 TM 和 MODIS 水体样本，构建 AWEI 模型，实现多种水体快速提取。这些研究为后续学者快速选择合适的水体指数提供了借鉴与参考。以上基于各种水体指数方法提取水体信息时，都需要设定合适的阈值。对不同背景、不同研究主体，如何设定最优的阈值也是研究的热点。

总之，单波段法波段单一，水体信息量受限，随着多波段影像的发展，逐渐被多波段法所取代。图像分割方法方面，单波段法与水体指数法主要依据直方图统计结果，进行反复尝试确定最优分割阈值，而多波段谱间关系法不用确定分割阈值，因此更适合在光谱特征复杂的城市区域进行大尺度的快速水体提取。

10.3 分类器方法

对于中、高分辨率影像，单波段阈值法和多波段阈值法不适用于细小水体信息的提取，其原因是过渡区域是由混合像元组成的，单一阈值无法准确划分混淆的地物。为了提高对细小水体的提取精度，需要采用更高分辨率影像进行水体信息的提取，然而水体指数大部分是基于中红外和短波红外波段构建的，高分辨率卫星影像一般只包含可见光和近红外波段，对水体指数的构建有一定的局限性。因此对于高分辨率影像，研究者们通过结合光谱、空间和纹理等特征构建了影像分类方法，进行更精细的水体信息提取。目前采用的分类器方法主要有 SVM 方法、决策树方法和面向对象方法，三者中以面向对象法应用最广。

10.3.1 支持向量机方法（SVM）

SVM 分类是一种建立在统计学习理论基础上的机器学习方法，它通过解算最优化问题，在高维特征空间中寻找最优分类超平面，从而解决复杂数据的分类问题，并在高光谱影像分类中得到广泛应用。

SVM 性能的优劣主要取决于核函数类型选择和核函数参数设置，在核函数选择研究中，核校准是一个行之有效的方法。有学者通过对核矩阵的计算与人脸识别研究，认为识别率最高、性能最好的是径向基核函数，其次是多项式核函数，最差的是S形核函数。有学者分别以平面点集分类、手写体汉字识别及双螺旋线识别为例，进行核函数特性分析，得到无论是低维、高维、小样本、大样本等情况，径向基核函数均适用，且具有较宽的收敛域，是较为理想的分类函数。有学者对比多波段影像和多转子影像数据，运用SVM和逐步回归分析对美国佛罗里达地区的HLB被感染树木进行分类，得到$\sigma=1.3$时，径向基函数的分类准确性要高于线性判别函数和二次判别函数。关于径向基核函数的优化，多聚焦于两个主要参数惩罚因子C和核参数γ的研究上。有学者以鄱阳湖GF-1影像为数据源，分别采用NDWI、SVM和面向对象方法进行对比研究，认为SVM方法精度最高，且对区域复杂度的敏感性最低，适合于多种尺度和类型的水体提取。由于SVM自动寻找类间支持向量的能力强，有效地解决了中低影像混合像元问题。因此，许多学者在进行初始对象提取后，采用SVM方法更进一步地分类，特别是地物变化检测方面。有学者认为SVM分类精度在数字航空图上的表现要优于多波段影像，并以黑海东南部绿色走廊区域为例，监测景观覆盖变化情况。此外，由于SVM的良好空间维属性，在时空三维目标特征分析方面优势明显，有学者基于SVM构建的单时相迭代分类算法ICM，可以实现分类和变化信息同时提取的目的。

10.3.2　决策树方法

决策树分类是一种基于空间数据挖掘和知识发现的分类方法，由决策树学习和决策树分类两个过程构成，其算法的关键是分类属性的选择，最著名的算法是ID3系列，包括ID3、C4.5、C5.0三个版本。决策树算法的粒度属性和学习属性，以及算法的大数据快速归纳划分属性，非常适合于遥感图像分类需求。有学者利用Landsat 5 TM影像和C4.5算法建立决策树用于汉江上游的水域、水田及湿地等地类的提取，用户精度分别达到73%、83%和77%。有学者以青藏高原上的龙羊峡库区为研究区，采用ZY-102C星图像，进行NDVI、NDWI和决策树方法的对比研究，得出决策树方法虽然受山体阴影等地形影响较大，但是能有效消除冰雪和薄云等气候环境的干扰。决策树方法不需要数据集正态分布的假设，可以重复利用GIS数据库中的多源信息，分类规则结构简单、直观、容易理解，也便于后期判断和修正，有效地抑制训练样本噪声和解决影像数据属性缺失问题，特别是引入数据挖掘算法构建最优组合的研究，使决策树方法具有更高的分类精度和适应能力。近年来，有一些学者提出随机森林分类法，认为其比决策树方法更加稳健，泛化性能更加良好，其实质仍可以理解为决策树分类思想的改进。

采用决策树方法进行图像分类时，结点个数的控制及数据源特征值的确定对分类结果的精度有很大影响，通常情况下，随着结点个数的增加，精度趋于稳定，变化不大，但过多的结点个数，会造成低的分类效果，结点个数与类别数目基本一致较为合适，关于影像数据的特征分割值，一般依据特征波段的光谱特征手动确定或自动获取。

10.3.3　面向对象方法

实验表明在可见光—近红外范围内，平静水面仅有体反射辐射部分能量进入遥感器，而粗糙波浪水面有表面反射和体反射两部分能量进入遥感器，证明水体的光谱特性与水面粗糙度或纹理有关。高分影像的出现，使得水体提取可以兼顾水面纹理信息，改变了基于单个像元分类的局面，促使基于目标分类的出现与完善。面向对象方法通过对影像的分割，使同质像元组成大小不同的对象，从而实现较高层次的遥感图像分类和目标地物提取。面向对象方法对纹理特征的把握主要是分割对象内部同质性以及与相邻对象的良好异质性。该思想的量化方法为：利用对象内部的标准差来表示对象内部的同质性，用空间相关性来表示相邻对象之间的异质性，使得内部同质性和对象之间的异质性达到最好的综合效果。多尺度分割算法是现今面向对象软件常用方法。但是该方法没有评价指标用于衡量最优程度，有学者提出以分割后影像区域对象矢量边界线与分类对象真实矢量边界的吻合程度为标准，进行最优分割尺度选择。有学者通过调节同质性指数和异质性指数的权重因子，得到改进的多波段模型计算最优分割尺度法，并以南京市 IKONOS 影像进行最优分割尺度试验。采用面向对象方法分类时，集于影像上多种属性特征的结合能够有效提高某些类别的分类精度，但不一定能提高区域分类总体精度。这是因为过高的分辨率使得类别内部的光谱可变性增大，从而导致总体分类精度的降低。因此，面向对象方法常通过与 SVM 法结合使用，从而达到提高影像分类精度的目的。

10.4 自 动 化 法

事实上，阈值法、分类器法在背景地物简单，水体物化构成相对一致的大面积水域、河湖已初步实现快速自动提取；然而现实中，多数水体受泥沙、悬浮物、冰冻、深度的影响不同，无法进行阈值法和分类器法的自动提取。“全局-局部”提取思路，很好地解决了这一问题。实现“全局-局部”分类思路的典型应用是借助于 ArcGIS 水文分析模块生成水系图，利用空间分析缓冲区工具在河道两侧进行缓冲扩张，形成河流提取目标区域，进行水体提取。结合径流、漫流模型生成的水系图，一方面较为准确地锁定了河道（特别是城区细小河道、山区细小河道）位置，降低水体信息提取过程中大环境背景信息的干扰；另一方面，可以修补由于误提、漏提所导致的河流断流，形成一个相对完整的河网。具体提取算法基于分步迭代思想，如图 10.1 所示。有学者采用“全局-局部”思路结合高斯归一化水体指数 GNDWI 进行巴尔喀什湖地区和长江中下游地区的水体提取，生产精度分别达到 97.8%和 95.9%。有学者通过引入视光注意模型和水平集分割算法进行初始对象的提取，接着采用改进的形状曲线算法进行迭代分割，最后用 SVM 分类方法进行水体变化检测，借助 GIS 技术整合了初始水体提取、迭代分割、变化检测三个模块，实现了水体提取过程的自动化。

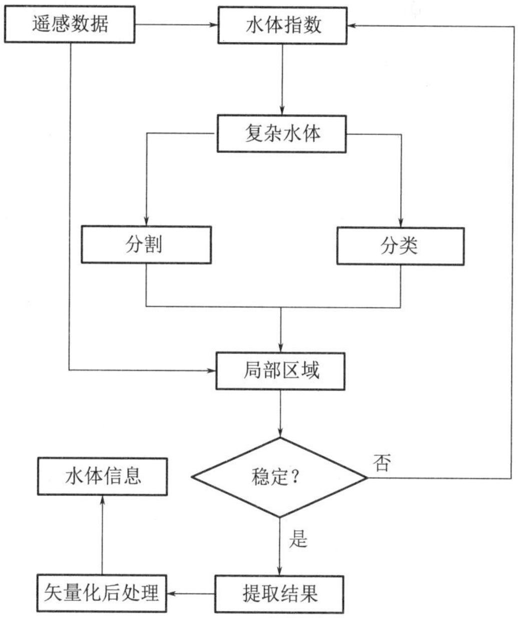

图 10.1 水体提取流程

10.5 研究展望

采用遥感数据提取水体信息已有很多方法，例如基于雷达遥感数据的灰度阈值分割法、滤波法和SVM方法等，以及基于光学遥感数据的阈值法和分类法等。这些研究虽然取得了一些进展，但仍有许多不足，面临许多挑战。传统方法要求必须有一定的先验知识，需要从研究区域选择一定的训练样本。近年来，基于影像的水体提取逐渐向机器学习和深度学习方向发展，也有学者做了一些尝试。如何充分利用高分辨率遥感图像的多波段、高空间和高时间分辨率特性，采用深度学习方法对遥感图像的多维向量空间进行数据挖掘，进一步提高水体提取精度还需要更多研究。

对雷达数据的水体信息提取方法中，大多数方法是针对大面积应用的中低分辨率图像开发的，对于高分辨率图像和要求非常准确的水体提取并不适用。城区的沥青路面、山体和城市阴影等由于灰度等级与水体的灰度等级近似或者完全相同，导致水体提取精度严重下降，是影响水体提取精度的主要障碍。由于水体混合光谱响应和下垫面反照率的影响，对浅水的探测也是一个难点，浅水像元的丢失增加了信息提取的误差。同时大多数研究是基于给定的研究区域采用不同的算法，算法的可移植性非常差。目前，已经有部分研究者通过结合雷达和光学遥感数据来提取水体参数，提高了提取结果的精度。充分融合雷达、DEM和光学遥感数据等多源遥感数据源，综合阈值法、面向对象和深度学习、人工智能等新技术，充分利用光学和雷达遥感的光谱、空间、时间等多维大数据信息，进行复杂地形区域水体信息的提取将是接下来研究的一个重点。

传统的水体指数法、多波段谱间关系法大部分是基于包含中红外、短波红外波段的中分辨率遥感影像构建的，在对湖泊和河流干流等较大水体的提取上有比较好的效果，但是对山区、细小水体的提取效果不是很理想，主要是因为山区地形阴影与水体光谱比较接近，造成水体和阴影混淆，无法分离。除阴影外，冰雪和冲洪积物等也对水体信息提取产生干扰。一些高分辨率遥感影像由于不包含中红外和短波红外波段，而导致无法构建一些水体指数和多波段谱间关系。目前，对于高分辨率遥感影像的水体信息提取，更多的是采用SVM方法、决策树方法和面向对象方法等，综合了光谱、形状和纹理等影像信息。SVM方法提取精度较高，但是提取速度受样本选择的影响较大；决策树方法受冰雪和薄云影响不大，但是受山体阴影影响较大；面向对象方法受分割阈值和分类准则的影响较大，经验性较强。遥感图像包含丰富的纹理、光谱和空间特征，如何对这些特征进行多角度充分利用，并结合机器学习和深度学习的训练模型来提高水体提取精度，将是接下来的研究热点。

水体的反射主要集中在可见光波段，尤其是蓝绿波段。在可见光波段内，水体的波谱特性非常复杂，其反射率主要取决于水面、水中物质和水体底部物质的反射。不同流域环境下，线性河流水体内的悬浮物含量不同、冰冻条件不同、地表背景不同、河流丰水期和枯水期泥沙含量不同，上、下游河流水体的光谱差异比较大。对于一些细小河流，在中高分辨率影像中，当河流宽度小于像元宽度时，河流在遥感影像上表现为混合像元，相对于背景光谱信息，河流光谱信息显得较弱，很难提取到河流宽度。在河流拐弯、淤塞或者阴影处，因为难以识别容易出现间断，尤其是一些季节性干涸河道根本无法有效识别。因而水体本身性质与水中物质类型及含量对水体提取都有影响。如何充分融合中高分辨率多源遥感影像、充分耦合影像的图谱信息，结合水文模型和泥沙模型，减少水体本身性质和水中物质的影响，提升细小水体的提取精度是未来的研究方向之一。

对于面状水体的自动化提取方法研究较多，整体精度也比较高，但是对于线状河流，尤其是河流支流，自动化提取方法较少。河流断续情况比较严重，已有方法多是针对特定的地区和地形条件，普适性较差，提取过程人工干预较多，尽管提高了解译精度，但是数据计算量大、效率较低，不适于应急处理。如何通过结合各种水体提取和形态学滤波等方法进行线性水体的连续自动化提取是接下来要思考的重点问题。

不同卫星的重访周期、分辨率和覆盖能力不同。中低和中高分辨率影像的现势性和覆盖范围较大，并且大部分可以免费获取。例如：Landsat 和 Sentinel2 系列卫星数据不仅可以免费获取，同时可以基于 Google Earth Engine 平台进行批量处理和信息提取，大大减少了数据预处理时间。但是这些数据对于混合像元问题、细小水体提取有一定的局限性。高分辨率影像的现势性和覆盖范围较差，大部分需要付费购买，尽管提取精度较高，但是数据预处理工作量大，对于大范围水体信息提取具有一定的局限性。除此之外，对于高山复杂地形地区，由于天气多变，云、雨、冰雪和地形下垫面对遥感影像的质量影响较大，增大了短期内获取高质量影像数据的难度。SAR 遥感提供了全天时、全天候的数据，但是对于高山复杂地区，阴影对 SAR 数据的影响巨大，无法进行水体的精确提取，同时植被和冰雪的影响也较大。因此需要加强对不同时空分辨率遥感影像的拼接和融合处理。

基于卫星遥感技术的各种水体信息提取的结果精度至关重要，但在无人区和高山复杂区，对卫星遥感提取结果进行精确和全面的验证仍然非常困难。如何结合现有的多源高分遥感数据、水文信息、气象、土壤和植被等多时空尺度的大数据信息，根据不同地质构造、不同地形环境等采用机器学习、深度学习等方法构建普适性模型，并推广到无人区大范围同类型的水体信息提取中将是未来研究的一个必然发展趋势。

如何全面比较分析这些分类算法的提取精度，在国际上也并没有统一的标准。通常以人工解译的水体作为真值，从漏提率、误提率、提取精度、水体与城镇的区分度评价提取结果的准确程度。另外，像 ENVI、ERDAS 等专业遥感应用软件，采用混淆矩阵报表进行精度评价，包含总体分类精度、Kappa 系数、制图精度、用户精度、错分误差和漏分误差等参数。这些方法仅能获得产品的相对精度，无法获得分类绝对精度，且各评价指标算法不同，理论基础不同，各有其适用范围，并没有形成统一的评价标准，不利于模型之间的对比，也势必影响模型的推广应用。制定统一的评价标准，规范数据质量评价体系，将是遥感技术水体信息提取从实验走向实用，从区域应用到全球范围应用的标志。

10.6 典 型 案 例

10.6.1 研究区域概况

研究区域位于黑龙江省同江市，地理坐标为：132°47′～133°9′E，47°53′～48°10′N。南与富锦市、饶河县为邻，西临松花江与绥滨县相连，北隔黑龙江与俄罗斯犹太自治州相望。属于大陆性季风气候，四季差别明显。年平均气温 2.9℃，最冷月（1 月）平均气温为−20.0℃，极端最低气温−40.8℃。年平均无霜期 142 天，年平均降水量 532.7mm，地形属古老冲积沉降的沼泽平原，同时有外兴安岭零星余脉形成的少量山地，地势为西南高、东北低，平均海拔 45～65m，土壤多属黑土、草甸土和白浆土，土地平坦，土质肥沃，适宜各种农作物种植。

10.6.2 研究方法

1. 遥感数据预处理

本实验中所用 GF-2 卫星影像的成像时间为 2015 年 9 月，数据包含优于 1m 分辨率的全色影像，4m 分辨率多光谱影像，成像质量良好且云量相对较少。在遥感软件 ENVI 5.3 的支持下，借助研究区 ASTER DEM（分辨率为 30m）数据，基于 RPC 信息分别完成多光谱和全色数据的正射校正处理，其次根据辐射定标系数及公式，将完成卫星图像 DN 值转换为辐亮度图像，利用 FLAASH 进行大气校正处理。

2. 水体指数法

（1）归一化差分水体指数法（NDWI）。McFeeters 利用 TM 影像近红外波段与绿波段水体信息具有较强的吸收和反射特性差异，建立的水体信息提取的指数方法，即

$$NDWI=\frac{TM_2-TM_4}{TM_2+TM_4} \tag{10.1}$$

式中：TM_2 和 TM_4 分别为 TM 影像第 2 和第 4 波段像元灰度值。本实验基于归一化差值水体指数法，利用 GF-2 卫星影像 B2（绿波段）和 B4（近红外波段）波段完成水体信息定量提取。

（2）改进阴影水体指数模型（MSWI）。根据水体信息在 GF-2 遥感数据 4 个波段中的光谱特性，采用改进阴影水体指数模型（MSWI），完成研究区水体信息的定量提取。

$$MSWI=(B_1-B_4)/B_4\begin{cases}<N\ （阴影）\\ \geqslant N\ （水体）\end{cases} \tag{10.2}$$

式中：B_1 和 B_4 分别为遥感影像所对应波段；N 为根据实验区水体信息判断的经验性阈值。

3. 支持向量机方法（SVM）

SVM 方法是一种新型的数据挖掘方法，广泛地应用于模式识别和机器学习，具有小样本学习、抗噪声性能、学习效率高、推广性好等优点，被广泛应用于遥感分类处理。但在 GF-2 高空间分辨率影像分类中的研究还相对较少。基于此，本实验采用径向基核函数及对应默认参数支持向量机分类法，完成研究区 GF-2 影像水体信息的定量提取。

4. 面向对象方法（OOM）

OOM 方法是在综合考虑了影像光谱特征、纹理特征和空间特征的基础上，基于由若干同质性像元组成的“对象”为处理单元，通过影像分割等技术完成对像单元的处理，最终实现以影像单元为对象形式目标信息的获取。在很大程度上解决基于像元方法难以克服的光谱混淆、混合像元和分类的“椒盐效应”等问题。基于此，基于 ENVI EX 软件 Feature Extraction 平台，应用面向对象方法完成 GF-2 影像水体信息的定量提取。

10.6.3 结果分析与验证

1. 水体提取结果分析

4 种方法的水体信息提取如图 10.2 所示。由图 10.2 可知，4 种方法都很好地提取了

界河水体信息的主要轮廓，但都需一定的人工目视判读与阈值设定干预，且在局部细小水体信息提取存在一定的差异性。同时分析 4 种水体信息提取方法可以得出：NDWI 方法能较好地提取水体信息，能够实现完整大块水体的提取，且提取水体边界较为清晰准确，并能保证河流水体信息的完整性，但在建筑区、裸地和阴影区等光谱特性与水体相近的区域误提现象较严重，提取出的水体信息中常混入诸多干扰信息，无法将这些干扰信息剔除，错分显现较为明显。影像分辨率越高，水体信息的误提现象越明显。在一定程度上表明该方法适宜于中等尺度的遥感影像。MSWI 结合单波段方法在提取水体信息过程中，能够有效避免其他地物的干扰，对大块水体的连续性和完整性提取较好，但在细小河流、浅滩及裸地周围出现不连续性，在建筑区、裸地和阴影区也存在一定误提现象。虽然该方法在一定程度上对阴影进行了去除，但提取的结果中仍然混有干扰因素，表明阴影对象与水体对象的各项指标的值域都很接近，但误提精度要远低于 NDWI 方法。SVM 方法是建立在影像像元层次的图像分类，水体信息提取主要是根据样本进行选择的，该分类结果能够很好地区分水体和其他地物信息，能够保证水体信息完整性，但 SVM 的分类方法主要是依据影像的光谱特征，分类结果受到光谱影响特别严重，在细小河流、小池塘、裸地和阴影区域会出现部分漏提和误提，阴影和建筑区的影响相对较小。对于 OOM 方法而言，多尺度分割使像元内部保持了最大同质性，对象之间保持了最大异质性，从而避免了“椒盐”现象，可很好地区分出水体及其他地物信息，虽然提取水体信息边界平滑且相对完整，且真实反映水体的实际地理空间分布，但是出现了一定程度漏分和河流断线现象。

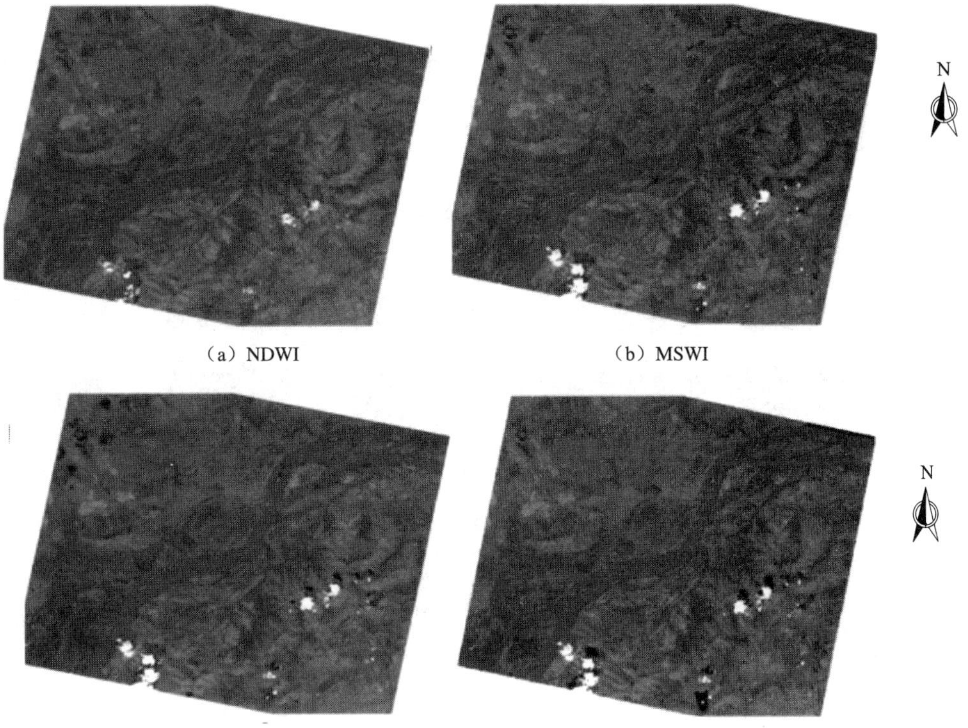

（a）NDWI　　（b）MSWI

（c）SVM　　（d）OOM

图 10.2　4 种方法的水体信息提取

2. 具体细节对比

为了客观地评价 4 种方法对水系提取细节的优势与不足，选择了未利用地（矿区废弃地）、水系、建筑用地和阴影 4 种类型，具体结果见表 10.1。对于未利用地而言，NDWI 方法误提最严重，几乎整个矿区都被误提水体信息；MSWI 的方法次之，只有少部分的未利用地被提取为水体信息；SVM 方法误提现象不明显，只有极少部分被提取为水体信息，误提情况可以忽略，且水体提取结果的质量相对较好；OOM 方法误提现象最不明显，误提率最低，提取结果最接近实际的地物。对于细小河流而言，NDWI 和 MSWI 法所提取水体信息的连续性和完整性相对较好，NDWI 方法所提取细小河流信息的完整性最好，但其误提率相对较高；SVM 方法和 OOM 方法所提取细小河流完整性相对较差，局部信息没有提取出来，出现了漏提现象，SVM 方法可能与样本的选择有关，OOM 方法可能与尺度分割有一定关系，这两种方法都使河流出现断线现象，细小河流的连续性相对较差，但这两种方法提取结果最接近真实水体的分布。对于建筑区域而言，NDWI 方法提取的水系误提状况最严重，几乎整个建筑区都被误提为水系，MSWI 方法次之，少量的建筑区被误提为水系；SVM 和 OOM 方法的误提情况相对较好，SVM 方法只出现少量的误提点，而 OOM 方法误提情况最好，只有极少量建筑物的阴影被误提，其误提情况可以忽略。对于阴影区域而言，都存在误提现象，NDWI 方法几乎将阴影都误提为水体信息，将阴影误提为水系的情况最严重，误提现象非常明显；OOM 方法的误提情况最好，基本上只有少量的阴影被误提。

表 10.1　　水体提取具体细节结果对比

未利用地	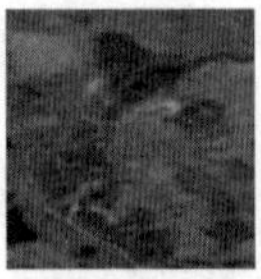	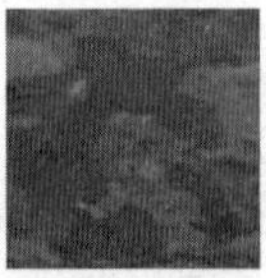	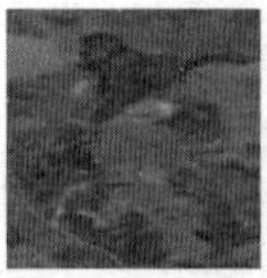	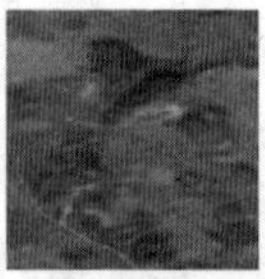	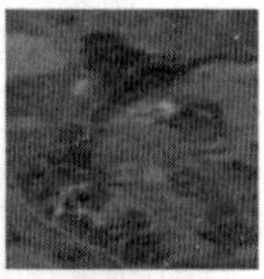
水系（细小河流）	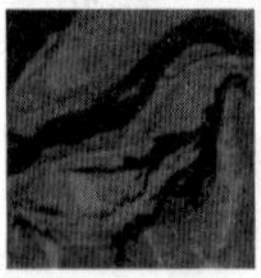	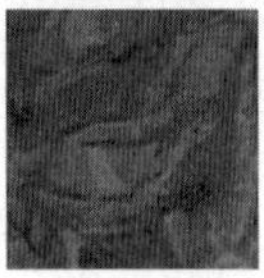	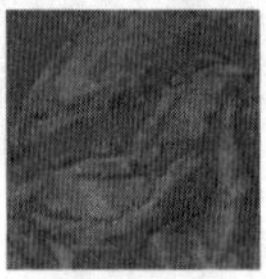	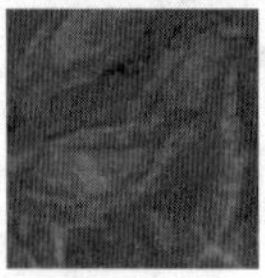	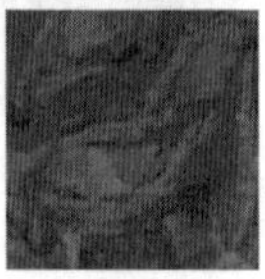
建筑用地	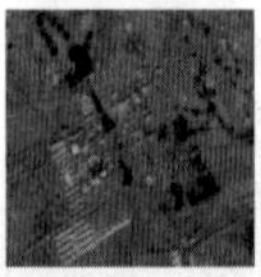				
阴影	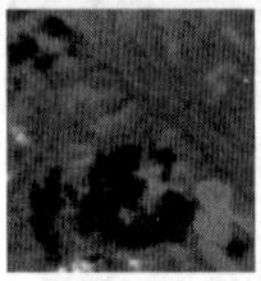	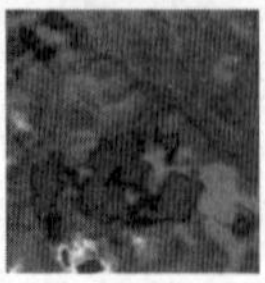	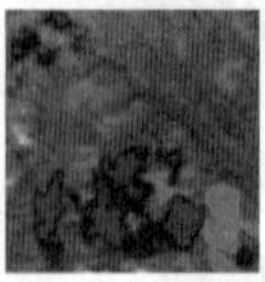	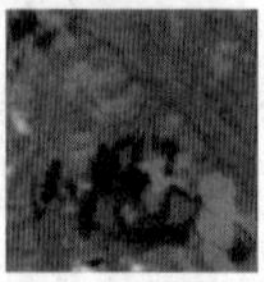	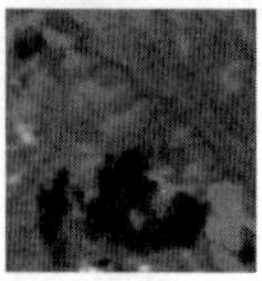

3. 水体提取精度验证

为了检验水体信息提取的精度，本实验选用 Gram - Schmidt 方法完成 GF - 2 数据的融合处理，生成 0.8m 的高分辨率遥感图像，结合野外采集水体样本和非水体信息，并将样本数据导入融合图像中，以此作为检验样本。基于混淆矩阵方法完成NDWI方法、MSWI方法、SVM方法和OOM方法所提取水体信息结果的精度检验，并以此计算总体精度和Kappa系数（表10.2）。由表10.2可见，SVM方法水体信息提取的总体精度最高，为94.68%，其次是OOM方法，为93.57%，而NDWI方法最低，为89.35%。同时SVM方法分别高出OOM方法、MSWI方法和NDWI方法1.11%、2.12%和5.33%，且OOM方法、SVM方法和MSWI方法的总体精度都在90%以上，说明三种方法关于水体的提取具有一定的优势。此外，OOM方法、SVM方法和MSWI方法的Kappa系数均在0.8以上，而NDWI方法的Kappa系数为0.78，SVM方法的Kappa系数最大，为0.87。可见，SVM方法的总体精度和Kappa系数最高，而NDWI方法的总体精度和Kappa系数最低，水体信息与阴影、建筑物和未利用地等方面的混淆现象比较严重，源于在高分辨率遥感影像中，由于高层房屋建筑、桥梁、山体等不同地表覆盖类型的阴影现象较普遍，提取出水体信息中常混入这些阴影等干扰信息。OOM方法的分类方法对高分辨率遥感影像处理时，是把若干同类像元组成处理的对象单元，除了依据地物的光谱信息外，更多的是依据影像地物的几何形状、纹理和空间关系等更多的细节信息，受阴影等外界干扰因素方面，水体信息在误提率方面具有较为明显的优势。

表10.2　　不同方法提取水体信息的精度验证

提取方法	NDWI	MSWI	SVM	OOM
总体精度/%	89.35	92.56	94.68	93.57
Kappa系数	0.78	0.82	0.87	0.85

综上所述，NDWI方法虽然可以快速完成水体信息提取，但受光谱影响比较大，误提现象非常明显，容易把建筑区、阴影和未利用地等地物提取为水体，适应用于无阴影和城区影像的简单水体提取，在一定程度上可实现水体信息提取的自动化。在对精度要求较高且水体分布较复杂的情况，该方法不建议选择，且不适用高分辨率遥感影像水体信息提取，在一定程度上表明基于像元光谱统计的分类技术已经不能满足高分辨率遥感影像信息提取的要求；MSWI方法是在NDWI方法研究基础上，进行改进而提出的，水体提取精度高于NDWI方法，提取速度较快水体信息也相对较为完整，水体信息符合实际地理分布，但是也存在误提现象，容易把建筑区和阴影误提为水体信息，在精度要求不高的水体监测与应急监测情况下，可以使用该方法；SVM方法提取精度最高，对水体尺度和复杂度都有较好的适应性，同时该方法的提取速度与样本的选择有关，且受区域水体的复杂程度和人为影响较大，存在把少量的阴影提取为水体信息的误提现象，同时还有漏提和“椒盐”现象，但可以高精度快速地提取水体信息，应用于GF-2数据的水体监测与应急监测；OOM方法提取精度相对较高，提取出来的水体信息边界比较平滑，但在水体信息提取过程中，要面临尺度分割和地物选择过程，受其他地物影响相对较少，提取的水体信息符合实际的地理分布，能够满足高分辨率遥感影像信息提取的要求，但人工干预较多，耗时长且效率相对较低，虽然无“椒盐”现象，但存在少量细小河流断线及不连续现象，存在一定的漏分现象，在应急处理时不宜选用，今后可以充分利用GF-2影像的光谱和空间信息，重点研究基于全色影像的水体提取。

10.6.4　结论与讨论

本实验以中俄界河的部分区域为研究对象，以 GF-2 卫星遥感影像为主要数据源，基于 NDWI、MSWI、SVM 和 OOM 获取研究区的水体信息，以其为界河水资源防洪减灾、应急监测和评估调查提供一定科学依据。研究结果表明：

SVM 方法总体精度和 Kappa 系数最高，而 NDWI 方法正好相反，NDWI 方法误提现象非常明显，容易把建筑区、阴影和未利用地等地物提取为水体，但是该方法提取的速度相对较快。SVM 方法分别高出 OOM 方法、MSWI 方法和 NDWI 方法 1.11%、2.12%和 5.33%，SVM 方法、OOM 方法和 MSWI 方法的总体精度都在 90%以上，其 Kappa 系数均在 0.8 以上。NDWI 方法和 MSWI 方法的连续性和完整性较好，SVM 方法和 OOM 方法相对较差；NDWI 方法和 MSWI 方法阴影误提率较高，而 SVM 方法与 OOM 方法则相对较低。

SVM 方法能够应用到多种尺度和类型的水体提取中，可以高精度快速地提取水体信息，能满足水体监测与应急监测的需求，但也存在误提、漏提和“椒盐”现象；OOM 方法提取精度相对较高，但在水体提取过程中面临尺度分割和地物选择过程，受人工干预较多，耗时长且效率相对较低，存在一定漏分现象和极少量的误提现象；MSWI 方法提取的水体具有较高的精度，且提取速度相对较快，能够应用于精度要求相对不高的水体监测与应急监测情况，能够实现水体的自动化提取，但存在误提现象；NDWI 方法的误提现象非常明显，源于该方法受光谱特性影响较大，不适用高分辨率遥感影像的水体信息提取。

所采用的 4 种方法均能对实验的 GF-2 遥感影像较准确地提取水体信息，但在水体信息的提取过程中，都存在着人工干预，且选用指数法的阈值选取的准确性需要进一步得到验证。NDWI、MSWI 和 SVM 方法都受地物的阴影影响，如何借助地形因素消除阴影和建筑区对水体信息提取的影响是今后的研究重点。此外，应探索并提出基于 GF-2 影像的水体信息提取的新方法，使 GF-2 数据在水资源监测和评价研究等方面具有更广阔的应用空间。

第11章 水 质 监 测

水环境通常是指围绕人群空间及可直接或间接影响人类生活和发展的水体，是正常功能的各种自然因素和有关社会因素的总体，以及影响其正常功能的各种自然因素和有关社会因素的总体。根据《环境科学大辞典》，水环境是地球上分布的各种水体以及与其密切相连的诸环境要素如河床、海岸、植被、土壤等。也有学者认为，水环境具有狭义和广义两种含义，其中狭义的水环境主要指水的质量，广义的水环境指以水体为中心的周围及空间中存在的事物。需要注意的是，由于水体的流域循环特征，水环境一般是以流域为单位出现的。事实上，流域的植被和土地利用状况，土壤保水能力，城市和农村的取水、水处理与退水过程，航运与渔业养殖，以及河道的生态，都对水环境具有重要影响。自古以来，人类就依水而居，择水而憩，流域水环境与人类关系密切，对于人类的生存和发展至关重要。一方面，水体受人类活动直接影响，过多的人口压力和不加收敛的利用，给流域水环境带来巨大压力；另一方面，水体作为地球上的一种自然单元，同时承受着全球变暖和气候变化的影响。在双重压力下，流域水环境正发生着显著的变化；这些变化反过来又影响着人类和自然。这些变化，首先需要掌握，才能理解，乃至管控。卫星遥感具备的大范围、周期性等特点以及积累的长时间序列数据，对于人们了解、掌握和管理流域水环境发挥着不可替代的作用，主要体现在三个方面：①监测现状，掌握现有情况；②追溯过去，揭示长时间变化规律；③预测未来，结合动力模型，通过设置不同情境，模拟未来水环境演变。事实上，自1957年人类发射第一颗人造卫星以来，卫星遥感技术已经取得巨大进步；特别是近10年，卫星传感器的空间分辨率、时间分辨率和光谱分辨率越来越高，使得可观测的参数越来越多，遥感反演和估算的精度大大提升，已经进入“高分时代”。卫星遥感将对人类生存所依赖的流域水环境进行全方位的监测，势必将发挥越来越大的作用。由此，本章围绕全球变暖和人类活动加剧背景下的流域水环境遥感主题，回顾了卫星数据源和遥感模型，富营养化湖泊藻类聚集、水生植被退化、湖泊面积变化等方面的研究进展和当前存在的问题，并展望了未来的发展方向。

11.1 水质遥感监测原理

叶绿素a（Chla）、悬浮物（SPM）与有色溶解性有机物（chromophoric dissolved organic matter，CDOM）是目前从水色测量可以探测到的光学特性显著的三大成分。叶绿素作为光合作用最重要的色素是浮游植物生物量的指示剂，是海洋生物链的基础。因此叶绿素a在水生态系统中扮演着关键的角色，其空间分布的改变与浓度的变化对整个湖泊生态系统产生重要的影响。

浮游植物是水环境的重要指标之一，是水体富营养状况的指示剂。当叶绿素浓度高时，往往伴随水华发生，水质恶化。悬浮物同样是决定水质的一个重要因子。悬浮物的存在减少了进入水体的光能量，影响了水生植被的生长，悬浮物还通过输送磷酸盐、铵盐、重金属与一些致命的细菌来影响水质。CDOM表示溶解性有机物（DOM）中光学性质活跃部分。内陆湖泊的CDOM浓度高时，伴随着大量的生物与化学过程。入射到水体的太阳光被水体物质（纯水、浮游植物色素、无机悬浮物与黄色物质）选择性吸收与散射。选择吸收一定波长范围的光，形成各自特征吸收光谱。在清洁水体中，反射光谱主要的光谱特性是浮游植物的主要色素——叶绿素a与黄色物质在短波区的吸收和纯水在长波区的吸收；水分子在短波区的散射与中波区的拉曼散射，以及叶绿素a在更长波段的荧光辐射。在内陆水体中，除这些因素外，反射光谱还受到颗粒物后向散射的显著影响；高浓度黄色物质的强吸收还导致短波区反射率大幅度减小。水体组分含量的差别造成一定波长范围反射率的显著不同，成为定量反演水体物质的物理基础。

水色遥感定义为卫星遥感信号可以通过严格的物理辐射传输方程解析的水色参数。实际上，不管是大洋一类清洁水体，还是海洋近岸、湖泊、河流等二类浑浊水体，除了纯水本身外，对于自然光有吸收和散射作用的主要有浮游植物色素、非色素颗粒物和有色溶解性有机物（CDOM）三种物质，一般统称为光学活性物质（optically active components，OACs）；其中CDOM是浮游藻类和动物等死亡后分解形成的产物，只有强吸收作用，没有散射。水色遥感的核心内容，是如何通过卫星遥感影像高精度获取水色要素参数浓度以及相关光学变量，从而满足湖泊和流域等水环境监测和预测预警等的现实需求。水色遥感的基本物理辐射传输方程可表达为

$$R_{rs}=\frac{L_w}{E_d(0^+)}=\frac{ft}{Qn^2}\frac{b_b}{a+b_b} \tag{11.1}$$

式中：R_{rs}为遥感反射率；L_w为离水辐亮度；$E_d(0^+)$为恰在水表面下行辐照度；f为与光照条件有关的参数；Q为光场分布参数；f/Q为太阳天顶角的弱函数，Gordon等采用$f/Q=0.0945$；n为水体折射系数，一般取1.34；t为水气界面的透过率，t/n^2一般取值为0.54。将常数项进行统一后，式（11.1）可进一步简化为

$$R_{rs}=\chi\frac{b_b}{a+b_b} \tag{11.2}$$

式中：χ为常数项，常取为0.051，但需要注意的是，不同水体的影响因素和影响方式会有所差别，常数项χ会有所不同。进一步地，b_b和a作为水体固有光学特性，可表示为各种水体组分贡献的线性和，即

$$\begin{aligned} b_b &= b_{bw}+\sum_{i=1}^{N}(b_b)_i \\ a &= a_w+\sum_{i=1}^{N}a_i \end{aligned} \tag{11.3}$$

$$(i=1,\cdots,N，N\text{为成分数})$$

式中：a为水体总吸收系数，主要受纯水（aw）、浮游植物色素（aph）、黄色物质（ag）、无机颗粒物（ad）的影响；b_b为水体总后向散射系数；b_{bw}是纯水后向散射系数，通常忽略黄色物质的影响。

水质遥感是在水色遥感基础上发展起来的。水质遥感涉及的参数可以简单分为两类。①直接相关参数：叶绿素 a（Chla）、藻蓝素（PC）、悬浮物（SPM）、无机悬浮物（SPIM）、溶解有机碳（DOC）和颗粒有机碳（POC）等，这些物质本身就是光学活性物质，或者属于其中的成分，对自然光具有吸收和散射作用。②间接相关参数：透明度、浊度、营养盐[总氮（TN）、总磷（TP）]、富营养化指数等，这类指标不是光学活性物质，但是受光学活性物质的影响或者对光学活性物质有影响。比如透明度、浊度和初级生产力受光学活性物质浓度及其吸收和散射的影响，而 TN、TP 对藻类生长影响很大，部分区域两者有一定函数关系；富营养化指数是通过叶绿素 a、透明度和 TN、TP 等直接计算的。简单来说，直接相关参数可以通过生物光学模型实现物理反演，而间接相关参数只能通过经验关系进行间接遥感估算。

水环境遥感包括的要素更多一些，除了水色、水质参数外，还涉及藻类、水生植被、水面面积和水量等参数。这几类参数遥感原理较为复杂，可分为几种：①和水色、水质遥感参数相关的。涉及藻类的多数是这种，由于藻类本身包含的大量色素就是光学活性物质，但是藻类生物量和色素的关系不稳定，在不同阶段多有变化，特别是不同的藻类；即使相同的藻类，比如蓝藻，由于其伪空泡的特性，在水体中上下浮动，生物量的估算就给传统水色遥感带来了很大的挑战。②利用不同于水体的光谱特性。涉及水华、黑水团、水生植被以及水体本身的提取，由于水华和水生植被在近红外波段信号高抬，显著不同于水体，因此可以提取；而黑水团相反，水体信号整体偏低，通过一定的波段组合也可以提取。③其他方面：水量遥感等。除了部分典型水体，如鄱阳湖，由于其典型的丰枯特性，可以利用传统光学数据通过不同水位下的水面面积反推地形得到水量外，更多是利用重力卫星如 GRACE 等来计算陆地水变化。

11.2 内陆水体光学特性的复杂性

内陆水体成分的复杂性与光学特性时空多变性等因素给内陆水质遥感带来了巨大的挑战，其中水体组分的独立性、特征光谱的相似性与水体组分信息的耦合性、水体光学特性的时空多变性是三大显著特点。

11.2.1 水体组分的独立性

水体组分的独立性是指水体光学活性物质具有不同的物质来源。大洋一类水体的光学特性由浮游植物色素所主导，悬浮颗粒物和 CDOM 与浮游植物之间具伴生关系。悬浮颗粒物与 CDOM 主要由浮游植物腐烂而成，两者属于内（同）源物质。而内陆水体中悬浮物并非主要是浮游植物分解后的有机与无机颗粒物，更大程度源于河流输送或浅水底部的泥沙在风浪驱动作用下的再悬浮，与浮游植物不具有直接的联系。同样，CDOM 很大程度来源于沿岸地表径流，属于外源物质，其与当地的浮游植物之间不存在共生关系，缺乏必然的联系。因此，内陆水体光学活性物质彼此独立变化，光学特性受几种物质独立影响，三大水色要素具有同等重要性，每一种水色因子又包含多种成分，如：对于叶绿素，不仅含有叶绿素 a，还含有叶绿素 b、类胡萝卜素等其他色素。因此在内陆水体中不能像在一类水体中那样用叶绿素的浓度来参数化悬浮物与 CDOM 的光谱特性，必须分别予以考虑，这给水体组分生物光学建模带来了巨大的困难。

11.2.2 特征光谱的相似性与水体组分信息的耦合性

不同水体组分的固有光学特性（inherent optical properties，IOP）在某些特征波段表现出很强的相似性。CDOM 与无机悬浮物的吸收光谱可用类似的负指数函数加以描述；叶绿素 a 与 CDOM 的吸收系数在 440～550nm 范围下降，这些现象可能导致不同浓度水体成分的组合呈现相似的光谱特征。在这种情况下，一方面使得水体组分反演可能会出现模棱两可的现象；另一方面限制了某些波段的有效利用，对遥感波段的选择提出了更高的要求。

目前，虽然通过实验手段对单个水质参数（叶绿素、悬浮物与黄色物质）的光谱特征认识比较清楚，但对它们之间的相互影响规律还不甚了解。研究表明，内陆水体总光学衰减系数不是由水分子及三种光学活性物质的衰减系数简单的线性相加，而是存在一些非线性叠加。对于高悬浮体含量的二类水体，如国内大部分内陆湖泊与黄东海大部分水域，叶绿素 a 对水体光学特性的贡献远低于悬浮物的贡献，作为强散射体的悬浮物主导了水体光学信号，可能会掩盖其他水体组分，尤其是叶绿素 a 的光学贡献，使得遥感反射率对叶绿素 a 的浓度失去应有的响应。因此为了有效提取叶绿素 a 的浓度信息，首先必须尽量抑制或完全消除悬浮物的影响。在叶绿素 a 浓度反演前应该预先评估水体悬浮物浓度，需要根据悬浮物含量的不同分别建立叶绿素 a 浓度的反演法，建立有效抑制（抗）悬浮物的叶绿素 a 提取算法。

由于内陆水体各组分具有不同的物源，所有组分的光学贡献不得不同时予以考虑。各组分光学性质相互影响，使得各组分浓度与遥感反射比之间呈现复杂的非线性关系，反射率的变化不能与任何物质直接相关，给生物光学模型的参数化带来了很大的困难。水体组分光学特性之间的耦合效应是今后内陆水体光学特性需要重点研究的内容之一。为此需要加强不同水质参数之间光谱相互影响规律的研究，可基于室内水体光学辐射传输模拟实验进行，并与可控条件下水体组分浓度配比实验进行对比与相互印证，建立相应的光谱响应库，为水质遥感监测奠定坚实的基础。

11.2.3 水体光学特性的时空多变性

尽管对内陆水体光学特性已经取得了一定的静态认识与区域性认识，但由于内陆水体物质组成存在多样性与时空多变性，如不同浮游植物的组成造成不同水域的叶绿素光谱响应规律存在显著差异；同样，悬浮物颗粒大小、颜色的不同造成不同类型悬浮物光谱特征也存在显著差异。因此，不同湖泊、不同季节浮游植物与悬浮物的组成及其光谱响应规律的研究尤为重要，需要通过大量的野外实验量化其响应关系。

海洋界在全球各大洋进行了广泛的航测实验，还布设了自动光学浮标，形成全球海洋观测网，积累了很多海洋光学数据，形成了 SeaBAM 数据集（http：//seabass. gsfc. nasa. gov/seabam/），为后续相关研究奠定了良好的数据基础。Bricaud 通过对大洋、近海与海湾的广泛测量发现，对于一个特定的海域与航次，水体固有光学特性通常都相差 1～2 个数量级，而不同区域单点则相差 2～4 个数量级，而内陆湖泊光学特性区域性与季节性差异更大，同一湖泊不同水域光学特性差异性也非常显著。这是导致机理模型与半分析模型应用于内陆水体的致命问题之一。国内过去由于缺乏固有光学特性测量仪器，难以获取相应数据，长期以来以经验方法反演为主。因此加强内陆水体固有光学特性数据的积累，建立典型水体状况的固有光学特性与波谱响应特征数据库，是水质遥感研究的当务之急。

一个很少考虑但更为复杂的问题是，多波段反演算法中不同的波段具有不同的穿透深度（或透视深度），即不同波段反映不同深度的水体物质信息。这样利用不同波段组合反演水体物质浓度具有固有的缺陷性，目前没有很好的解决方案。此外，叶绿素与悬浮泥沙浓度存在显著的垂直变化，即层化效应。水面光学遥感一般不能解决垂直异质性问题。许多情况下内陆水体存在水深浅且较清澈的水域，还需要考虑水底反射效应。光在水体中的衰减与波段有关，有些波段受水底反射的影响，有些波段则不受底部影响，受影响的波段其影响程度也有所差异。光学浅水底部的光学特性包括典型底质类型的反射率及二向反射特性，测量与建模是内陆水质遥感研究的重点内容之一。以上诸多因素都是内陆水体光学特性复杂性的体现。

11.2.4　大气校正的不确定性

大气校正是消除遥感图像在大气传输过程中所引起质量退化的一种图像处理方法。对于辐射定标后的遥感图像，还必须经过大气校正才能得到地表目标的真实信息。由于传感器在空中获取地表信息过程中，受到大气分子、气溶胶和云粒子等大气成分的吸收与散射影响，而大气中水汽和气溶胶含量具有很大的时空变化特性，其结果是使目标反射辐射能量被衰减，空间分布被改变，部分大气散射辐射进入传感器视场。对于水色遥感，水面反射光的强烈干扰往往会造成传感器饱和。因此，水质遥感大气校正包括大气光学厚度的计算、气溶胶光学厚度的光谱变化计算和大气水汽含量的计算以及水面反射光的校正等。

1. 气溶胶光学特性的复杂性

水体反射能量很低，属于典型的暗目标体，在陆地遥感中通常当作暗像元处理。水色卫星传感器上接收到的辐射能量中至少有80%是来自大气的干扰信息。水色遥感的困难就在于从大的背景噪声中有效地提取微弱的有用信息。如何准确地从遥感信号中剥离大气程辐射与水面反射光的贡献是水色遥感需要解决的关键问题。

大气校正是水色遥感的重点、难点与热点。高精度的大气校正是水色遥感反演的关键。典型的一类大气校正方法是假定离水辐亮度在近红外波段为零，而高浓度的散射成分可造成近红外波段的离水辐亮度信号明显大于零，从而造成气溶胶光学厚度估算过高，进而导致可见光波段大气校正过高。内陆水体在近红外波段反射信息为零假设不成立，使得大洋一类水体的常用大气校正方法与陆地遥感的常用大气校正方法在内陆水体应用中失效。因此内陆水体大气校正算法应区分大气和水体物质对传感器总信息贡献的解耦方法。

内陆水体大气校正还必须考虑水域上空不同类型气溶胶潜在的复杂混合。对于一类水体，海洋型气溶胶的成分主要是盐粒，为散射型，光学特性较为简单；内陆水体上空的气溶胶成分复杂，吸收型与散射型并存，导致难以有效地确定气溶胶光学厚度。此外，对于某些大型湖泊，如太湖，受湖泊周围下垫面地物的影响，气溶胶时空差异大，城市型气溶胶、乡村型气溶胶及混合型气溶胶并存。因此对整个太湖水域采用统一的气溶胶光学模型缺乏合理性，而分区域进行大气校正往往缺乏足够的实测数据支撑。气溶胶的贡献估算不准，导致内陆水体大气校正误差显著，进而给离水辐亮度的估算与水质参数反演带来了很大的不确定性。研究表明，一类水体大气校正算法在存在强吸收气溶胶时会失效，因此需要研究针对内陆水体的特殊的大气校正方法。

2. 水面反射光校正的不确定性

水面反射光的校正通常也属于广义大气校正的范畴。如前所述，为了精确分离离水辐亮度，需要在总辐射量中排除大气程辐射与水面反射光这些干扰因素的影响。水面反射光的消除是一个基础的但尚未解决的问题。水面是水色遥感一个重要的物理界面，对于水色遥感起着举足轻重的作用。光子在与水面相互作用时，发生反射与透射的物理过程中伴随着能量的重新分布，而水面反射的精确描述与测量受到大气辐射场、太阳天顶角、观测角、风浪、海浪泡沫、水体中所含物质的浓度、种类与海底等诸多因素的影响，所有这些因素都是时空多变的，给水色遥感的定量反演造成了很大的不确定性。水面反射光包括太阳耀光与天空耀光（即天空漫反射光）。对于太阳耀斑，目前主要采取“回避”与“剔除”策略。所谓“回避”，就是在传感器探测时尽可能回避存在严重太阳耀斑的区域。海洋水色卫星传感器一般具有调整倾角的能力，采取沿轨前后倾斜（0°～±20°）扫描的方法避开太阳耀斑。航空遥感则通过设计合理的飞行路线和选择合适的时间，控制传感器的视向来尽可能避开太阳耀斑。在水面光谱测量时，通常选择适当的观测几何以尽量避免在某一太阳方位角时太阳耀斑的干扰。所谓“剔除”，就是将遥感影像中受太阳耀斑污染严重的像素通过阈值法将其剔除，不参与后续的信息提取。但大量像素因太阳耀斑的污染而被剔除会造成很多数据空白区。

通过合适的观测几何可以避免水面太阳耀光的干扰，对于水面反射的天空漫射光，由于其来自整个上半球空间，通过调整观测几何是不可直接回避的。由于太阳位置、观测角度、风速和风向等多种因素影响气-水界面对天空漫射光的反射率，要建立精确的定量模型很困难，通常假设水面的漫反射率变化不大，通常根据经验在2.5%～3.5%之间范围取值。由于天空光与离水辐亮度的强度大致相当，因此如果天空光的贡献校正不准，会给离水辐亮度的估算带来很大的误差。最早与最简单的解决方法是假设在近红外波段大于750nm离水辐亮度为零，认为750～900nm的水体光谱信号就是大气程辐射与水面反射光的贡献。这个假设对于清洁水体是合理的，但在混浊的沿海与内陆水体近红外波段离水辐亮度并不为零。通常在水面光谱测量时，在光谱仪探头面向水体进行测量后，将探头在观测平面向上旋转一个角度，使得观测方向的天底角等于水面光谱测量时的天顶角，测量天空光的辐亮度，然后根据菲涅耳反射率计算水面漫射光的上行辐亮度，从而实现从总测量信号中将携带水体信息的离水辐射亮度与不带任何水体信息的水表面反射光进行分离。但是只有在晴天（碎云总云量要小于20%，观测方向不能有大块的亮云）或者全云覆盖（天空光分布均匀）天气情况下测量，才能得到较稳定的值，如果采用双通道光谱仪，可以同步测量水面与天空光，避免了测量过程中入射光随时间发生变化。如果能借助某种技术手段在传感器探测时将水面反射光剥离，就可以直接获取水色遥感的基本物理量——离水辐亮度，从而可以减少或完全消除水面反射光的估算不准给后续水质参数反演带来的不确定性。

水面反射光具有显著的偏振效应，当太阳光以气-水界面的布儒斯特角入射时，反射光为垂直线偏振光，可利用该特性减少水面反射光的干扰。近年利用偏振方法去除水面反射影响的研究也有报道，但该方法的实用性有待于进一步研究。

11.2.5 反演算法的复杂性

水质参数遥感反演是通过建立遥感观测值与水体物质浓度之间的定量关系，从而反求出各种物质的浓度。因此从本质上讲，水质遥感是一个参数估计问题。即从一组遥感测量光谱参数 $R=\{R_j,\ j=1,\ \cdots,\ J\}$ 估算另一组水体成分浓度参数 $C=\{C_i,\ i=1,\ \cdots,\ I\}$，这两组参数之间的函数关系可以表示为：$R=f(C)$，因此可以通过求该方程的反函数得到浓度参数 $C=f^{-1}(R)$。其中 C 表示光学特性活跃的水质参数，如叶绿素 a、悬浮物与黄色物质等，R 表示在不同波段的遥感反射率，C 与 R 缺省为空间位置的函数。水质遥感监测在数学意义上讲就是求反函数 f^{-1}。如果 f 为线性函数，很容易求得其反函数 f^{-1}，这样可以由测量的光谱反射率轻易获取水体成分信息，然而通常水体成分与反射率之间的函数关系非常复杂且为非线性。因此大部分情况下不可能得到反函数的解析表达式。克服这个问题的传统方法是对反函数 f^{-1} 的形式做一些假设，然后通过回归或其他统计方法求解 $C=f^{-1}(R)$。然而通常很难找到 f^{-1} 最合适的函数形式，这个函数形式直接影响反演水体成分浓度的精度。

水体成分的反演算法与水体的复杂性有很大关系。大洋一类水体由于水体光学成分简单、光学特性相对稳定，浮游植物中的叶绿素对水体光学特性起决定作用，通常当作单变量问题对待，遥感反演方法比较成熟，经验统计模型就能满足其业务化的应用需求。内陆水体的成分复杂多变，水体光学特性时空差异性大，光学特性受几种物质共同影响，许多因素影响内陆水体水色。因此内陆水质遥感是一个非线性、多变量问题，算法必须据此重新设计，需要更加复杂的数学函数和计算过程，需要处理更多的变量，在非线性反演算法中存在更多的未知数。

1. 时空多变性

如前所述，内陆水体光学特性具有很强的区域性与季节性特点，这就决定了遥感反演算法需要考虑到时空差异性，建立季节性生物光学模型。即使对于同一湖泊也可能需要采用不同的参数化方案，难以用一个统一的生物光学模型加以描述。以太湖为例，既有光学深水区，也有光学浅水区，这就需要建立适合于不同水域的反演模型：对于光学深水就采用适合于光学深水的反演模式，而对于光学浅水，则需要建立考虑水体反射效应的特殊算法。内陆水体区域性特点决定了难以发展精度较高的、全球通用的内陆水质遥感反演算法。而一切试图得到不具有时空变异性的通用模型都是一厢情愿的，不符合自然科学的哲学观。

2. 反射光谱动态范围小与水质参数浓度动态范围大之间的矛盾

水体的光学行为主要表现为吸收性，经大气校正后的水体反射信号很弱，反射率通常在 10%以内，而全球范围的大型水体，包括大洋开阔水域、海岸带与富营养化的内陆河流与湖泊，其叶绿素的浓度差异可达到 5 个数量级，同一内陆湖泊水质参数的浓度范围跨度也可达到 2 个数量级，因此反射光谱动态范围小与水质参数浓度动态范围大之间存在固有的矛盾。微弱的水体光谱动态变化范围往往难以有效地反映水质参数浓度的动态变化，即水体反射光谱与水质浓度的动态变化缺乏足够的响应。因此难以发展单一的鲁棒性好的通用算法。就反演建模与验证而言，对于浓度范围跨越数量级的水体，必须注意采样点的代表性，涵盖各浓度数量级范围。

3. 内陆水体反演算法的特殊性

第一代水色卫星 CZCS 与第二代水色卫星 SeaWiFS 业务化运行采用蓝绿波段比值法，大洋一类水体成分相对简单，叶绿素 a 单一色素与遥感反射率之间存在比较稳定的经验关系。对于二类水体，尤其是内陆水体组分物源具有一定的独立性，其光学特性具有一定的耦合性，遥感波段与水体组分缺乏稳定的关系。由于悬浮泥沙和黄色物质的增多，悬浮泥沙的后向散射和黄色物质的强烈吸收直接改变了水体光学背景，其他色素的干扰导致蓝/绿波段比值算法精度下降，叶绿素 a 信息提取非常困难，蓝绿波段比值法不再完全实用。加之内陆水体叶绿素 a 浓度普遍偏高，尤其是在叶绿素 a 浓度极高的富营养化水域，蓝光信号降至探测极限以下，蓝绿波段比值法几乎不可用。对于第三代水色卫星（MODIS 与 MERIS）增加了荧光算法，继叶绿素 a 反演的"蓝绿光比值法"后，叶绿素荧光遥感成为内陆水体叶绿素 a 浓度反演的重要方法，为有效解决二类水体叶绿素 a 遥感带来了新的希望。对提高内陆水体和海洋赤潮水体的叶绿素 a 浓度的反演精度效果明显。对于复杂的富营养化水体，荧光遥感是蓝绿波段比值法的重要补充。对于浑浊的内陆水体，由于悬浮泥沙的光学抑制作用，即使利用荧光遥感其有效性也大打折扣。因此针对浑浊水体的叶绿素 a 的信息提取是目前水质参数遥感反演的难点与热点。

为了有效解决内陆水质遥感反演问题，目前发展了多种反演方法，如多元统计回归方法、半分析方法、神经网络法、主成分分析法、非线性优化法等。反演方法的选择取决于计算效率、计算精度、研究尺度（区域性还是全球尺度）、光谱通道与未知参数等。而"正演＋优化"方法很适合内陆水体的反演，并被认为是内陆水体最有前途的算法之一。传统的遥感反演采用直接反演方法（可称为一步法），即直接从测量的反射光谱推断水体组分浓度；现在众多学者倾向于间接反演方法（可称为两步法），即先基于测量反射光谱推断水体固有光学量，再基于水体固有光学量推断水体组分浓度。由以上分析可知，内陆水质遥感反演具有更大的挑战性，同时具有更大的研究潜力与发展空间。

11.2.6 传感器性能的局限性与遥感数据源的限制

传感器辐射测量的动态范围、光谱分辨率、波段设置与信噪比（S/N）及偏振度等是传感器设计的关键要素与技术指标，直接影响传感器的探测性能与水色要素的提取能力。如前所述，即使避开了波浪水面的太阳耀光，在星载传感器所接收到的总辐射中，大气的后向散射仍占主要部分，来自水体的有用信号只占全部信号的 5%～10%。这种在强干扰条件下探测微弱有用信号的情况，决定了传感器必须具有很高的辐射灵敏度。此外，内陆水体成分的复杂性导致了水体组分光学特性的复杂性与时空多变性，因此内陆水质参数的遥感反演需要更丰富的光谱信息，即需要更多的诊断性光谱通道来识别不同水体组分的光谱响应，高光谱遥感能发挥其技术优势。但同时由于水体反射能量低，传感器波段细分后，仪器的信噪比就会降低，条带与噪声比较明显，因此光谱分辨率与信噪比存在固有的矛盾。此外，高光谱数据获取比较困难，航空遥感高光谱数据受飞行实验的限制，而且费用较高；而航天高光谱数据信噪比偏低，在一定程度上使其实用性受到限制。1978 年 CZCS 传感器的发射，揭开了水色卫星遥感的序幕。随着 SeaWiFS、MODIS、HY－1A/

1BCCD、MERIS、GOCI、VIIRS、OLCI 等传感器的相继发射，已经前后积累了近 30 年的水色传感器数据。这些水色传感器通常有 300～1000m 的空间分辨率，重访周期 1～3 天，在可见光、近红外等波段携带 6～20 个光谱波段，信噪比通常较高。然而，这些传感器主要面向海洋水体设计，在面向湖泊、河流等流域水环境监测时会遇到一些问题，概括如下：

（1）空间分辨率不足。流域水环境监测的对象主要是湖泊和河流，相对于海洋来说，这些水体面积很小。如中国 100 hm^2 以上自然湖泊有 2693 个，但是 5000hm^2 的湖泊仅有 237 个，2/3 以上湖泊（2000 个）都小于 1000hm^2；更别说河流，其宽度基本小于 1km。目前的水色传感器空间分辨率通常在 250m 以上，最多能够满足大型湖泊的监测需求；对于小型水体，目前只能通过 Landsat 8、Sentinel2、GF-1 等陆地中高分辨率卫星（10～30m）观测，但这些卫星重访周期长、波段宽大、信噪比低和非水色波段设置等缺点都会限制流域水环境遥感应用。

（2）辐射动态范围窄，信号易饱和。海洋水体相对较为清澈，水体信号弱，水色传感器为更好地接收水体信号，辐射动态范围设置较低，减少不确定性。然而湖泊、河流等内陆浑浊水体，信号远高于大洋水体，超出水色传感器的接收范围，常常导致水色波段饱和。例如，MODIS 水色波段，在长江中下游湖泊鄱阳湖、太湖、巢湖和洪泽湖等普遍饱和，特别是红光和近红外波段，都没有数值。因此只能用陆地波段代替，而即使陆地波段具有更高的动态范围和空间分辨率，其低信噪比和波段不够敏感限制了其应用领域。

（3）波段设置不符合内陆水体水色物质反演要求。内陆水体光学特征显著区别于大洋水体，其敏感波段也差异较大。比如，海洋物质以浮游藻类为主，通过蓝绿波段比值或差值则可直接反演得到叶绿素 a 浓度；而内陆水体叶绿素 a 浓度较高，且受悬浮物和 CDOM 的影响，水体信号复杂，一般需要具备 665nm、700～710nm 附近的波段才能实现反演；蓝藻特有的色素藻蓝素监测，要求具备 620nm 附近波段，这些波段目前大多数水色传感器都不具备。实际上，只有 ESA 的 MERIS 和 OLCI 拥有这些波段；但 MERIS 传感器已于 2012 年 4 月停止工作；虽然 OLCI 已于 2016 年 2 月发射，但其分辨率只有 300m，只能用于大型湖泊的监测，对于流域中面积较小的湖泊和河流等显然不能胜任。

总之，陆地资源卫星传感器在信噪比、通道设置、空间分辨率等方面难以同时兼顾满足内陆水体监测的应用需求。基于多源遥感数据的协同反演是一个发展趋势，但这又涉及不同尺度之间相互验证及尺度效应等难题的亟待解决。荧光波段是内陆水体叶绿素反演的主要通道，但目前内陆水质遥感传感器缺乏相应的波段设置。因此，应发展针对内陆水体与海岸带水域遥感的专题水色卫星，要求具有较高的光谱分辨率与空间分辨率，为满足大气校正的需求，还需携带相应的大气参数传感器，为内陆水体遥感提供高质量的数据保障。

11.3 遥 感 模 型

目前水环境遥感模型主要分为经验方法和分析/半分析方法两类。经验方法是基于水色参数光谱特征的先验已知性，利用光谱特征与实测数据构建经验关系式完成估算，这种方法虽简单、高效，但没有物理机理支撑，区域性和季节性较强。分析方法的核心是基于水体的生物光学模型，由遥感反射率获得水体的吸收和散射系数，进而获得水色参数浓度，但是分析模型中涉及参数和缺省条件较多，通常采用一些经验参数做近似代替时则称为半分析方法。该类方法普适性强，机理清楚，易分析误差来源，但是对波段要求较高，缺省条件和经验参数难以确定，有时候效果反而不理想。

叶绿素 a 浓度作为表征水体富营养化和初级生产力的重要特征，是流域水环境遥感关注的焦点。大量的研究表明，665nm 和 705nm 的波段比值模型在藻类富集的富营养化水体具有很好的效果；另外，还有三波段、四波段等模型也取得了很好的效果。但是这些算法主要是针对 MERIS 波段设计的，最为常用的 MODIS 等数据，目前更多地使用正交分解函数变换和神经网络等经验模型进行。这些算法虽然在不同的区域获得了成功，但存在普适性不足的问题，推广到其他区域都需要重新率定模型参数；另外，极度浑浊的水体，比如鄱阳湖、洪泽湖等，目前还没有很好的算法可以准确获取叶绿素 a 浓度。相对于叶绿素 a 模型，藻蓝素模型难度更大，目前影响力最大的是 Simis 算法，但其对大气校正精度要求较高，波段要求较多，直接应用到卫星影像上还有困难。Qi 等基于 MERIS 的 Rrc 数据提出了 PCI 算法，实现了基于大气粗校正的太湖藻蓝素长时间序列数据重建；考虑到 MODIS 数据在大型湖泊观测的不可替代性，Duan 等将正交分解函数算法用到了巢湖藻蓝素的长时间序列重建，获得了较好的效果。

悬浮物浓度相对于浮游植物色素，由于信号较强，在红光、近红外波段，甚至整个波段，信号都会抬升，因此遥感估算相对容易，准确率较高。但是，由于光学信号较弱，并受制于现有的传感器波段设置，CDOM、DOC 和 POC 等遥感模型方面研究相对较少。比如，利用 CDOM 吸收系数构建了 DOC 经验模型；基于富营养化湖泊 POC 主要来源于藻颗粒，构建了基于浮游植物色素吸收的 POC 模型；另外，Duan 等发现长江中下游湖泊春季 4 月 POC 主要来源于外源输入，和悬浮物关系较好，构建了基于 MODIS 的长江中下游湖泊 POC 遥感估算等。总体上，目前水体碳遥感工作仍处于探索阶段，未来还有很大的发展潜力。

11.4 遥感应用与监测

11.4.1 浮游藻类

目前，中国内陆水体面临的一个主要问题是水体的富营养化，其重要特征是藻类，特别是蓝藻大量繁殖。蓝藻异常生长，极易堆积、腐烂沉降，形成水华，在河口以及近岸淤积，不仅破坏水体景观和生态系统平衡，而且由于蓝藻在死亡消解过程中释放毒素，消耗溶解氧，形成黑水团，引起水体生物大量死亡，湖泊水质恶化，严重威胁了湖泊周围地区的饮水安全。

1. 藻华分布

蓝藻水华暴发，水体中叶绿素 a 含量显著升高，导致水体光谱特征发生变化。蓝、红光反射率降低；近红外波段具有明显的植被特征“陡坡效应”，反射率升高，同时荧光峰位置向长波方向移动。因此，蓝藻覆盖区域光谱特征与无藻湖面有明显差异。基于这些特征，利用单一波段（近红外波段）阈值法、波段比值法（近红外/红光）、加强植被指数（enhanced vegetation index，EVI）、归一化植被指数（NDVI）、植被差异指数（DVI）等方法识别湖体藻华分布，取得了较好的效果。然而由于卫星信号除了水华的影响外，还受到气溶胶、悬浮物质以及其他因素等的影响，导致这些算法普遍阈值不稳定，每一景影像都需要根据实际情况调整阈值，无法实现自动化处理，特别是长时间序列数据集自动生产。Hu 针对这种现象，提出了适用于 MODIS 和 VIIRS 系列数据的 FAI（floating algae index）算法，通过考虑部分去除大气的影响，并利用水华在红光和近红外波段引起峰值的高度（对其他影响因素不敏感），代替传统波段比值算法，拥有较为稳定的阈值，并在太湖实现了长时间序列数据重建。利用 FAI 判断水华的阈值，Zhang 等针对混合像元提出了藻类分解算法，可以有效区分混合像元中水华比例，使水华提取精度达到亚像元级别。

目前可用于蓝藻水华监测的卫星数据很多，理论上只要拥有近红外波段都可以监测水华。但是不同于陆地植被，蓝藻水华等变化迅速，有时 1～2h 都会呈现较大的变化，因此对卫星数据的时间分辨率要求较高。在具体应用实践中，太湖、巢湖等大型湖泊的监测体系已基本成熟，利用 MODIS、GOCI 以及中国的“高分 4 号”静止卫星等高频数据，可以很好地满足其日常监测。中国科学院南京地理与湖泊研究所从 2007 年以来，一直从事太湖和巢湖蓝藻水华卫星日常监测工作，累计发布报告 2000 余期，已完全实现业务化运行（http：//rslakes. com/info. asp）。但在小型水体（水面面积小于 10000hm^2），中等分辨率数据（250m、500m）很难满足监测要求，需要联合所有能用的高分辨率卫星传感器实施监测。

2. 黑水团

一般认为，水体富营养化的最严重后果之一就是藻华的暴发，并且近年来太湖等频繁发生的“湖泛”使得富营养化对水体污染的影响产生了质的变化。实际上，在全世界许多富营养化河流、湖泊，甚至海洋等水体都出现过黑水团。1987 年，德国科学家最早报道了瓦登海出现大面积的黑水团（black spot），类似“湖泛”术语第一次出现。“湖泛”或“黑水团”有多种英文称呼，包括“black blooms”“black water agglomer - ates”“black spots”和“dead zones”等，出现在包括巴西里约内格罗河（Rio Negro River）、意大利加尔达湖、美国的 Florida Keys、欧洲的波罗的海和墨西哥湾北部等广泛区域。

利用遥感方法监测黑水团，最早开始于 1993 年，研究者利用 Landsat TM 影像成功识别出新加坡一个河口的黑水区域。由于黑水团形成时，与周边水体感官上有明显差别，因此从影像上较为容易识别。随后，不同学者针对不同区域的黑水团，发现该类水体中有色溶解性有机物 CDOM 含量普遍偏高。但中国学者何贤强等在长江口东南海域黑水区域研究发现，黑水水域 CDOM 含量相对于其他水体并不显著增高，“黑水现象”主要是由于颗粒后向散射系数值极小造成的。但这些研究主要通过卫星影像或者野外采样来分析水体光学特性，忽视了遥感反演模型的运用；另外，从蓝藻水华发生，大量藻颗粒富集，到黑水团形成后水体呈现“黑色”和藻类基本分解，这一生消过程水体光学特性的变化，都几乎没有涉及。段洪涛团队 2012 年开始从事黑水团遥感研究，通过野外实际观测、室内模拟控制实验和计算机数值模拟等多种实验方法和技术手段研究，发现：

（1）“湖泛”发生时 CDOM 吸收显著升高，而无机颗粒物浓度和后向散射系数普遍下降，两者共同贡献造成了水体“低散射、高吸收”，导致“湖泛”水体反射率显著低于周边正常水体而呈现黑色。

（2）“湖泛”形成过程中，无机颗粒物吸收［ad（440）］总体减小，CDOM吸收不断增大，证实了上述野外观测结果；特别发现，在厌氧环境下，Fe^{2+}显著增强了CDOM的吸收能力，解答了地球化学背景科学家关于Fe^{2+}增加为什么会引起水体发黑的困惑。

（3）利用辐射传输软件Hydrolight和国际照明组织（CIE）颜色匹配函数，结合野外和室内实验结果，模拟推演了“湖泛”发生过程水体颜色演变规律，探讨了水色变化过程的主导因素。通过研究“湖泛”发生过程水体光学特性和水色变化规律，构建了基于水色和CDOM的“湖泛”遥感监测模型，有助于及时定量掌握黑水团信息，具有重要科学意义和应用价值。

3. 藻类生物量

目前，利用卫星遥感技术监测水体表面蓝藻水华，包括水华面积、叶绿素a、藻蓝素浓度等方面，基本实现业务化运行，已成为蓝藻水华预测预警的重要参数。需要注意的是，水华只是在一定气象条件下，蓝藻颗粒在水表面聚集的极端情况；在风浪较大的情况下，水面上并不能看到水华，最能表征蓝藻强度的是水体中所有蓝藻的生物量（简称藻总量），而不是水华面积。因此，如果能够定量获取蓝藻总存量，将能更为准确地掌握蓝藻信息，为预测预警和水源地水质保护服务。

藻类总存量估算从表面上看，是如何利用可以反演的表层叶绿素a浓度，结合垂向分布函数，进行积分求和的问题。实际上，涉及许多基础理论问题，但核心内容是藻颗粒垂向分异引起的水下光场结构变化的问题。传统的水色遥感研究假设水体中光学活性物质均匀分布，光在水柱中呈现指数衰减。而且藻颗粒的垂向分异，一定程度上改变了光的辐射传输路径和方向，导致了水下光场结构整体改变。因此，藻类总存量估算的前提，必须搞清楚藻颗粒垂向分布不均匀引起的水下光场结构变化。而在此之前，需要明确藻颗粒本身的垂向分异情况，这些不同的垂向分异能否概化成几种，并用数学函数模拟，在大型浅水湖泊，能否利用其风生流的特点，选择较易观测的风速作为边界条件，对不同类型垂向分布函数简单划分，构建查找表。

目前在巢湖等富营养化水体针对藻总量的遥感研究，已经开展了一系列的实验，获得了一些初步成果：

（1）叶绿素a浓度垂向变异系数变化最大，呈现垂向均一、高斯、指数、幂函数4种函数类型，变异系数远高于其他水色物质（<50%）。

（2）利用辐射传输数值模型Eco-light，对藻类垂向非均匀条件下的水下光场进行了模拟，分析了不同藻类垂向分布类型对遥感反射比和叶绿素a浓度反演算法的影响，建立了遥感反射率校正模型，相对于未进行校正前的叶绿素垂向均一分布模型的遥感反射率模型，叶绿素a浓度反演相对精度提高了近30%。

（3）根据不同藻华条件下表层信息与单元水柱内藻总量的关系，建立了基于表层叶绿素a浓度推算水柱内藻总量的算法，并将其应用到了2003—2013年MODIS影像上，得到了巢湖藻总量的长时序变化信息。但是这些藻总量遥感方法主要是根据实测数据得到的经验模型，没有真正解决叶绿素a浓度垂向结构参数的反演问题。同时，由于浅水湖泊水体光学特性复杂并且变化较快，结合藻颗粒垂向分布特性及敏感环境因子（如风速），构建藻类垂向结构参数查找表是获取叶绿素 a 浓度垂向结构参数的有效途径。

11.4.2 水生植被

水生植物在维持湖泊和河流等淡水生态系统平衡、物质循环和水质方面发挥着重要的作用。水生植物繁茂，附近水体一般具有较高清澈度、较低的营养盐浓度和藻类生物量，对于流域水环境改善和生态系统稳定具有重要作用。长期以来，水生植物一直是水环境研究中的重点与热点，卫星遥感在水生植被覆盖度、类群、种群和生物量监测等方面已开展系列研究。

1. 水生植被盖度和面积监测

遥感技术在陆地生态系统的监测和制图方面应用较为成熟，但在水环境监测中的应用相对来说较晚，且发展较为缓慢。20 世纪 90 年代以来，国外学者开始探索应用遥感技术监测水生植被时空分布与生长状态，最初依据航拍照片开展水生植物的面积监测和遥感制图，例如利用数字假彩色航拍照片通过对不同水生植物的绿、红、近红波段反射率的探究，完成对多个湖泊不同水生植物的面积提取；随后，逐步开始研究水生植被遥感机理，并利用卫星影像开展浅水水域水生植被、沿海海草和入侵水生植被的面积和空间分布监测。研究表明，清水态湖泊的水生植被与水体的光谱特征差异较大，利用卫星遥感开展水生植被盖度和面积较易且精度很高；但在藻华频繁发生的富营养化湖泊（太湖等），水生植被在可见光和近红外波段光谱特征与藻华相似，但在短波红外波段高于蓝藻水华。基于这一发现，Oyama 等、Liu 等和 Liang 等分别构建了蓝藻水华与水生植被的分类决策树，在日本的 Lakes Kasumigurar、Inba－numa 和 Tega－muma 等湖泊，中国的太湖等实现了水生植被和蓝藻水华的分离，开展了水生植被长时序面积变化监测。

2. 水生植被类群监测

水生植物主要有挺水植物、浮叶植物和沉水植物三大类群，其不同的光谱特征及对水环境的光谱响应是水生植物类群遥感监测识别研究的理论基础。相比陆生植被，水生植物由于生长在复杂度较高的水体中，光谱特性具有复杂性。挺水植物与浮叶植物由于大部分叶片位于水面之上，光谱信号不需要经过水体辐射传输过程，冠层光谱仅受盖度和植被本身冠层结构和生化参数的影响，受水环境影响较小，具有典型的植被光谱特征。而沉水植物完全沉入水中，冠层反射光谱必须穿过大气-水界面，光谱受其盖度、水体透明度、叶绿素浓度、悬浮物浓度和冠层离水面的深度等影响。目前，国内外学者针对不同卫星遥感数据（Landsat、Alos、HJ－CCD、World－view 等），筛选并构建了一系列用于识别水生植被不同类群的光谱指数，如归一化植被指数（NDVI）、垂直植被指数（PVI）、修订后的归一化水分指数（MNDWI）、浮叶植被敏感光谱指数（FVSI）、沉水植被敏感光谱指数（SVSI）、归一化水生植物指数（NDAVI）和水体调整植被指数（WAVI）等。同时，基于这些指数，发展出了多种水生植被遥感分类方法和分类模型，如监督分类法、非监督分类法、支持向量机、决策树分类等，探讨和研究水生植物类群卫星遥感分类制图；其中，决策树分类是当前主流分类方法，可以结合透明度等信息有效提取不同水生植被类群。

3. 沉水植被种群监测

沉水植被是浅水湖泊的关键类群，在一定营养水平条件下，沉水植物种群的多样性和盖度决定着稳态类型。沉水植物类群包含有多个种群，不同种群对水环境因子具有自身生态幅和最适宜的耐受范围，在水体中呈现不同的分布。目前国内外学者大多围绕沉水植物覆盖度或丰度及其变化检测等开展了一系列关于沉水植物遥感监测研究，发现多光谱遥感在提取沉水植物及其盖度方面具有很大潜力。但在沉水植物种群监测方面，水体对光的强吸收使得沉水植物光谱信号弱，种群间的光谱差异很小，现有研究仅限于利用高光谱遥感初步探索沉水植物部分种群间光谱特征和差异。实际上，高光谱或超光谱影像受时空分辨率、成本和数据获取等限制，很难开展流域尺度下沉水植物优势种群监测。目前，基于沉水植被不同优势种群的生活史不同（特定水体，不同优势种生长时段基本固定），Luo 等在太湖提出了结合不同优势种群生活史特征的沉水植被种群遥感监测方法，为沉水植被种群遥感监测探索了一条新路。

4. 水生植被生物量监测

水生植被由于部分或者全部植株生长在水面以下，生物量遥感监测有很大难度。早期的水生植被生物量遥感估算，大多是简单利用卫星影像可见光波段与生物量进行统计回归，开展生物量监测制图。考虑到植被指数相比单波段在水生植被参数反演方面更具优势，利用植被指数提取生物量逐渐成为主流。Barillé 等构建了基于 SPOT 卫星数据的 NDVI 与水草生物量之间的经验关系，对 Bourgneuf 海湾的优势种海草生物量空间分布制图；Phinn 等通过构建遥感植被指数（RVI 和 NDVI）与生物量的经验关系，分别评价和比较了不同传感器（Quickbird 2，Landsat 5 和 CASI 2）对水生植被生物量的监测精度等。另外，通过遥感图像变换方法（如主成分分析法和缨帽变换等）得到新的变量用于构建模型。近年来，随着遥感技术和分析方法的发展，学者越来越关注水生植被生物量等生化参数的光谱传输机理，并尝试通过低空高光谱遥感和雷达数据研究水生植被结构和组成与遥感光谱响应特征，尝试利用多源数据相结合开展水生植被生物量遥感和监测。

11.5 研 究 展 望

1. 构建专门面向流域水环境的卫星遥感观测体系和系统框架

流域水环境遥感面向的对象复杂，既有大型湖泊，也有小型湖、库，还有连续的河流；观测的参数多，既包括传统的水色和水质参数，还有更多的水环境参数；要求的观测时间频率高，基本 1 天 1 次，甚至 1 天几次最好。这对现有的卫星遥感体系提出了巨大的挑战，亟须发展具备高中空间分辨率、高重访周期、高光谱和高信噪比等性能，面向流域水环境监测的专门卫星。同时，可以通过构建小卫星群，结合无人机和无人船等，以及在线浮标和岸基视频等更多的观测手段，形成全方位、多尺度的流域遥感信息天-空-地立体获取能力，实现全流域水环境变化动态监测。

随着对地观测技术的发展，人类对流域的综合观测能力显著提高，遥感数据呈现出明显的“大数据”特征，科学范式开始从模型驱动向数据驱动发生转变。但是，现有的数据处理能力还停留在针对单一传感器、单要素的水平，对遥感数据的利用率低，处理速度慢，海量的数据得不到有效利用，却占用有限的存储空间，甚至造成某种程度上的“数据灾难”。因此，必须有效利用目前出现的智能算法和云计算等先进技术，加强遥感大数据的处理、分析和挖掘能力建设，加快系统集成和应用开发，将遥感大数据转化成流域水环境关键参数信息和产品，为流域地理学发展服务。

2. 开展全流域统筹的水环境遥感监测和模拟研究

目前湖泊和河流水环境污染严重，但其问题根源出在流域上。通俗地讲，"问题表现在水里，根子是在岸上"。目前中国推行的水环境保护的主要制度"河长制""湖长制"，其核心思想就是管住污染物的来源问题。但是，要管住污染源，不仅要了解污染源位置和排放量，还要清楚污染物的输移过程。目前的流域水环境遥感工作，实际上主要是针对湖泊、水库等水面面积较大的水体开展，河流水体的遥感监测工作鲜有报道，具有全流域视角的水环境遥感监测工作更是欠缺。这些都对流域水环境的治理产生了很大的障碍。

随着卫星、无人机、岸基视频和手机摄像头等不同观测手段的快速发展，亟须建立流域尺度河流-湖泊一体化的水环境智能化监控技术体系，结合水质、水动力、水生态等模型，解析不同来源污染物总量，进行基于生态功能分区的污染物分类分区核算，确定基于目标水质和水生态健康的流域环境容量，提出与流域生态系统、水雨情、水文过程相适应的污染物削减空间分配方案，优化土地利用、强化水资源配置、推进产业结构转型升级，实现融水源涵养、水质目标管理、污染削减方案制定、水源地保护和供水安全保障等一体化综合管控。

11.6 典 型 案 例

11.6.1 研究方法与数据源

1. 研究区概况

洞庭湖地处长江中游荆江南岸，地理位置介于 27°39′～29°51′N、111°19′～113°34′E 之间，是承纳湖南湘、资、沅、澧四水和吞吐长江的过水性季节型湖泊。燕山运动断陷所成的洞庭湖现在分为西、南、东洞庭湖，湖区整体面积将近 2691km^2，总容积达 220 亿 m^3，年均入湖径流量约为 3018 亿 m^3。湖区常年平均气温在 16.4～17℃，年均降水量 1200～1450mm，水面年均蒸发量约为 1270mm，具备水产繁衍、候鸟迁徙、航运沟通、蓄洪泄流和生态环境调节等诸多功能。近年来，洞庭湖正面临围湖造田、工农业和生活污水大量排放、有害渔具大量使用等严重人为因素的影响，湖水水质总体下降明显，水污染形势严峻。

2. 数据源与预处理

本实验采用的数据为 26 景 GF-1 PMS 传感器获取的 8m 多光谱数据，获取时间分别为 2014 年、2015 年和 2016 年，影像拼接后对洞庭湖区覆盖完好。

在利用 GF-1 卫星影像开展水质叶绿素 a、悬浮物浓度和透明度反演之前，首先需要进行的是预处理操作，主要为辐射校正、大气校正、几何校正和影像镶嵌等过程。辐射校正的精度是度量卫星图像质量好坏的重要指标，本实验利用中国资源卫星应用中心提供的绝对辐射校正系数对 GF-1 数据做定标处理，将 DN 值转换成辐射亮度值。然后通过 ENVI5.3 软件中的 FLAASH 大气校正模块进行大气校正处理。几何校正过程通过已经精校正的研究区参考影像，精度控制在 2 个像元以内。最后对多景 GF-1 的原始影像（标准 1

图 11.1 2016 年 GF-1 影像洞庭湖区拼接结果

级产品）进行镶嵌拼接处理（图 11.1），以保证覆盖整个洞庭湖区域。通过预处理后，最终获取了 2014 年、2015 年和 2016 年三个时相的洞庭湖区遥感影像数据。

3. 水体边界提取

为了削减其他地物对水质反演的影响，对洞庭湖水体之外的区域进行掩模，进一步减少了数据的处理量，提高工作效率。目前基于遥感影像的自动水边线提取算法较多，常用的有单波段法、植被指数法、多波段谱间关系法和水体指数法等。基本原理大都是利用水体和其他地物在可见光和近红外波段内的光谱之间存在的反射差异。通过归一化水体指数（NDWI）进行水域边界提取，其主要依据的原理是由可见光至红外波段，水体的反射率呈逐步减弱的趋势，至近红外和中红外波长区间内反射率表现为最低。NDWI 方法通过 GF-1 影像的绿波段和近红外波段的比值运算，从而达到极大限度地抑制其他地物信息而突出水体的目的，因而可以快速、方便地提取地表水边界。

$$NDWI=(B_{Green}-B_{NIR})/(B_{Green}+B_{NIR}) \tag{11.4}$$

式中：B_{Green}为绿光波段的反射率；B_{NIR}为近红外波段的反射率；通过 NDWI 阈值自动分割提取水体信息。

11.6.2 水质参数反演算法

光学遥感影像中，地物不同则其波谱特征也会有所差异，因此可以充分利用遥感数据反演和分析目标的特征光谱，达到识别地物类型的目的。目前，利用光学多光谱卫星影像反演水质参数方法很多，常用的有经验法、半经验/半分析法以及纯分析法。水体光谱特征主要受到水质参数及水体状态的影响，与此同时在外界因素的作用下也会对其产生一定变化，因此，水质遥感监测的基本原理是在尽可能降低外界干扰的前提下，利用影像中光谱信息之间的差异，反演出水体中各种物质的浓度。针对洞庭湖水质特点，本实验主要反演了叶绿素 a 浓度、悬浮物浓度和透明度三个水质参数，并分别进行了归一化处理。

1. 叶绿素 a 浓度

水体中叶绿素 a 的大小是评价水体水质环境及反演水体富营养化程度的一项重要指标。在遥感影像中，纯净水体的光谱反射主要集中在蓝光和绿光波段，其他波段对其则存在一定程度的吸收，在近红外波段水体的吸收能力达到最强。因此，在水体中含有大量的浮游及藻类植物时，叶绿素 a 的浓度增加，此时近红外波段水体的吸收能力将会减弱出现反射陡峰。利用反射率之间的差异展开水体叶绿素 a 浓度的反演，采用式（11.5）进行叶绿素 a 浓度反演

$$C_{chl\text{-}a}=4.089(b_4/b_3)^2-0.746(b_4/b_3)+29.733 \tag{11.5}$$

式中：$C_{chl\text{-}a}$为叶绿素 a 浓度，mg/m^3；b_4 为 GF-1 的近红外波段，植被在该波段呈现出反射陡峰的特征，而水体在该波段表现为强吸收状态，近红外波段用来最大获取地叶绿素 a

信息；b_3 指 GF－1 影像的红光波段，水体和植被在该波段均具有相对较强的吸收特性。

2. 悬浮物浓度

悬浮物质的浓度是近海和湖泊水环境水质遥感监测中十分重要的一个参数。所谓悬浮物，是指一些不易溶于水的无机物、有机物、泥沙或者微生物等组成的悬浮在水中的固体物质的统称。悬浮物种类和浓度的增加，对相关水域的生态环境造成直接影响。采用式（11.6）所示模型反演洞庭湖区湖水的悬浮物浓度

$$C_{TSS}=119.62(b_3/b_2)^{6.0823} \tag{11.6}$$

式中：C_{TSS}表示悬浮物的浓度，mg/L；b_3 指波段对悬浮物表现敏感，用来获取影像中的悬浮物信息；b_2 指 GF－1 的绿光波段，悬浮物在此波段反射率较低。

3. 水体透明度

透明度是水质研究评价体系中的重要指标之一。透明度的大小与水体中各种物质的浓度和成分密切相关；水体中的悬浮物和其他杂质含量的高低对水体透明度的大小产生直接影响。通过悬浮物浓度间接地反演了洞庭湖水体的透明度

$$Z_{sd}=284.15\times C_{TSS}{}^{-0.67} \tag{11.7}$$

式中：C_{TSS}为反演获得的悬浮物浓度，cm。

基于 GF－1 影像对洞庭湖区进行水体水质遥感反演的研究技术路线如图 11.2 所示。

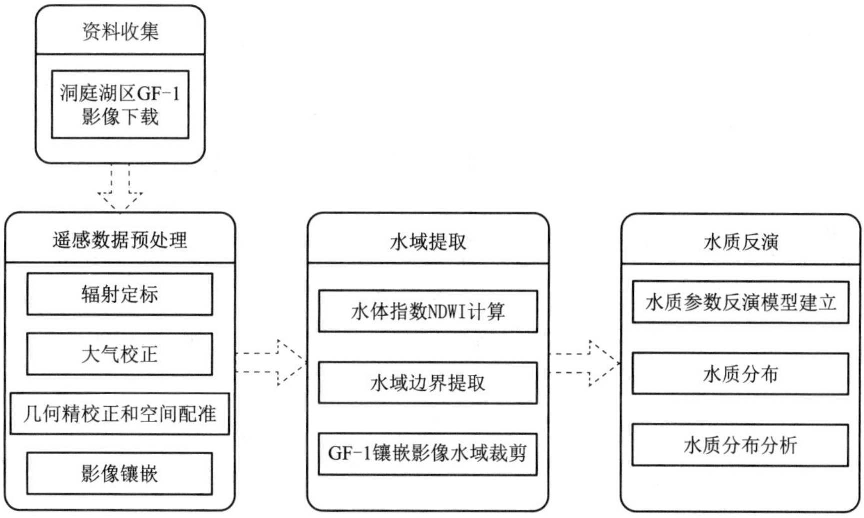

图 11.2　水体水质遥感反演的研究技术路线

11.6.3 结果分析

1. 水体边界提取

提取的洞庭湖水域边界结果如图 11.3 所示。从图中可以看出，水域提取范围基本完整，不存在大范围水体未提取的现象；针对复杂水系的提取效果也非常理想；不同水色的水边线提取效果一致，均能完整获取。

2. 洞庭湖水质多时相反演结果

为研究洞庭湖水质在年际之间的变化，分别选取 2014—2016 年三年覆盖洞庭湖的 GF－1

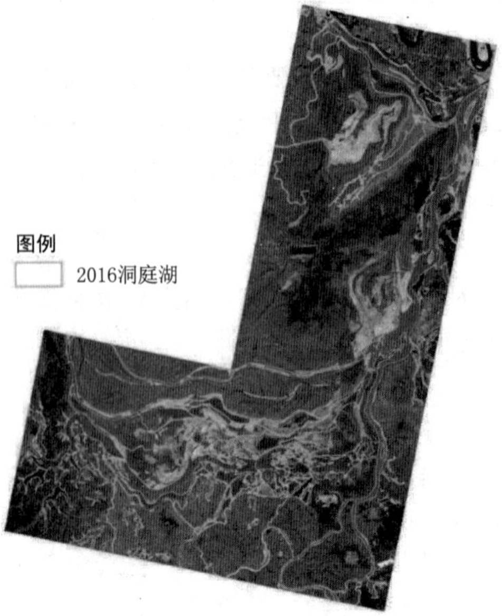

图 11.3 基于 GF-1 数据的 2016 年洞庭湖水域分界提取结果

影像数据，利用叶绿素 a 浓度、悬浮物浓度和透明度反演模型对洞庭湖区湖水进行水质研究。

(1) 叶绿素 a 浓度反演结果。根据式 (11.5)，利用 2014 年、2015 年和 2016 年洞庭湖 GF-1 影像得到洞庭湖叶绿素 a 浓度归一化空间分布图（图 11.4）。

图 11.4 (a) 显示 2014 年洞庭湖的叶绿素 a 浓度在空间分布表现一定的局部分层分布特征，其中东、西洞庭湖的叶绿素 a 浓度较高，而南洞庭湖则相对较低。东洞庭湖叶绿素 a 浓度整体偏高，西部归一化叶绿素 a 浓度大于 0.8，中部浓度指数也不低于 0.5，东洞庭湖东侧向南至南洞庭湖段归一化叶绿素 a 浓度整体均匀且相对北部、西部浓度偏低。西洞庭湖区的叶绿素 a 浓度整体也相对较高，大部分地区浓度在 0.5 以上。根据归一化叶绿素 a 浓度分析看，2014 年南洞庭湖的水质状况最好，其次为西洞庭湖，而东洞庭湖的水质则相对较差。

2015 年洞庭湖叶绿素 a 浓度［图 11.4 (b)］分布呈现多样性。东洞庭湖东侧区叶绿素 a 浓度整体在 0.3～0.4，此外西洞庭湖叶绿素 a 浓度低于 0.6，在干流北部最小为 0.41。在西洞庭湖中部叶绿素 a 浓度出现明显不连续，主要是数据不足（同时期数据云层覆盖面积较大）的情况下，采用了其他时相的影像作为数据补充，因而出现这种空间上不一致的现象。南洞庭湖区归一化叶绿素 a 浓度空间分布错综复杂，呈明显分段渐变特征，在南洞庭湖与东洞庭湖交界的东侧，叶绿素 a 浓度整体低于 0.5，直至中心位置浓度升高至 0.78，而后在中心偏西方向降低，最后在南洞庭湖西侧浓度缓慢升高至 0.55。

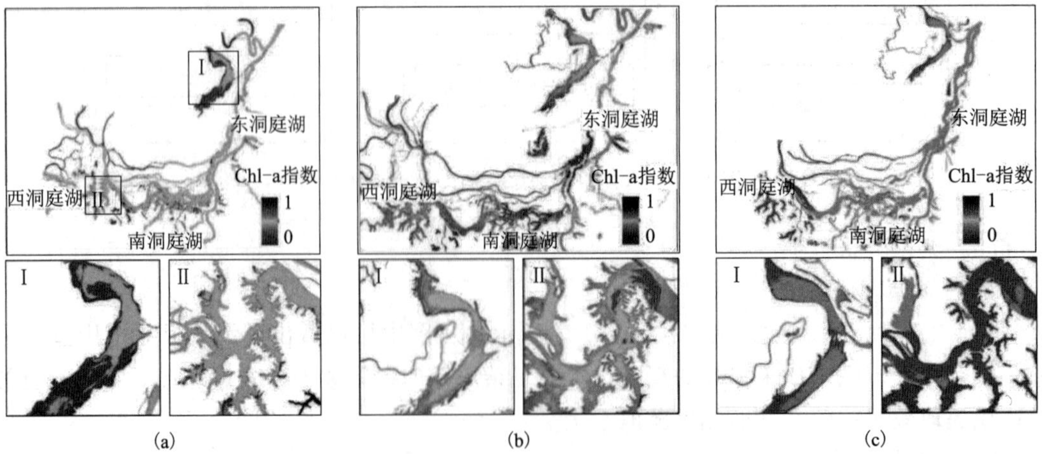

图 11.4 GF-1 PMS 数据的洞庭湖叶绿素 a 浓度归一化分布图

(a) 2014 年；(b) 2015 年；(c) 2016 年

2016 年洞庭湖叶绿素 a 浓度［图 11.4（c）］分布呈现区域性特征。东洞庭湖西翼归一化叶绿素 a 浓度由中心向南北递增，东洞庭湖东侧的归一化叶绿素 a 浓度整体偏低，均在 0.6 以下；洞庭湖南部叶绿素 a 浓度由东向西递增，南洞庭湖叶绿素 a 浓度值总体上低于 0.55；西洞庭湖叶绿素 a 浓度整体呈偏高趋势，在西侧达到最大值。透明度分析表明，2016 年南洞庭湖的水质状况最好，其次为东洞庭湖，而西洞庭湖的水质则相对较差。

（2）悬浮物浓度反演结果。根据式（11.6），利用 2014 年、2015 年和 2016 年洞庭湖 GF-1 影像得到洞庭湖悬浮物浓度归一化空间分布图（图 11.5）。

图 11.5（a）表明 2014 年洞庭湖悬浮物浓度在空间分布差异较大。东洞庭湖湖中心比靠近堤岸位置的悬浮物浓度低，东洞庭湖东部区域悬浮物含量较高且分布均匀，在长江入江口达到最大值；南洞庭湖悬浮物浓度由东（0.67）向西（0.49）逐渐递减，大部分地区浓度小于之间；而西洞庭湖悬浮物浓度较低（<0.30）。

从 2015 年洞庭湖悬浮物浓度分布图［图 11.5（b）］可以发现，东洞庭湖整体悬浮物浓度高于西洞庭湖和南洞庭湖，归一化指数大于 0.68。南洞庭湖的悬浮物浓度呈现西部高于东部的现象，含量集中在 0.25～0.46。西洞庭湖支流交错，悬浮物浓度空间分布复杂，支流的 TSS 浓度大于洞庭湖干流的悬浮物浓度。

2016 年洞庭湖悬浮物浓度分布［图 11.5（c）］表现出明显的区域性。在西洞庭湖、南洞庭湖和东洞庭湖东侧的大部分区域，悬浮物浓度含量均低于 0.37；仅在东洞庭湖的西侧，悬浮物浓度由湖中心直至湖岸逐渐增大，最大超过 0.85。

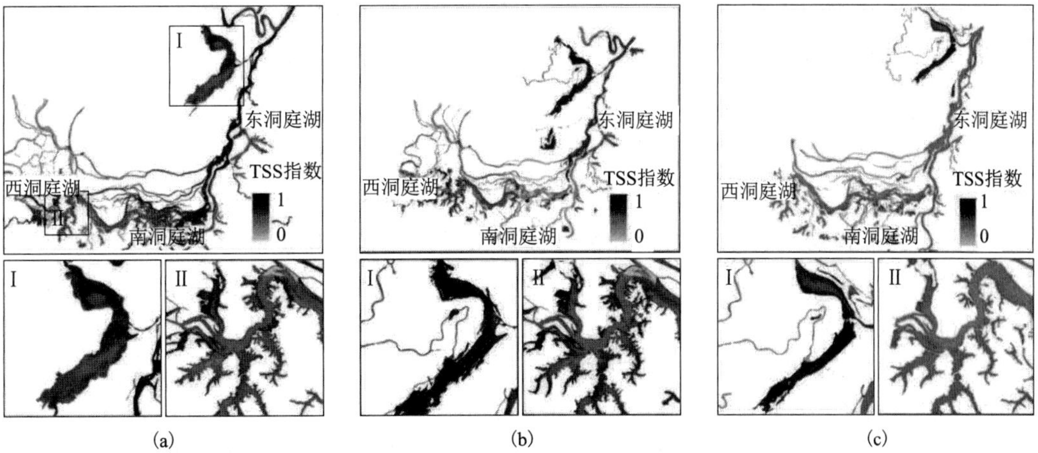

图 11.5　GF-1 PMS 数据的洞庭湖悬浮物浓度归一化分布图

（a）2014 年；（b）2015 年；（c）2016 年

（3）透明度反演结果。根据式（11.7），利用 2014 年、2015 年和 2016 年洞庭湖 GF-1 影像得到洞庭湖透明度归一化空间分布图（图 11.6）。

从图 11.6（a）中可以看出，2014 年洞庭湖整体水体归一化透明度较低。东洞庭湖西侧从北部到南部透明度逐渐增大，东侧的透明度整体偏低，均小于 0.27；洞庭湖南部的透明度由东向西逐渐增大，在沅江东侧的万子湖区域达到最大值，沅江西侧的透明度大部分在 0.63 以上。

2015 年洞庭湖整体水体归一化透明度［图 11.6（b）］呈现无规律分布，湖区北部至汨罗江入江口的营田镇段水体归一化透明度较整体偏低，数值在 0.52 以上；而营田镇以南的南洞庭湖区域，水体透明度较高，介于 0.63～0.86 之间；而西洞庭湖的透明度相对而言呈下降趋势。2014 年南洞庭湖的水质整体状态最好，其次为西洞庭湖，而东洞庭湖的水质则相对较混浊。

2016 年洞庭湖整体水体归一化透明度［图 11.6（c）］分布具有一定的规律性，主要表现为中心湖区的水体透明度高于周边，南部水体透明度高于北部的特征。东洞庭湖西侧水体归一化透明度较整体偏低，数值在 0.3 以下，东侧透明度有所增大，但大部分地区仍小于 0.52；包括西洞庭湖和南洞庭湖在内的洞庭湖南部的透明度由东向西逐渐递增。总的来说，2016 年西洞庭湖的透明度最高，南洞庭湖次之，而东洞庭湖的透明度则相对较差。

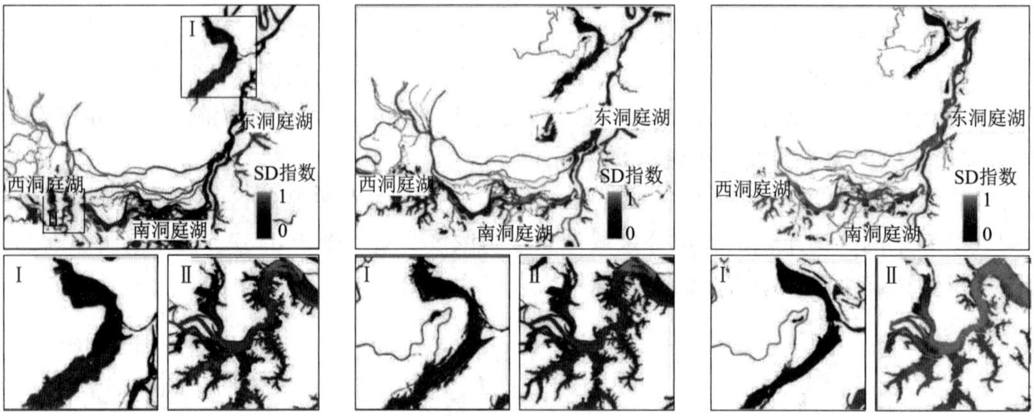

(a)　　(b)　　(c)

图 11.6　GF-1 PMS 数据的洞庭湖透明度归一化分布图

(a) 2014 年；(b) 2015 年；(c) 2016 年

将 2014—2016 年三年数据对比分析可以看出，叶绿素 a 浓度和悬浮物浓度均大于洞庭湖整体水平，透明度值则低于洞庭湖平均透明度，表明洞庭湖区的叶绿素 a 浓度与悬浮物浓度之间呈现正相关特征，同时两者与透明度均呈现负相关特征。从空间分布差异上来看，洞庭湖区的水质时空变化特征较为剧烈。主要表现为：东洞庭湖水质环境要比南洞庭湖和西洞庭湖恶劣，水污染程度处于全湖最高水平，这可能是该湖区靠近岳阳市区，人类活动比另外两个湖区相对频繁，生产生活、农林活动导致大量的生活污染物、农林化肥等排放进东洞庭湖水体中；而西、南洞庭湖的工业化水平相对较低，因而水质良好。Ⅰ、Ⅱ两个研究区分别对应安乐湖以及大小西湖和东洞庭湖西部地区，这两个区域的水流交换相对缓慢，湖水中的泥沙含量较低，同时透明度较大，水循环周期较长，营养物质滞留时间长且浓度相对较大，从而易造成水体的营养化。而外湖属于过水性湖泊，水体扰动力大，水循环时间短，因此叶绿素含量较低，抑制了富营养化的发生及发展。

11.6.4　结论与讨论

本实验使用国产高分一号卫星多光谱影像，利用水质参数反演模型算法对洞庭湖的叶绿素 a 浓度、悬浮物浓度和透明度展开遥感监测，并获取 2014 年、2015 年和 2016 年度洞庭湖区水体水质变化图，结果表明，叶绿素 a 浓度较高的地区主要集中在水流速度较慢的安乐湖以及大小西湖和东洞庭湖西部地区，其他区域水体扰动力大，叶绿素含量较低。从整体上看，水体透明度从北向南呈递增趋势，与悬浮物浓度的空间分布呈负相关，基本上符合传统水质监测结果。东洞庭湖水质明显低于南洞庭湖和西洞庭湖，水污染程度处于全湖最高水平，其原因与人类活动密切相关。通过 GF－1 号卫星 PMS 影像能精确地反演叶绿素 a 浓度、悬浮物浓度和透明度指数的时空变化规律，其结果可以为传统水质监测方法存在的不足提供补充，为未来开展基于星-地协同的洞庭湖水环境长时序动态监测提供参考。此外，由于覆盖洞庭湖区域的无云少云数据较少，因而出现因不同时相数据拼接造成的结果不连续，接下来，一方面可利用更多的遥感数据结合实测水质数据展开结果的验证分析；另一方面可针对洞庭湖区的总氮、总磷等参数进行模型优化，进一步完善遥感水质评价体系。

第 5 篇　3S 技术在水利水电工程中的应用

第 12 章 水库库容与湖泊面积监测

水利是国民经济的命脉，大江大河的治理关乎国计民生。拦河筑坝、丰蓄枯用是科学进行江河治理、变水害为宝的有效途径。在水库的管理中，水库库容表和库容曲线图等是重要的基础数据，精确测定水库库容、编制库容表、绘制库容曲线图，对于最大限度地利用水资源、有效地进行水库的营运管理是至关重要的。目前，各大、中型水库所采用的基础数据大多是采用传统的“断面法”施测的，传统水库测量技术本身决定了其成果生产周期长、精度低、数据更新困难，无论是数据精度还是数据的现势性，都已无法满足水库现代化管理特别是信息化管理的要求。因此，研究并探索如何利用 3S 技术，快速、精确测定水库管理所需的基础数据，为建立防洪和营运管理系统构建空间基础数据框架，是必要的也是迫切的。

湖泊动态变化是区域环境变化和区域经济、生态环境可持续发展研究的重要课题。湖泊作为重要的水资源，对促进国民经济发展、维持区域水资源和生态环境平衡起着重要的作用。加强对湖泊的动态监测和调查，对湖泊资源利用、生态环境建设具有重要的意义。湖泊的萎缩和扩张是区域气候、地质构造和人类活动等因素共同作用的结果，同时它也反作用于区域气候，影响局地水量平衡、气候变化和生态环境演化。3S 技术的快速发展，为监测湖泊动态变化创造了条件。卫星遥感具有覆盖范围广、信息量大、重复频率高等优势，在全球变化研究中已经成为常规观测无法替代的重要信息源。基于遥感技术，可以对湖泊进行长时间序列的动态变化分析，揭示其变化原因及影响，为区域生态环境建设提供决策依据。

12.1 基于 GIS 的水库库容测量方法研究现状

水下地形部分采用“散点法”进行，利用 GPS 的实时动态方式（real - time kinematic，RTK）测定水面及水涯线点的平面位置和水面高程，利用超声波测深仪测量水深，点位密度按相应比例尺地形图要求进行；水面以上至某一高程面（如坝顶高程）以下部分利用库区最新地形图作为工作底图进行数字化（地形变化处要视需要进行补测），与水下地形测量成果一起利用 GIS 软件整体建立库区数据模型，并利用 GIS 强大的数据处理功能量算不同水位面的面积、计算库容、编算库容表、绘制库容曲线图及库区分幅地形图等。

12.1.1 可视化水库库容计算系统需求分析和功能模块设计

1. 库容计算系统软件需求分析

根据目前水利勘测单位库容测量工作需要，要解决传统计算方法效率较低和精度损失的问题，新系统应具备以下功能。

（1）友好的可视化操作界面：系统操作符合库容计算的工作流程，界面直观易懂，操作简便，应具备较高的自动化程度。

（2）开放多源的数据接口：针对不同的工作环境的需要，可以读入多种常用格式的原始地形数据，以提高库容计算软件的适用性。

（3）三维立体数据模型的建立：库区地形数据量大，地形复杂，所以要求系统应具备高效率三维数据模型建立的能力。

（4）库容计算及成果的导出：库容计算要求高效准确，并能够将计算成果导出为通用的格式，自动生成图表。

（5）良好的软件运行平台适应性：软件系统应充分考虑实际使用者的软硬件平台和操作习惯，应能够适应复杂的应用环境，尽可能降低软件运行成本和升级成本。

2. 系统功能模块设计

根据软件开发标准并结合用户现实需求情况，通常系统的主要功能包含：打开工程、添加数据、保存工程、图层窗口、鹰眼窗口、主窗口、显示控制命令、导入 CAD 数据、导入点数据、导入线数据、导入面数据、建立 TIN、特征线参与建模、库容计算、批量计算并输出到 excel、自动生成各种图表、生成等高线、导出为图片格式、设置 TIN 的色彩渲染、动态视频输出等。据此，可视化水库库容计算系统可被分成三个功能模块：地形数据处理子系统模块、视图处理子系统模块、参数工具设置子系统模块。

12.1.2　系统实现方法

1. 开发平台及实现方法

为使系统具备良好的平台适应性，通常开发平台选择目前市面上主流的开发平台 Visual studio net 2018 及目前最通用的地理信息平台 ArcGIS 的开发组件 ArcGIS Engine SDK，使用面向对象的 C# 编程语言，应用 ArcGIS Engine 提供的接口技术，实现系统各模块的功能。ArcGIS Engine 为开发 GIS 应用软件提供了标准框架，是一套完备的嵌入式 GIS 组件库和工具库，它功能丰富，并且具有扩展性，能让软件开发人员集中精力解决软件架构问题，而不用考虑 GIS 功能的细节。有效的 Licence 配置方案可以使 ArcGIS Engine 完全脱离 ArcMap 的软件平台，同时又具备了 GIS 的所有核心功能，大大节约了开发成本。ArcGIS Engine 及其所有相关对象与控件可用于多种平台，包括 Windows、Linux 和 UNIX。基于 ArcGIS Engine 开发的 GIS 应用软件将适用于标准计算环境，而不需要改变或添加运行环境。

2. 系统运行的流程

建立地形模型最原始的数据是离散三维点数据，其精度决定了计算结果的可靠性，所以合理的组织原始数据是非常关键的一步。原始采集的地形点数据，在制成地形图的时候都经过编辑处理，得到地形图所要求的等高线数据。如果成图软件组成三角网算法没有考虑到地形特征，直接建立的三角网会出现比较大的失真。常规制作地形图的过程中，都对三角网或等高线进行了处理，以保证等高线的合理性。所以如果直接采用三维地形点建立模型，势必又会出现地面模型和等高线产生矛盾的问题，也必然影响库容计算结果的精度。这里采用一个相对简单的办法，在 CAD 平台的地形图软件中，将已经编辑过的等高线结点回写成三维点数据，和原始三维地形点数据共同建模，这样可以基本保证数据建模后的合理性；同时采用特征线参与建模的方法，对三角网生成进行约束，以便进一步严格保证建模的合理性。确定计算范围，剔除不参与计算的地形数据，导入地形数据。利用 ArcGIS Engine 提供的 Data Sources File 接口，实现了多种数据源的数据读取。不但可以读入测绘外业常用的南方 CASS 地形图软件的 DAT 格式地形数据，也可以直接读入 DWG 格式图形文件，并转换为 ArcGIS 标准的 shp 格式，作为原始数据层保存在项目文件中。读入图形文件时会根据需要分为点图层、线图层、面图层，并加入到程序数据图层内。

3. 建立不规则三角网（TIN）模型

利用 ArcGIS Engine 提供的 Geodatabase 接口，将读入的三维离散数据采用 Delaunay 三角测量方法建立不规则三角网模型 TIN，以模拟真实的地形数据。TIN 是基于矢量的数字地理数据的一种形式，通过将一系列折点（点）组成三角形来构建。TIN 模型具备数据冗余小、精度高、便于计算体积等特点，因此选择用 TIN 模型作为三维地形数据组织方式。在导入的原始点数据图层基础上建立 TIN 模型。特征线数据参与原始点数据图层的建模，以约束三角网的形成，从而保证 TIN 地面模型更接近真实地表。在特征线约束建模之前，建立冲沟的模型因为数据点分布问题造成了模型的失真；特征线约束后，较好地解决了这个问题，既保证了数据模型的精度，同时也减少了数据冗余。如图 12.1 所示即为建好的 TIN 模型。

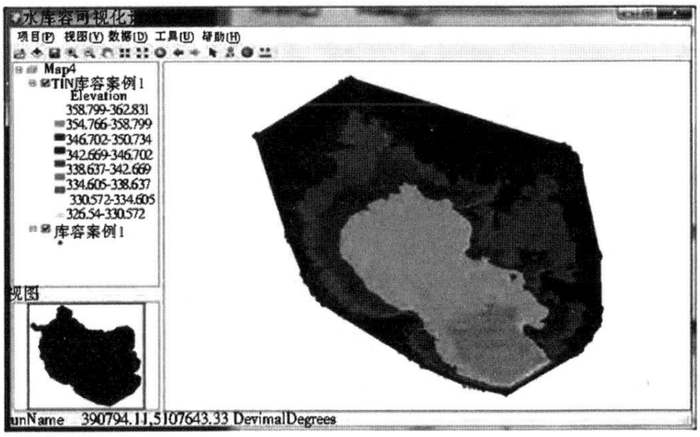

图 12.1　建好的 TIN 模型

4. 库容计算及成果

库容计算窗口会自动找到 TIN 所在图层，并自动找出最低水位和最高水位，用户也可根据实际需要指定这两个水位。单击“批量计算并输出到 excel”按钮，系统会自动计算库容并把各种结果输出到 Excel 生成的表格和图表中，如图 12.2 和图 12.3 所示。

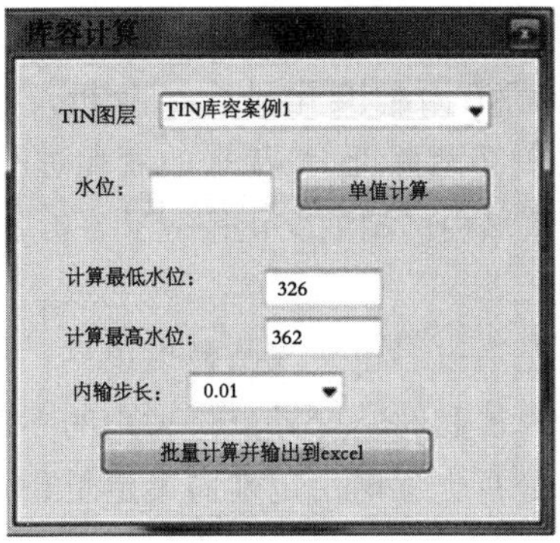

图 12.2　库容计算

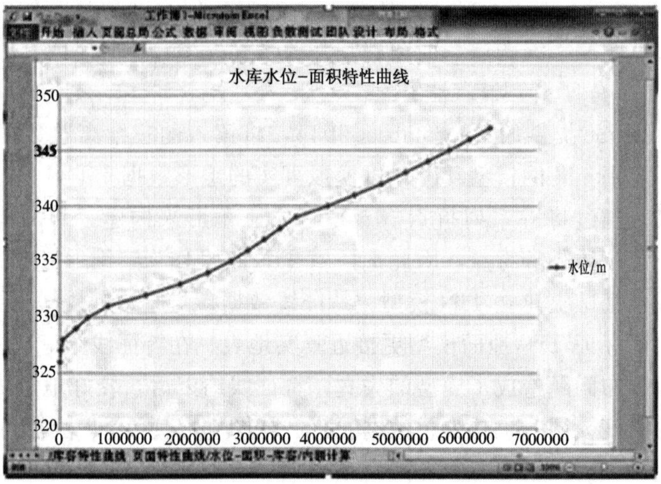

图 12.3　库容计算成果

12.2　湖泊动态变化遥感研究进展

目前，利用遥感技术提取湖泊水域边界和面积等信息已成为研究湖泊的重要方法之一。国内外许多学者利用遥感技术对湖泊动态变化进行了大量研究，主要集中于湖泊形态特征方面（如湖泊面积、水位等），即对其萎缩和扩张及其原因的研究，对于了解区域水资源动态变化、生态环境变化、气候变化以及可持续发展具有重要意义。

12.2.1　数据源的多源化

湖泊面积变化遥感研究早期使用的数据源相对单一，主要是 Landsat 影像。Guirguis 等在 1996 年利用多时相的 MSS 假彩色合成影像对埃及 Brullus 湖在 1983—1991 年的动态变化进行了研究；Pietroniro 在 1997 年利用多时相的 MSS 和 TM 影像对加拿大 Peace Athzbase 三角洲的湖泊面积变化进行了研究。随着遥感卫星技术的快速发展，不同数据源影像的使用越来越广泛。Harris 等选用 AVHRR 和 TM 遥感数据对北爱尔兰 Lough 湖水域面积进行了遥感调查；Plug 等利用 TM 影像对加拿大 Tuktoyaktuk 半岛上的冻原湖泊在 1978—2001 年的变化进行了研究；拉巴等利用 2002—2009 年 EOS/MODIS 卫星遥感资料和气象资料，对西藏典型内陆湖泊面积变化进行了分析；万玮等以 LandsatTM/ETM＋、CBERSCCD 影像对羌塘高原东南部湖群近 30 年来的变化进行了分析；叶庆华等利用 TM/ETM 和 Aster 影像对玛旁雍错流域内的湖泊变化进行了分析。

12.2.2　研究方法的改进

早期的湖泊边界提取主要是通过彩色合成凸显出边界，然后人工矢量化，建立湖泊矢量多边形。随着遥感图像解译算法和时空变异分析理论的不断发展，湖泊信息提取自动化程度越来越高，湖泊时空变异分析也逐渐由定性向半定量、定量化方向发展。归一化差异水体指数（NDWI）等算法的提出，使得图像解译自动化程度不断提高。白洁等基于归一化水体指数法，建立“全局-局部”阈值分割迭代算法，实现了自动提取中亚主要湖泊水体边界信息，并定量估算其水域面积；熊波等、万玮等基于湖泊的空间位置，从空间分异方面对湖泊变化进行分析，从空间维了解湖泊的动态变化。Zhu 等利用地形图 DEM、Landsat TM 和 CBER-1 卫星遥感影像，以及实测水深数据，综合利用遥感、GIS、空间分析和统计分析等方法，定量分析了纳木错湖面面积和水量在 1971—2004 年的变化情况。该文从湖泊水量平衡方面对湖面变化进行了分析，对湖面降水、地表径流补给和冰川融水补给进行了量化，对湖面扩张原因进行了定量化分析。

12.2.3 存在问题

近十多年来，关于湖泊动态变化的遥感研究成果很多，从中可以看出：①有些研究虽然时间尺度较大，但缺乏足够的影像资料，不能充分说明其间的变化情况；②影像解译精度参差不齐，湖泊边界提取方法各异，整体精度有待提高；③湖泊变化原因分析不够全面、不够清晰，是气候变暖为主导还是新构造运动为主导，或者是多因素共同作用的结果，以及各种因素的贡献比例，没有定量的说明，缺乏有力的数据支持。

12.3 湖泊动态变化遥感研究方法

湖泊动态变化遥感研究，一般是在一定的时间尺度上，选取适当数量的不同时相的航片、卫片、雷达等影像，利用各种遥感图像处理技术，提取不同时期的湖泊边界进行叠合对比，来反映湖泊面积的动态变化情况，进而揭示影响这种变化的原因，起到启示作用。

12.3.1 数据源选择与预处理

根据研究目标的特征以及研究目的选择合适的影像资料，以及地形图、DEM、水文气象资料、地质构造资料等。从影像数据源来看，中高空间分辨率影像（如 SPOT、TM/ETM＋、CBERS、HJ1A/B 等），由于其回访周期较长但空间分辨率较高，且容易获取与处理等特点，可用于小空间、大时间尺度的湖泊变化观测，用 Landsat、CBERS 作为数据源的研究较多；而中低分辨率影像（如 EOS/MODIS、NOAA/AVHRR）由于其高回访周期、大范围覆盖性、低成本等特点，可用于大空间、小时间尺度的连续湖泊动态变化观测。刘瑞霞等利用 NOAA/AVHRR 数据定量估算了青海湖近 20 年的面积变化，并与降水、气温和蒸发量进行了分析。除了用光学影像，还可以选择微波影像，如 ERS-1/2、JERS-1、Radarsat、ENVISat 具有全天时全天候探测特性的影像。微波对水体的反应非常敏感，可以容易地确定水陆边界，所以非常适合全天候水体的识别和监测。但当前这种数据源主要集中在水质研究方面，对湖泊面积形态的研究相对较少。当然，遥感影像数据源并不局限于上述几种，如 COSMO-SkeyMed、GeoEye、IRS-P5、RapidEye 等高分辨率卫星，在湖泊水体提取、边界划分方面具有更明显的优势。

在数据选取过程中，要根据研究目标/区域特点和研究尺度来选择相应数据。目前对大中尺度区域湖泊动态变化的研究主要采用 AVNRR、MODIS 数据，同时也是长时间序列变化研究的常用数据源；对于中小尺度的湖泊变化研究主要采用 TM/ETM＋、SPOT、CBERS 等较高分辨率的遥感影像；对于特定条件下，光学遥感受限时，可采用微波遥感 ERS-1/2、JERS-1、Radarsat、ENVISat 等。不同时相的数据要尽量选取同一时段（如都在枯水期或都在丰水期等），使结果具有可比性，提高结果的信度与精度。

图像的预处理一般是基于遥感软件（如 ENVI、ERDAS 等）或 GIS 软件（如 ArcGIS、MapGIS、SuperMap 等），对原始数据进行配准、校正、裁剪和镶嵌等初步处理。预处理过程对于整个研究非常重要，尤其是空间图形图像的处理，涉及一系列与坐标有关的处理。处理结果的正确与否以及精度会影响后续一系列的分析和论证。

12.3.2　湖泊边界提取

由于水体和陆地等其他地物对太阳辐射存在不同的反射、吸收和透射特性，因此它们在遥感影像上的成像情况也不同，水陆边界明显，湖泊边界容易识别。遥感影像水体提取方法很多，前述章节已有具体描述。随着遥感分类技术的快速发展，近年来又出现了许多新方法，人工智能神经网络、支持向量机、决策树、小波分析等得到广泛应用。至于哪种方法最优，尚没有定论，各种方法都有一定的适用范围，需要结合研究对象的特征来选择合适的方法。

在湖泊边界提取过程中，要遵循一定的原则，诸如湖泊中间的孤岛是否剔除，周边的零星水域是否计入湖泊的一部分等，以确保不同时相影像提取的湖泊面积具有可比性。

12.3.3　湖泊变化趋势分析

不同时相湖泊面积统计有两种方法：一种是基于软件的面积计算功能，方便快捷；另一种是首先统计构成湖泊的像元个数，然后乘以单个像元代表的实际面积，得出湖泊面积。计算公式为

$$S=\sum_{i=1}^{N} pixelSize \times pixelSize \times 10^{-4} \tag{12.1}$$

式中：S 为湖泊面积；N 为像元个数；$pixelSize$ 为像元分辨率。

通过对多时相湖泊面积和空间特征的统计分析，揭示其变化特征和变化趋势等。常用的特征指标包括面积变化百分比、单位面积变化率和变化强度等。

1. 面积变化百分比

面积变化百分比指研究末期相对研究初期的面积变化强度，从整个研究时段来衡量湖泊变化情况。其表达式如下

$$\Phi=\frac{S_Y-S_0}{S_0}\times 100\% \tag{12.2}$$

式中：Φ 为变化百分比；S_Y、S_0 分别为研究末期和初期的湖泊面积。

2. 单位面积变化率

单位面积变化率作为衡量湖泊变化的一个时间特征，表示湖泊在一定时间段内面积变化情况，反映了该时段内湖泊单位面积年均变化速度。年变化率计算公式为

$$R=\frac{S_{T2}-S_{T1}}{S_{T1}}\times\frac{1}{T_2-T_1}\times 100\% \tag{12.3}$$

式中：R 为年变化率；T_1、T_2 分别为研究起始时间；S_{T1}、S_{T2} 分别为 T_1、T_2 相应时间的湖泊面积。若 R 为正值，表示其在该时段内呈扩张趋势，R 越大，说明平均年扩张速度越快；若 R 为负值，则表示其在该时段内呈萎缩趋势，R 绝对值越大，说明平均年萎缩的速度越快。

3. 空间分异特征

空间分异与湖泊的地理位置、构造特征、气温和降水因素密切相关，分析湖泊空间分

异特征具有重要的意义。湖泊变化不仅表现为面积在时间维上的演化，还表现为空间形态在时间维上的变化。因此，湖泊的空间分异特征也是表征湖泊动态变化的一个重要指标。例如，有些湖泊中心未发生变化，周边呈圆形扩张或萎缩；而有些湖泊则在某个方向进行扩张或萎缩，或者整体发生了迁移，使得中心发生了变化等。这些特征对于分析其变化原因具有极其重要的意义。

12.3.4 湖泊变化成因分析

深入了解湖泊变化的原因，对水资源合理配置、生态环境防治与治理及了解局地气候变化具有重要的意义。引起湖泊变化的原因，一方面是自然条件的变化，如气温升高、气候湿度变化、降水变化引起水循环变化等；另一方面是由人类活动影响造成。结合收集的气象、水文、地质等资料，综合利用 RS、GIS 技术，空间分析和统计分析等方法，从多方面进行分析计算，揭示湖面变化的原因以及发展过程和变化趋势。常用的方法有水文气象要素法、湖泊水量平衡法等。

(1) 水文气象要素法，主要是对流域温度、降水和蒸发等气象要素进行线性回归、距平分析、Spearman 秩相关分析、Mann - Kendall 秩次相关分析、EOF 和小波分析等，对其时空特征、变化趋势、周期性、突变情况及其显著性等进行分析，并与湖泊面积进行相关分析，探讨造成湖泊变化的主要因素，并对影响因素的重要性进行评价。

(2) 湖泊水量平衡法，通过分析湖面降水、流域降水、冰雪融水等形成的径流，地下水补给，湖面蒸发，排泄等相关要素，计算入湖水量与出湖水量，建立相关的水量平衡方程，分别计算各要素的贡献比，以定量化的方式分析湖泊变化的原因。

12.4 研 究 展 望

综观近年来湖泊动态变化的研究进展，今后的研究方向集中在以下几个方面：

(1) 精度和实效性。随着遥感技术的快速发展和广泛应用，以及 3S 技术的紧密结合，对湖泊动态变化遥感研究的精确度、实时性要求也越来越高。

(2) 尺度问题。一是时间尺度，基于长时间序列的变化研究较多，通常来反映长时间尺度的气候、地质、生态环境等相关因素的变化情况，但短期的变化研究较少，可以用短期的变化研究来反映局部、区域的相关人为、自然因素的变化动态；二是空间尺度，大多是对大、中尺度的湖泊动态变化研究，由于影像分辨率的限制，对受环境等因素敏感的小型湖泊研究较少，伴随着高分辨率卫星的发展，可以对小尺度的湖泊动态变化进行进一步研究。当然，当前全球变化研究大背景下，全球陆表湖泊动态变化也是一个重要的研究方向。

(3) 变化原因分析。湖泊变化是多种因素共同作用的结果，各种因素错综复杂，影响程度也不同。因此，对各个主要影响因子贡献比例的定量化研究需要加强，这也是当前研究的热点与难点。

(4) 湖泊信息自动化提取。遥感图像解译中经常出现“异物同谱、同物异谱”现象，要准确判断湖泊水域边界是一个比较复杂的过程。大多数研究主要是通过遥感解译和人工编辑的方式获取湖泊边界，但这种方法费时费力，人为影响因素较多，有待于发展更高层次的自动化提取方法。

12.5 典型案例

12.5.1 数据与方法

以中巴地球资源卫星 CBERS CCD 影像（空间分辨率 19.5m，卫星重访周期 26 天）为主，Landsat ETM＋影像（空间分辨率 30m，卫星重访周期 16 天）作为补充数据源。同时考虑图像质量、云覆盖等问题，辅以 2005—2006 年前后两年的数据，且优先选择时间上与调查基期最接近的数据。对于极个别湖泊，若仍未找到符合条件的影像，则将时间范围继续放宽，但最早不能早于 2000 年。通过筛选，保证每个湖泊丰水期和枯水期各有一个时相的影像。丰水期影像以 8、9 月为主，邻近月份为辅；枯水期影像以 4、5 月为主，邻近月份为辅。通过对影像进行初步分析，确定有湖泊存在的影像共 413 景，包括 408 景 CEBERS CCD 影像（丰水期 205 景、枯水期 203 景）、5 景 Landsat ETM＋影像（丰水期 4 景、枯水期 1 景）。根据遥感影像几何精校正和湖泊变化检测的需要，共收集整理了 1975 年前后的 1：10 万地形图 1177 幅，1：5 万地形图 82 幅，主要集中在 H45、H46 和 I47 三个 1：100 万地形图的图幅内。在遥感解译的过程中，还参考了第一次全国湖泊调查形成的 1：25 万全国湖泊分布图、《中国湖泊志》（简称《湖泊志》）、《中国湖泊名称代码》（简称《代码本》）、《西藏河流与湖泊》《西藏盐湖》《青藏高原盐湖》《西藏地貌》等资料，同时还参阅了与青藏高原湖泊成因及特点、湖泊变化、青藏高原水系特征等相关文献资料。青藏高原的湖泊包括淡水湖、咸水湖、盐湖（包括盐水湖、半干涸湖和干涸湖）等多种类型，它们的大小、形状、色调，以及周围的地形地貌和水系等宏观或微观特征在卫星遥感影像上都存在很大差异。因此对青藏高原湖泊进行调查时，还参考了各种类型湖泊的解译标志。

湖泊调查的技术流程主要包括数据预处理和影像解译两个方面，具体阐述如下：

(1) 纸质地形图扫描图像几何校正，按照 1：10 万标准地形图分幅设计经纬网控制点，并按照 2km×2km 设计方里网控制点，基于此对纸质地形图的扫描图像进行几何校正，每 10km 设置一个控制点，每幅地形图的控制点不少于 25 个，校正均方根误差小于 10m，校正后的地形图用于遥感影像的几何精校正。

(2) 遥感影像几何精校正，选取道路交叉点、道路和河流的交叉点、地形特征点等同名点，利用几何校正后的地形图对遥感影像进行几何精校正，每景影像不少于 20 个控制点，校正均方根误差控制在 30m 以内，校正后的影像统一采用以 Krasovsky _ 1940 为基准面的阿尔伯斯圆锥等面积（Albers conical equal area）投影，未做正射校正处理。

(3) 遥感影像解译及湖泊边界确定，利用遥感影像提取水体的方法有多种，如单波段阈值法、多波段指数法等，在特定条件下可以达到较好的精度。但由于青藏高原湖泊种类繁多，湖泊边界的确定需要考虑色调、纹理、形状、地理位置、季节变化等各种情况，为严格控制提取精度，直接采用人工目视判读的方法对面积在 $1km^2$ 以上的湖泊进行解译。对于湖泊边界的确定，一般以丰水期水边线作为湖泊边界，湖泊边界内的所有面积均算作湖泊面积（包括水面面积、岛屿面积、围垦面积和滩地面积）。将丰水期和枯水期的影像进行对照，对于有明显季节性变化的湖泊或存在盐壳层的盐湖，需结合地形图确定季节性被水覆盖的滩地或盐壳层是否作为湖泊的组成部分，即如果滩地或盐壳层在两期影像中均位于水边线外围，则不作为湖泊的组成部分；如果其在一期影像上位于水边线外围，而在另一期影像上位于水边线以内，则以两期水边线的中心线作为湖泊边界。

除调查正常湖泊外，还确定了两类特殊湖泊，即新生湖泊和消亡湖泊，其定义及判断标准见表12.1。具体方法为：完成正常湖泊的解译后，再对卫星遥感影像进行逐景排查，结合1∶25万全国湖泊分布图、《湖泊志》和《代码本》，记录新生湖泊和消亡湖泊的数量，并根据遥感影像解译确定湖泊的面积。

表12.1　　新生、消亡湖泊的定义及判断标准

类　型	定　义	判　断　标　准
新生湖泊	第一次全国湖泊调查时客观上不存在、后期经地表变化发育形成的、符合本次调查条件的湖泊	《湖泊志》和《代码本》中未记录，早期地形图中原位置是陆地或湿地等非湖泊水体，经多期卫星遥感影像和实地调查，确实存在的符合本次调查条件的湖泊
消亡湖泊	第一次全国湖泊调查时客观上存在，按照本次调查的条件，已经不存在的湖泊	《湖泊志》和《代码本》中有记录，早期地形图中记载原位置确实有湖泊存在，经多期卫星遥感影像确认已经完全干涸且无湖泊痕迹，或尚有湖泊边界但已全部被围垦，或因其他原因而消失的湖泊

12.5.2　研究区概况

在全球气候变化的大背景下，作为关注焦点区域之一的青藏高原，其环境变化对全球变化具有敏感响应和强烈影响。青藏高原气候变化不仅是全球气候变化的重要部分，而且对全球气候波动也可能起到触发器和放大器的作用。根据政府间气候变化专门委员会（Intergovernmental Panel on Climate Change，IPCC）第四次气候变化评估报告及相关研究，青藏高原近年来呈现气候变暖的整体趋势，表现为气温及地表温度升高、年降水量的区域性增加或减少、冰川融化、冻土消融以及现代雪线退缩等。因此对于青藏高原气候环境变化的研究和评估，正在面临新的科学问题和挑战。

湖泊作为陆地水圈的组成部分，参与自然界的水分循环，对气候的波动变化极为敏感，是揭示全球气候变化与区域响应的重要信息载体。青藏高原是地球上海拔最高、湖泊数量最多、湖泊面积最大的高原湖群区，湖泊成因类型复杂多样，对其湖泊数量和面积变化进行监测，是研究青藏高原气候环境变化问题的一个必要组成部分，能够为青藏高原冰冻圈变化、能量水分循环、生态系统变化等研究提供重要的科学依据。由于青藏高原气候恶劣，受自然因素制约，难以用常规手段获取绝大多数湖泊变化的数据，借助卫星遥感监测和研究该区湖泊状态及变化成为一种不可或缺的手段。青藏高原湖泊遥感研究涉及湖泊信息提取、湖泊水位变化、区域性湖泊变化规律、长时序湖泊变化特征、湖泊对气候变化的响应等诸多方面。

20世纪60—80年代，我国进行了第一次全国范围的湖泊调查，制成了1∶25万全国湖泊分布图，调查成果编入《湖泊志》和《代码本》中。根据该调查结果，青藏高原面积在1km^{2}以上的湖泊共1091个，总面积44993.3km^2，约占全国湖泊总面积的49.5%。2006—2009年，国家科技基础性工作专项“中国湖泊水质、水量与生物资源调查”项目制定了《中国湖泊卫星遥感调查技术规程》（简称《技术规程》），以2005—2006年为调查基期，利用卫星遥感技术第二次对全国湖泊进行了调查和制图，青藏高原湖区湖泊调查是其中的重要组成部分，本文对该调查结果进行报道，给出截至 2005—2006 年青藏高原湖泊的数量、面积及空间分布情况。并将其结果与 20 世纪 60—80 年代第一次全国湖泊调查进行比较，对青藏高原湖泊的数量、面积变化情况进行研究。参考青藏高原气候、冰川、河流、地质等相关资料，以及本次调查后的相关研究成果，对面积大于 500km^2 的大湖变化及其原因进行分析。对本次调查中发现的 30 个新生湖泊、5 个消亡湖泊的空间分布、类型及其成因进行初步分析。重点针对那曲地区、可可西里地区、黄河源区 3 个气候与生态环境变化的敏感区域，分析区域内湖泊变化规律及其对青藏高原气候变化的响应。本实验的调查成果和研究结论可为青藏高原的湖泊变化及其对气候波动响应等研究提供参考。

12.5.3　调查结果

根据本次调查结果，青藏高原湖区共有湖泊 1055 个，占全国湖泊总数量的 30%以上，其中青海省 222 个，西藏自治区 833 个。表 12.2 列出了《湖泊志》《代码本》和本次调查中湖泊数量的详细比较。《湖泊志》中记载的青藏高原 1km^2 以上湖泊共 1091 个，包括青海省 272 个，西藏自治区 819 个。《代码本》中共 1041 个，包括青海省 261 个，西藏自治区 780 个。需要说明的是：关于青海省 1000km^2 以上的湖泊，《湖泊志》和《代码本》中记载的均为 3 个，而本次调查中仅为 1 个，缺少察尔汗盐湖和昆特依干盐湖。这是因为《湖泊志》中将达布逊湖、涩聂湖、北霍布逊湖、南霍布逊湖等 10 个卤水湖统称为察尔汗盐湖，而本次调查将这些湖泊分别进行解译。此外，昆特依干盐湖实际上为湖泊退化后形成的干盐滩，因此未列入本次调查的范畴。面积在 500～1000km^2 的湖泊中，对于青海省境内的，《湖泊志》中记载和本次调查中虽数量均为 5 个，但涵盖的湖泊并不完全相同。《湖泊志》中记载的包括鄂陵湖、哈拉湖、乌兰乌拉湖、扎陵湖和大浪滩干盐湖，而本次调查结果则不包括大浪滩干盐湖，同时却包括了赤布张错（《湖泊志》中记载面积为 476.8km^2，本次调查中则扩张为 515.68km^2。该湖跨越青海和西藏，为方便叙述，统一将其归于青海省）。对于西藏自治区境内的 5 个湖泊，《湖泊志》中记载的与本次调查相同，均包括扎日南木错、当惹雍错、羊卓雍错、昂拉仁错和班公错（此处为全湖面积，包括中国境内和境外的全部面积）。

表 12.2　青藏高原湖泊数量统计和比较　　单位：个

类型	省份	>1000km^2	500～1000km^2	100～500km^2	50～100km^2	10～50km^2	1～10km^2	合计
《湖泊志》	青海	3	5	17	13	45	189	272
	西藏	2	5	40	57	158	558	819
	合计	5	10	57	70	203	745	1091
《代码本》	青海	3	5	19	15	48	171	261
	西藏	2	5	38	57	151	527	780
	合计	5	10	57	72	199	698	1041
本次调查	青海	1	5	18	13	53	132	222
	西藏	2	5	51	56	185	534	833
	合计	3	10	69	69	238	666	1055

表 12.3 列出了本次调查中青藏高原新生、消亡湖泊的数量。根据本次调查结果，青藏高原共有新生湖泊 30 个，其中青海省 8 个，西藏自治区 22 个；共有消亡湖泊 5 个，其中青海省 2 个，西藏自治区 3 个。此外，本次调查还发现了在第一次湖泊调查中未被《湖泊志》收录，但经 1975 年前后的地形图核实，该位置的确有湖泊存在且符合本次调查条件的湖泊共 73 个，其中青海省 6 个，西藏自治区 67 个。

表 12.3　　青藏高原新生、消亡湖泊的数量　　单位：个

湖泊类型	省份	10～100km² 湖泊数量	1～10km² 湖泊数量	合计
新生湖泊	青海	2	6	30
	西藏	3	19	
消亡湖泊	青海	0	2	5
	西藏	0	3	

表 12.4 列出了《湖泊志》《代码本》和本次调查中湖泊面积的详细比较，其中《湖泊志》对 1～10km² 的湖泊总面积未做统计。根据本次调查结果，青藏高原湖泊总面积为 41831.72km²，占全国湖泊总面积的 50%以上。其中，10km² 以上的湖泊 39778.59km²，1～10km² 的湖泊 2053.13km²。新生湖泊总面积为 202.63km²；对于 5 个消亡湖泊，消亡前在早期地形图上的总面积为 7.16km²，1：25 万湖泊分布图上总面积为 5.85km²。

根据调查结果，该区共有 13 个 500km² 以上的大湖，包括青海省 6 个：青海湖、鄂陵湖、哈拉湖、乌兰乌拉湖、扎陵湖和赤布张错；西藏自治区 7 个：色林错、纳木错、扎日南木错、当惹雍错、羊卓雍错、班公错、昂拉仁错。冈底斯山北麓断陷带是大湖密集的区域，形成了诸如纳木错、色林错等大型构造湖。

表 12.4　　青藏高原湖泊面积统计和比较　　单位：km²

类　型	省份	＞10km² 湖泊	1～10km² 湖泊	合计
《湖泊志》	青海	18940.1	—	—
	西藏	17583.6	—	—
	合计	36523.7	—	—
《代码本》	青海	19743	514	20257
	西藏	23343.6	1583.5	24927.1
	合计	43086.6	2097.5	45184.1
本次调查	青海	12796.97	417.90	13214.87
	西藏	26981.62	1635.23	28616.85
	合计	39778.59	2053.13	41831.72

12.5.4 分析与讨论

青藏高原是全球气候变化的敏感区域，大湖面积的变化在气候变化研究中最具价值。首先分析调查基期内 500km² 以上大湖面积的变化情况，结合自本次调查后至 2013 年的最新研究资料，对大湖面积的变化做进一步监测，揭示影响湖泊面积变化的因素。湖泊面积

变动率利用公式 $\Delta t=(S_{本次调查}-S_{湖泊志})/S_{湖泊志}\times 100\%$进行计算，若 Δt 为正，将其称为扩张率；若为负，则将其绝对值称为萎缩率。

1. 面积萎缩的湖泊及原因分析

30 年间所有大湖中萎缩较为严重的为羊卓雍错和青海湖，两者面积分别减少了 184.82km^2 和 85.10km^2，萎缩率分别为 22.13%和 1.96%。此外哈拉湖和扎日南木错也存在较小的萎缩。羊卓雍错是雅鲁藏布江以南、喜马拉雅山北麓最大的内陆湖泊，为自成流域的封闭湖泊，主要靠地面径流和冰川融水补给。不少研究与本次调查基期基本一致，能够从不同侧面对该湖泊的变化给出佐证。文献利用早期地形图、卫星遥感资料、气象资料以及湖泊水文资料等，对羊卓雍错水位、面积变化及其对气候变化的响应做了详细分析，根据其研究结论，在降水增加、气温上升的情况下，气温引起的湖泊蒸发效应超过降水增加导致的补给影响，是湖泊面积下降的主要原因。在本次调查之后，又有一些研究给出了羊卓雍错的最新变化情况，指出该湖目前仍在不断萎缩，2010 年年平均水位达历史最低值 16.25m，截至 2010 年 4 月，湖泊面积已降至 600.26km^2。青海湖位于青海省东北部的青海湖盆地内，主要依赖地表径流和湖面降水补给，祁连山冰川是布哈河等其入湖河流的重要补给源。同期研究证实了本次调查的结果，青海湖在调查基期内湖泊面积呈萎缩趋势，需指出的是，这些研究还证实自 2004 年后，青海湖水位和面积均呈现缓慢增加的趋势。另有研究利用 2003 年和 2009 年的 ICESat 高程数据，也证实了青海湖的水位正以平均 0.11m/a 的速率上升。文献则从气象学的角度分析指出了青海湖流域夏季季风导致的降雨量增加、蒸发量减少，是青海湖水位上升的一个重要因素。

2. 面积扩张的湖泊及原因分析

大湖中面积扩张的共有 7 个，且分布于不同的区域。位于西藏那曲地区的色林错、纳木错和赤布张错扩张十分明显，扩张面积分别达 501.02km^2、79.40km^2、38.88km^2，其中色林错扩张率高达 30.78%，是 13 个大湖中扩张最为显著的一个，其面积已超过纳木错，成为西藏第一大湖，另有研究结果也证实了这一点。色林错位于冈底斯山北麓，其最长的补给河流扎加藏布发源于藏北的冰川山脉唐古拉、各拉丹冬等，因此冰川变化与该湖面积变化存在密切关系。对色林错扩张原因的探究一直是近年来的研究热点，多数研究认为，气温、地表温度升高导致冰雪融化和冻土层变浅是湖泊扩张的主要原因。此外，湖泊北部扩张最为显著，这与湖泊北部各拉丹冬冰川面积萎缩有直接关系，对各拉丹冬地区冰川变化的研究也有力地证明了这一结论。截至 2010 年 10 月，色林错湖泊面积已达 2323.6km^2，较本次调查的 2129.02km^2 又有了进一步扩张。对纳木错流域冰川、湖泊变化及其对气候变化响应的研究表明，流域东南部的念青唐古拉山现代冰川发育、气候变暖引起的冰川融水增加是引起近年纳木错迅速扩张的主要原因。赤布张错原与西部的吐错连通，后解体成几个串珠状的湖泊，湖水依赖冰川融水补给。本次调查中的湖泊扩张主要发生在与吐错相邻的位置，这一结论与文献一致，扩张的因素主要归结于该区冰川的萎缩。色林错、纳木错和赤布张错的扩张在一定程度上代表了那曲地区湖泊的整体变化趋势。本次调查发现，黄河源头姊妹湖之一的鄂陵湖面积扩张了 19.05km^2，与扎陵湖相比扩张更为明显。通过细致分析认为该湖泊在近 30 年实际上经历了先萎缩后扩张的趋势，另有文献则认为这种转折是以 2000 年作为转折点，2000 年后鄂陵湖水面再次扩大的原因是鄂陵湖出水口处水电站建设导致的湖泊水位抬升。根据文献，乌兰乌拉湖在1976—2000年面积缩小了59.8km²，文献中推测湖盆周围山地的降雪融水和泉水是该湖泊的主要补给源，因气候干燥导致的降水量小于湖盆蒸发量是该湖萎缩的主要原因。而截至本次调查的2005年前后，乌兰乌拉湖面积却扩张了22.46km²。此外，根据本次调查结果，班公错和昂拉仁错的面积也存在一定程度的扩张，且枯水期面积大于丰水期，但这与现有的相关研究结论不一致。因本研究未对调查时段进行更细致的划分，且未掌握2005年至今的湖泊变化资料，故暂不做讨论。

湖泊的新生和消亡是青藏高原湖泊变化特征的另一重要组成部分，能够直观地反映特定区域内的气候、河流、冰川、湖水盐分等的变化情况。结合地形、地貌、植被、河流、冰川等背景资料，将本次调查发现的30个新生湖泊按照成因分为6种类型：类型一，由河道扩展、河漫滩填充水体形成；类型二，由沼泽转化形成；类型三，由沙地、盐碱地转化形成；类型四，由戈壁转化形成；类型五，冰川融水汇流于低地形成；类型六，季节性湖泊，丰水期水量较多，枯水期则退化为盐壳。

12.5.5 结论

以2005—2006年的CBERSCCD和Landsat ETM＋卫星遥感影像为主要数据源，并在1975年前后1∶10万、1∶5万地形图等资料的支持下，对近30年来青藏高原1km²以上湖泊的数量、面积变化进行调查，并对湖泊变化规律、成因、对气候变化的响应等进行较深入的分析和讨论。得到的主要结论如下：

（1）利用卫星遥感技术能够成功地进行大范围的湖泊现状调查和变化监测。与实地调查相比，利用该手段开展调查研究既省时省力又不易遗漏湖泊的细微变化。特别对于青藏高原这类实地观测非常困难，难以获得有效资料的区域，卫星遥感技术更体现出独特的优势。

（2）截至2005年左右，青藏高原共有1km²以上湖泊1055个，包括青海省的222个和西藏自治区的833个，占同期全国湖泊总数量的30%以上；青藏高原湖泊总面积为41831.72km²，占全国湖泊总面积的50%以上；发现面积大于1km²的新生湖泊共30个，原面积大于1km²的湖泊消失5个。

（3）面积在500km²以上的大湖中，调查期年段内羊卓雍错和青海湖萎缩严重，目前羊卓雍错仍在继续萎缩，主要原因是气温升高引起的湖泊蒸发效应超过降水补给（另有研究表明，由于祁连山冰川融化、降水增加等的影响，自2004年后青海湖呈扩张趋势）。那曲地区的色林错、纳木错和赤布张错面积扩张较大，气温和地表温度升高导致的冰川融水增加是湖泊扩张的主要原因。

（4）新生湖泊按照成因可以归纳为6种类型，即河道扩展、沼泽转化、沙地或盐碱地转化、戈壁转化、冰川融水汇流以及季节性湖泊。新生湖泊一般较小，面积最大的不超过40km²。与新生湖泊相比，消亡湖泊数目相对较少，且多是由于自然条件变化导致的湖泊干涸。

（5）在调查期内，3个典型气候与生态环境敏感区域中，那曲地区和可可西里地区的湖泊总体呈扩张趋势，是高原中北部因气候变暖导致的气温升高、降水量增加、冰川融水增加等的直接响应。黄河源区的湖泊则总体呈萎缩状态，与该区气温升高导致蒸发量持续增加、入湖河流的径流量减少等密切相关。

第13章 防 洪 减 灾

洪涝灾害是当今世界上最严重的自然灾害之一，洪涝灾害是指降水造成的河水冲垮堤坝、淹没耕地、冲毁房屋或突发的山洪冲毁耕地、冲走人畜等现象。洪涝灾害因其范围广、频度高、突发性强、损失大等特点，常对国民经济和人民生命财产安全带来严重威胁。在全球所有自然灾害造成的损失中占 40%，并往往分布在人口稠密、农业垦殖度高、江河湖泊集中、降雨充沛的地方，如北半球暖温带、亚热带。中国、孟加拉国是世界上洪水灾害最频繁的地方，美国、日本、印度和欧洲各国的洪水灾害也较严重。洪水按其成因和地理位置的不同，常分为暴雨洪水、融雪洪水、冰凌洪水、山洪、溃坝洪水和海岸洪水。中国大部分地区在大陆性季风气候影响下，降雨时间集中，强度很大，因此暴雨洪水是洪水灾害的最主要来源。洪水作为一种自然现象，往往是不可避免的，即使当今科技发达，各种防洪工程措施、防洪能力仍很有限，因此研究非工程措施，即洪水灾害监测措施是十分必要的。目前，科学有效地进行洪水监测，是防洪救灾的重要基础，而遥感监测以其速度快、时效性强、视野广阔等特点逐渐成为现代洪水监测中的主要手段，为防洪决策抗灾救灾做出了重大的贡献。

13.1 洪涝灾害遥感监测研究现状

洪水监测研究已从传统的雨量观测站网研究、水文站网研究发展到当前结合传统观测站网的洪灾遥感监测阶段。遥感监测洪水原理主要是通过传感器接收水体所反射的电磁波谱，水体对 0.4～2.5μm 范围内的电磁波的吸收率较高，明显高于其他绝大多数地物，最显著的特征是在 1.00～1.06μm 处有一个强烈的吸收峰，在 0.8μm 和 0.9μm 处有两个较弱的吸收峰，在 0.54～0.7μm 段的反射率最高，并随着波长的增加光谱反射率呈下降趋势。因此，水体的反射率远低于其他地物，在彩色遥感影像上表现为均匀的暗色调；在可见光波段，水体的反射率随泥沙含量的增加，其反射率呈整体上升趋势，图像上水体的色调也逐渐由深变浅，但其反射曲线基本相似，反射峰亦随之向长波移动。洪水在电磁波谱上的基本光谱特征，是利用卫星遥感技术进行洪水水体识别和提取的基础。

早在 20 世纪 70 年代中期美国即率先于一些地区开展了环境卫星在灾害方面的应用研究，20 世纪 80 年代美国、加拿大、日本等发达国家的洪灾遥感监测就进入了实用阶段。我国应用遥感对洪涝灾害的监测起步与国外起步时间大致相同，但是发展得相对缓慢。1981 年东北三江平原洪水、1984 年合肥洪水、1985 年辽河洪水、1986 年松辽流域洪水，遥感监测都发挥了一定的作用。1986 年以来发展起来的机、地、星一体化的实时、全天候、准实时监测洪水险情的航空遥感信息系统，更是在 1998 年大洪水中有力地支援了灾区的抗洪救灾工作，也为灾后重建和今后的防洪水利规划与建设提供了科学依据。黄淑娥等利用气象卫星和地理信息系统相结合对鄱阳湖区的洪涝灾害进行了研究，建立了水体淹没模型和水位数字高程模型。周红妹等采用模糊非监督分类、比值、归一化植被指数方法对洪涝信息进行分析处理，确定受灾范围，划分受灾等级，同时在 GIS 平台上建立了华东区域动态监测系统。丁志雄等提出了基于基础背景数据库、实时水文信息及多时相遥感影像对比等进行洪水汛情遥感监测分析的方法，在 2003 年淮河大洪水中的应用，可以比较准确、及时、全面地把握整个流域洪水的汛情状况及其发展变化趋势，起到防洪减灾的作用。刘志明等用 NOAA 卫星资料对 1998 年吉林西部地区洪涝灾害进行了动态监测，取得了一定效果。刘亚岚等以遥感和 GIS 为基础，快速将多源数据融合，通过网络集成了多种技术成果和数据，进行快速、准确、连续、动态与全天候洪涝灾害的监测。Musigasam 等利用航片、SPOT、TM 数据进行灾害损失评估监测。王世新等建立了基于网络的洪涝灾害遥感系统，用于洪涝灾害的动态监测。

13.2　洪涝灾害遥感监测评估原理

20 世纪 60 年代发展起来的卫星遥感监测技术具有覆盖范围广、周期短、时效性强，且不受地面监测条件控制等特点，在洪涝灾害中得到越来越多的应用。可洪涝灾害的遥感监测技术关键在于如何从混合型的遥感电磁波信息中提取洪水灾情信息。遥感技术应用于洪涝监测需要解决四个问题：多源遥感数据融合、排除云的干扰、准确识别水体和精确提取灾情信息。洪涝灾害评估则需准确地评估 区域的洪涝灾害风险及损失。洪涝灾害评估包括洪涝风险评估和损失评估。洪涝风险评估强调洪水灾害的概率及可能的损失，而洪涝损失评估则着重于对灾害造成的人员伤亡、财产损失等社会经济影响的定量估算，其评估基本技术流程如图 13.1 所示。

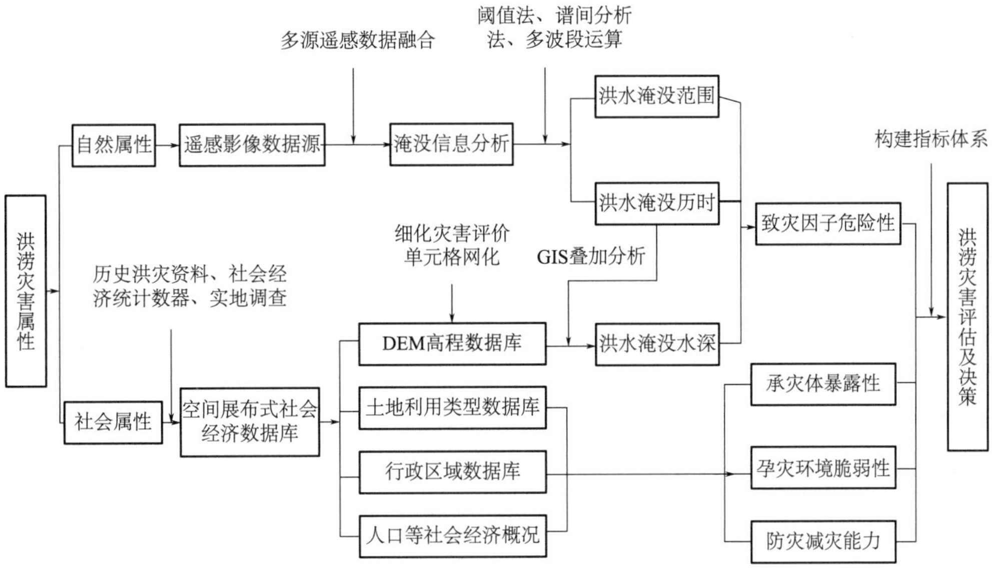

图 13.1　洪涝灾害监测评估基本技术流程图

洪涝灾害监测评估首先需要进行遥感数据源的选取、预处理以及洪水淹没信息提取，然后运用 GIS 技术叠加空间展布式社会经济数据库，选择评估方法，构建指标体系对洪涝灾害进行监测评估。受遥感数据时间、空间分辨率的影响，单一的遥感数据源很难实现洪涝的有效监测。因此，进行多源遥感数据融合，增强图像信息是遥感监测技术服务于防灾减灾的关键。洪涝灾情信息包括洪涝水体及社会经济损失信息，其中洪涝水体信息包括淹没范围、历时及淹没水深等内容。

利用遥感信息快速获取洪涝水体信息是进行宏观尺度洪涝灾情分析的基础性工作，也是提高洪涝监测精度的技术关键。洪涝灾情评估需对洪涝造成的人员伤亡、经济损失、社会影响和生态环境影响等进行评估分析，其中评估内容、指标体系构建、评价方法选择以及如何实现监测结果与社会经济损失数据的有效匹配是当前研究的重点。

13.3　洪涝灾害遥感监测的数据与方法

13.3.1　洪涝灾害监测数据研究

不同类型的遥感数据源在洪涝灾情信息提取中具有各自的优势和特点，洪涝灾害遥感监测中，应用比较广泛的光学数据主要有 TM、ETM、MSS、SPOT、CBERS、AVHRR、MODIS、CCD、HRV、HRG、MERSI 等，微波遥感数据主要有 SAR、ASAR、MRI 等，见表 13.1。

表 13.1　洪涝灾害监测中广泛应用的卫星遥感数据源参数

数据类型	卫星名称	重复周期/天	传感器类型	扫描幅度/km	空间分辨率/m
光学数据	Landsat（美国）	16	TM ETM MSS	185	15～120 15～60 78
	NOAA（美国）	0.5	AVHRR	2800	1100
	EOS（美国）	0.5	MODIS	2330	100～1000
	CBERS（中国-巴西）	26	CCD	113	19.5
	SPOT（法国）	26	HRV、HRG	60/120	2.5～20
	HJ1 - A/B（中国）	4	CCD/HIS/IRS	711/740	30/100/150
	FY - 3（中国）	5.5	MERSI	2900	250～1000
微波遥感数据	RadarSAT（加拿大）	3～4	SAR 侧视雷达	50～500	9～100
	JERS - 1（日本）	44	SAR 合成孔径雷达	165	18
	ENVISAT（欧洲航天局）	35	ASAR	56～105	30～150
	HJ1 - C（中国）	4	SAR	40/100	5/20
	FY - 3（中国）	5.5	MRI	2900	15000～85000

目前用于洪水遥感监测主要资料可分为中高分辨率影像、低分辨率高时相影像、微波影像、高精度DEM以及多源数据。中分辨率系列影像主要包括TM与ETM+、SPOT、CBERS影像，TM、SPOT和CBERS图像具有多波段、多时相特性，分辨率适中（TM为30m，SPOT为20m，CBERS为19.5m），洪涝遥感监测数据的应用始于1972年发射的Landsat 1的MSS数据在洪水淹没范围制图。由于MSS、TM、CBERS、SPOT等光学遥感数据中的空间分辨率比较高，一般被广泛用于洪灾发生前土地利用信息的提取，以进行洪涝监测的背景数据分析。洪涝遥感监测评估离不开对灾前、灾中与灾后的连续性监测，而这些高空间分辨率遥感数据的时间分辨率无法满足洪涝近实时动态监测，需要有高时间分辨率的遥感数据进行补充。许多学者利用中分辨率系列数据进行研究取得一些进展，1993年戴昌达等应用TM图像提取洪涝灾情信息，并将TM包含的丰富光谱信息转化为洪涝灾情信息的图像应用处理技术，经实地验证准确可信。赵书河等利用中巴资源一号卫星（CBERS-1）数据，分析了不同波段水体的光谱特征，提出了迭代混合分析的新的水体遥感信息提取方法，取得了理想的实验结果。杨中华等利用中巴地球资源卫星（CBERS-2）数据，成功监测了2003—2004年度黄河凌汛，认为该数据是一种理想的数据源，为黄河洪水遥感监测奠定了基础，同时对黄河污染、山体滑坡等自然灾害的监测也有很好的参考和借鉴价值。汪自军利用虚拟现实技术，基于DEM和SOPT影像数据，制作逼真的三维可视化洪水淹没景观，为村镇的更新、发展和规划提供决策支持。2010年秦明周利用2007年SPOT 2.5m分辨率遥感影像，结合实地调查，详细编绘了开封市段黄河河道边界。采用1992—2007年最大洪峰时期的TM影像提取7个典型日期的河道行洪边缘线，与本底数据叠加，编制了开封段不同常遇洪水流量下滩区淹没范围。

低分辨率高时相数据主要指NOAA/AVHRR、MODIS影像数据，始于1985年的NOAA/AVHRR数据重复周期为0.5天，在大范围洪涝灾害监测与预报中得到了广泛应用，最早是周成虎和杜云艳通过分析水体在NOAA/AVHRR影像上的特征以及与其他环境因子的差异，提出了水体自动识别的水体描述模型，并在渤海、淮河和太湖地区应用，取得了很好的效果。刘志明等利用NOAA/AVHRR卫星资料对1998年吉林省西部地区的洪涝灾害进行了动态监测，并以农田损失为主对灾情进行了评估，水体分布与面积计算结果与卫星雷达（Radarsat）和资源卫星TM资料分析结果相当一致。始于2000年的EOS/MODIS数据除0.5天的重复周期外，以其更高的空间分辨率成为NOAA/AVHRR数据的升级版，两者的结合既可提高区域洪涝监测历史，又使得监测精度得以提高。张树誉等利用MODIS资料对植被、水体、土壤等不同地物的光谱特性进行分析研究，提出了用于洪涝灾害监测的遥感资料处理流程和量化判识指标及淹没面积估算方法，并在2003年渭河流域洪涝灾害的动态监测中进行了应用，制作了动态变化图像和水情专题图，估算了淹没面积，效果很好。Jain等利用NOAA/AVHRR数据对2003年发生在印度东北部的阿萨姆邦洪水泛滥区域进行了监测，通过单波段密度分割、穗帽变换和NDWI指数的比较，认为NDWI提取的结果最好。

微波影像是遥感影像之一，是指侧视成像雷达获得的影像，它不同于早期以雷达为中心，沿方位向扫描获得的极坐标表达的雷达影像。主要包括SAR影像等，由于微波影像具有成像速度快、覆盖区域面积大、地面目标清晰可辨的特点，因此应用微波影像进行洪水监测取得了不错的效果。姚展予等基于热带降雨测量卫星（TRMM）的微波成像仪（TMI）利用动态聚类、土壤湿度指数、极化亮温差指数、极化亮温比指数4种基于TMI亮温资料的方法监测了1998年夏季江淮流域的洪涝灾害，且通过与机载星载雷达图像以及基于地面日降雨量资料的方法确定的地面洪涝情况对比，认为该方法是可行的。而SAR、ASAR等雷达遥感数据具有不受天气影响及全天候监测的特点，较适于恶劣天气及小区域范围内的快速监测。陈桂红等利用灾时SAR影像、灾前TM影像，在1998年鄱阳湖地区发生的洪涝灾害中，快速区分出了淹没的绝产区、土壤滞水减产区和未受灾区，取得很好的效果。孙涛等探讨了多极化数据EnvisatASAR在洪水监测中的应用，并成功应用于2005年广西梧州市"6·23"特大洪涝灾害中。SSM/1等被动微波遥感数据对地表的水体敏感，空间分辨率较低，在洪涝灾害监测中的应用还有待于进一步研究。HJ1-A/B星的空间分辨率与TM一样，如A、B星同时使用，2天可获得重复数据，扫描宽度几乎是TM的4倍。C星的空间分辨率、时间分辨率及扫描宽度分别为20m、4天和100km×100km。HJ1系列卫星综合了常用洪灾监测数据的优点，是进行洪涝灾害监测较为理想的遥感数据。FY-3作为新一代极轨气象卫星，自2008年发射A星为北京奥运会提供气象保障服务以来，已发射3颗星，FY-3同样既有光学遥感又有微波遥感，不受各种天气状况的影响，具有全天候、全天时的监测能力。国家卫星气象中心成功地将FY-3星遥感数据用于2013年8月19日的松嫩流域及绥滨洪涝水体监测。

13.3.2 多源遥感数据融合研究

遥感影像信息融合是将多源遥感数据在同一地理坐标系中，采用一定的算法生成一组新的信息或合成图像的过程。融合后图像的空间、波谱和时间信息得到了增强，有利于影像判读精度的提高。在洪涝监测中，TM等光学影像通常与SAR等雷达数据相融合，既可以利用多光谱信息，又可以利用SAR图像不受云层、黑夜等制约的优势，使融合图像在洪涝灾害特征提取、精度解译等方面更有效。多源遥感影像融合技术已发展为像元级融合、特征级融合和决策级融合三个层次网。像元级融合能够挖掘多源遥感数据的关联和隐含信息，充分利用原始信息的互补优势，这是其他两个融合层次所不具备的。因此，在未来相当长的时间内，仍将是研究热点。而特征级、决策级融合相对于像元级融合可以节省大量数据处理时间，以满足大部分洪涝灾情快速监测和评估的要求。随着遥感数据源和应用的发展，特征级融合与决策级融合也将越来越受到重视。

多源遥感影像融合主要有以下三种模式：多时相数据融合、全色与多光谱图像融合、高分辨率光学数据与雷达数据融合。随着数学与计算机技术的发展，出现了彩色模型变换方法、主成分分析、小波分析和高通道滤波等图像融合算法及基于两种融合方法相结合的算法。这些算法都属于在数学工具基础上面向问题的信号处理技术，在进行视觉效果增强的同时，可能导致图像本身的物理意义，如地物光谱信息的丧失。并且大多数算法都没有从物理机理和应用目的进行设计，缺乏理论基础。许多学者通过多种数据源进行洪涝灾害的监测，如：李纪人通过航天遥感与航空遥感相结合的手段，结合地理信息系统，对长江、嫩江以及松花江流域的洪涝灾害进行了9次监测，获得大量监测数据，制作了淹没范围分布图；戴昌达等也通过SAR与TM图像的结合，开展洪涝灾害的遥感监测；郑伟等通过ASAR与TM图像来快速准确地提取洪水淹没范围。此外，针对不同传感器数据的融合研究不足，缺乏融合数据源尺度选择理论，所有这一切制约着遥感影像融合研究的进一步发展。

13.3.3 洪水淹没范围提取研究

洪涝遥感监测的关键技术在于水体的识别技术。水体识别技术是基于水体的光谱特征和空间位置关系分析，排除其他非水体信息从而实现水体信息提取的技术。利用遥感数据提取水体信息的方法目前主要有阈值法、谱间分析法和多波段运算法，这些方法在水体提取章节已有描述。

1. TM 图像上的水体提取

利用 Landsat TM 图像自动提取水体的方法主要有三种：第一种是在平原地区常用的计算机密度分割法，这种方法简单、直观；第二种是在山区常用的阈值分类法，如利用对水陆界线反映较好的 TM 第 5 波段，即短波红外波段，通过反复实验确定其阈值为 17，可将水体与陆地区分出来，但这两种方法易将山体、云体、阴影或部分混合像元误提为水体；第三种方法则是用数学地理模型提取水体，这种方法提取结果的精度较高，如周成虎等给出的水体提取模型为

$$TM_2 + TM_3 > TM_4 + TM_5 \tag{13.1}$$

式中：TM_2、TM_3、TM_4、TM_5 分别为 TM 资料第 2～5 波段的灰度值。因为可以将山体的阴影区分开来，模型（13.1）特别适合山区水体的提取。但由于居民地也具有该波谱特征，汪金花等又给出了改进后的水体提取模型

$$(TM_2 + TM_3) - (TM_4 + TM_5) > 0 \text{ 和 } TM_4 / TM_2 < 0.88 \tag{13.2}$$

后者是居民地所不具有的波谱特征，因此可以清楚地将水体与居民地区分开来。但这两种模型都只对较宽的河流具有较好的提取效果，对较狭窄的河流却无能为力。于是李科等又在传统的水体提取模型的基础上对其不足进行了改进，设计出了新的 TM 图像水体自动提取模型，即

$$TM_4 < K_1 \text{ 和 } TM_3 + TM_7 < K_2 \text{ 和 } TM_1 - TM_4 > K_3 \tag{13.3}$$

式中：K_1 取窄河流 TM_4 波段的最大光谱值；K_2 取窄河流 $TM_3 + TM_7$ 的最大值；K_3 取窄河流 $TM_1 - TM_4$ 的最小值。

综上可知，在这三种 TM 水体提取模型中，利用模型（13.3），可以将洪水水体以及窄河流精确地提取出来，在提取精度上要优于前两种模型。

2. MODIS 图像上的水体提取

MODIS 数据的第 1 波段是红光区（0.62～0.67μm），第 2 波段是近红外区（0.841～0.87μm）。在波段 2 波长范围内，植被的反射率明显高于水体的反射率；而在波段 1 波长范围内，水体的反射率则高于植被的反射率。为了增强水陆反差，1978 年 Dering 提出了归一化植被指数 $NDVI$

$$NDVI = (\rho_{nir} - \rho_{red}) / (\rho_{nir} + \rho_{red}) \tag{13.4}$$

式中：ρ_{nir} 和 ρ_{red} 分别对应 MODIS 的第 2 波段和第 1 波段的反射率。

在 NDVI 图像上，由于水体的 NDVI 值为负值，而植被、土壤的则较高，因此在遥感图像的直方图上就会表现出明显的双峰曲线，通过选用阈值就可区分出水体。NDVI 方法可部分消除辐射误差，但当地面植被越来越茂密时，NDVI 指数会出现饱和现象，对高植

被区的灵敏度较低，无法实现同步增长。吴赛等根据MODIS遥感数据的特点以及水体的波谱特性，发现MODIS第1、2、4和6波段宽度较窄，能够将极其复杂的地物区分开，在此基础上，丁莉东等建立了另一种基于MODIS影像的水体提取模型，即

$$CH_1+CH_4>CH_2+CH_6 \tag{13.5}$$

式中：CH_1、CH_2、CH_4、CH_6分别为MODLS数据第1、2、4和6通道的反射率，通过对鄱阳湖地区的洪水遥感影像资料进行水体提取后发现，利用式（13.5）这种谱间关系法比传统的NDVI法能更快速地提取MODIS影像中的水体。但谱间关系法容易将云错误地当作水体提取出来，这也是该方法的不足之处，有待继续改进。

3. NOAA/AVHRR图像上的水体提取

为整体地反映水体与非水体的NOAA/AVHRR数据的光谱特征，张淑杰等对辽宁省的NOAA/AVHRR数据进行了处理，绘出水体与非水体的均值光谱曲线。洪水光谱曲线的$CH_2<CH_1$，植被光谱曲线的$CH_2>CH_1$，据此就可很明显地将洪水与植被区分开来。云的5个波段均为相对高值，其光谱曲线明显高于洪水光谱曲线；云影、城市的CH_1值虽与洪水的CH_1值相近，并且也符合$CH_1>CH_2$的规律，但城市的CH_3值远低于洪水的CH_3值，云影的CH_3、CH_4值明显大于洪水的CH_3、CH_4值。因此，在原有的CH_1值远大于CH_2值的规律下，加上CH_3、CH_4的阈值判断，可以将云、云影及城市排除掉，从而很方便地识别出洪水水体。因此，通过大量的水体光谱样本分析，可以得出NOAA/AVHRR数据的水体信息提取的基本光谱模型

$$\begin{aligned}&CH_1\gg CH_2\text{ 和 }CH_2<\text{图像平均值}\\&\text{洪灾期：}CH_3<\text{图像平均值}\\&\text{非洪灾期：}CH_3>\text{图像平均值}\end{aligned} \tag{13.6}$$

随着水面积减小、混浊度增加、水深变浅，水体特征有所改变，CH_1相对减小，CH_2相对增加，有向陆地逐渐过渡的趋势，且往往该部分水体是陆地包围的水体或覆盖在陆地上的浅水体。在提取水体方面还有很多其他遥感源可以采用，如都金康等根据水体的空间特征信息，采用决策树的方法通过SPOT卫星有效地提取了洪水水体。国内学者在利用FY-2卫星监测洪水方面也做了大量工作，如延雪花等通过FY-2C云图结合713C雷达回波分析，对2005年7月连续两次发生在山西南部、河南省的暴雨洪水进行了有效识别。还有适合平地洪水水体提取的RadarsatSAR遥感资料等。

总之，在洪水水体提取方面，可以针对不同的地形和条件选用合适的卫星遥感资料和水体提取方法，比如，TM遥感资料波段多、光谱信息丰富、分辨率适中，但由于在洪水期间难以获得无云雾的图像，适合于做本底水体的提取；NOAA/AVHRR时间分辨率较高，空间分辨率相对较低，水体在其影像上表现出很明显的空间特征，即河流的线状、湖泊的面状以及水体与云团大小的对比上，适合大面积动态洪水水体的提取；与NOAA/AVHRR相比，MODIS资料的空间分辨率较高，不仅可以提供更细致、更清晰的江河、湖泊、山脉、植被等背景信息，还可使水体识别精度有所提高，并且覆盖范围更广，适合精细化、大范围的洪水动态监测。

13.3.4 洪水淹没水深提取

研究淹没水深是评价洪涝灾害损失的重要指标。由于卫星遥感难以直接穿透水体测得

水深，因此目前针对洪水淹没水深的计算都是在 DEM 数据基础上，通过水面高程与地面高程之差获取的。利用 GIS 计算水深，通常是基于较高精度的 DEM 数据，采用种子算法进行领域搜索比较，根据一定的条件来判定边界及内部洼地，从而得到水体范围及深度，该类方法多针对动态水流，适用于小范围水体。易永红等利用遥感技术和 DEM 数据，探讨了一种适合于较大范围的可近似为静态水体的水深分布算法，即在已知的洪水淹没范围条件下，利用水面高程数据和地面高程模型来计算

$$D=E_w-E_g \tag{13.7}$$

式中：E_w 为水面高程；E_g 为地面高程；D 为水深。

该方法要求 DEM 的精度比较高，比例尺多为 1∶1 万或更大。水面高程可通过以下方式获得：①水文观测或现场调查；②通过仪器（如激光测高仪）直接测定；③运用水文、水力学模型模拟计算；④用遥感和 GIS 相结合的方法，通过采集水陆边界点的高程来获取。前两种计算方法由于受天气条件和仪器自身不够完备的影响，计算数据准确度不高，方法也不够科学。第三种方法的计算工作量较大，算法复杂且滞后，不利于灾情资料的及时掌握。目前应用较广的是第四种方法，数据处理快，且计算精度较高。也有研究将淹没区视为静态水面分布，将其与 DEM 叠加，得到相对平滑的水陆边界高程，再采用双线性插值计算水深分布，该方法可运用于较大范围水域淹没水深计算。顾及流速和淹没时间的自适应逐点水位修正法，在 DEM 坡面流模拟基础上，根据洪水水流特性、地形、边界变化、水流速度、水深变化以及淹没点的淹没时间，计算水位修正值，对洪水演进过程中每个格网点的水位进行修正，可较好地进行洪水淹没范围、水深及历时的实时计算模拟。

由于洪水泛滥时，水面并非简单的水平平面，特别是河滩地，洪水与河流水体连为一体，形成倾斜平面或复杂曲面，处理后得到的水面高程可能是离散的，采用各向异性的空间插值技术和 GIS 中邻近性分析方法可以较好地加以解决。可以认为，如何在高分辨率遥感资料的基础上运用 GIS 技术获取高精度的 DEM 数据，将成为未来洪灾水深提取研究的趋势之一。

13.3.5 洪水淹没面积的计算

用卫星遥感估算洪水水体面积的方法也有不少，在应急中往往是用卫星图像上的洪水像元个数乘以单个像元面积进行简单估算，这种方法假设每个像元的面积相等，在洪水淹没范围不大时可以应用。而实际上每个像元的地形、地势和经纬度不同，其面积也是不一样的，同时还存在着混合像元问题。为此班显秀等采用了一种较为精确的逐像元算法。其计算公式如下

$$S=\sum_{i=1}^{n}\alpha_i S_i \tag{13.8}$$

$$\alpha_i=(\rho_L-\rho)/(\rho_L-\rho_w) \tag{13.9}$$

$$S_i=2b^2\frac{\Delta L}{\rho}\left(A\sin\frac{\Delta B}{2}\cos P_m-B\sin\frac{3\Delta B}{2}\cos 3B_m+C\sin\frac{5\Delta B}{2}\cos 5B_m-D\sin\frac{7\Delta B}{2}\cos 7B_m\right) \tag{13.10}$$

式中：S 为水体面积；α_i 为第 i 个像元中水体面积同像元面积之比；S_i 为第 i 个像元的面积；ρ_w 和 ρ_L 分别为水体和陆地的反照率，由多通道合成图像上最接近混合像元的陆地和

水体中读取；$\Delta B = B_2 - B_1$，表示数字像元的纬线差，$B_m = (B_2 + B_1)/2$；$\Delta L = L_2 - L_1$，表示数字像元的经线差；b 为地球短轴长，$b = 6356.863$km；ρ 为圆锥投影中最大像径，$\rho = 57.2957795$；A、B、C、D 分别为常数，$A = 1.0033636057$，$B = 0.0011240273$，$C = 0.0000016989$，$D = 0.0000000027$。对于原分辨率的 NOAA/AVHRR 数据，ΔB 和 ΔL 均取 $0.01°$。在正确判别水体的基础上，该方法计算的洪水面积是相当准确的，但较为烦琐，适合小流域内洪水面积的精确估算。目前国内使用的基本方法还有种子蔓延算法，就是按给定水位条件，求取满足精度且要求连通的点的集合，该集合给出的连续平面就是所求的淹没范围。该方法适合有源淹没时的洪水面积估算，但编程算法实现较为复杂。随着 GIS 技术的发展，洪水淹没面积的计算将会更科学和简便。

13.4　基于3S技术的洪涝灾害评估

13.4.1　洪涝灾害风险评估

在洪涝灾害风险评估中，历史洪涝水体淹没频次在很大程度上决定洪涝灾害风险的大小，人口密度和 GDP 数据可较好地反映洪涝灾害的暴露性程度，耕地分布、老小人口比重等指标可较好地反映洪涝脆弱性，防洪标准、监测预警能力、医救能力等可较好地反映防灾减灾能力等。利用连续时间序列的 NOAA/AVHRR、MODIS 等遥感影像提取像元内的洪水淹没范围，通过叠加分析可得到有遥感资料以来的洪水淹没次数。此外，大量历史文献记录的洪涝灾害资料数据进行空间化后可扩展研究区洪水淹没频次的时间跨度，从而有利于更加精确地确定危险性等级高值区的主要分布区域。在此基础上，借助社会经济数据及基础地理信息数据构成的 GIS 数据集，将较长时间序列的各种洪涝灾害信息空间化，分析灾害空间分布规律，进行洪涝灾害风险评估与区划，可形成基于市（县）行政单元和格网单元两种尺度的评价结果，并预测洪涝灾害的变化趋势。基于 GIS 的洪涝灾害数据库的建设，促进了灾害风险评估与管理水平的提高以及洪水风险的空间变化评估研究的深入。

以行政区域为基本单元的灾害风险评估有利于风险管理及社会经济数据的采集。尽管国外已有社区尺度的风险评估，但国内此类研究的基本单元仍以县级单元或更大的行政单元为主，适合于宏观研究，难以提出针对性较强的防御对策。而以格网为基本单元的评估，则便于采集高精度自然环境数据，但其与行政单元数据匹配问题则亟须解决。

13.4.2　洪涝灾害损失评估

洪水灾害评估是全面反映洪水灾害灾情，及时进行抢险救灾，确定减灾决策的重要依据。由于影响洪水灾害的因素很多，再加上用于灾害损失研究的基础资料太薄弱，目前还没有一种评估方法被普遍采用和推广，但有些评估模型还是值得借鉴。基于遥感的灾害损失评估需要建立包括自然地理资料库、遥感影像库、水文水力学资料库、工程资料库、社会经济资料库及历史洪水资料库等模块在内的洪水灾害损失评估系统。由于灾害损失评估需在短时间内快速完成，以服务于防灾减灾的实际工作，因此实际评价过程中常需结合实时监测的汛情资料、社会经济损失统计数据，配合遥感监测数据来完成损失评估，并根据动态资料进行洪灾预警。

13.4.3　洪灾损失的分类

根据灾害对人类生存和发展目标的影响，洪灾损失可分为经济损失和非经济损失。经济损失又分为直接经济损失和间接经济损失。洪灾直接经济损失是指洪水直接淹没造成的动产和不动产损失的总和。根据实物形态，洪灾直接经济损失可分为居民住房及室内财产损失、企业资产损失、事业资产损失、自然资源损失、生命线系统损失、农作物损失等。洪灾间接经济损失是指洪水次生灾害与衍生灾害对社会经济影响所造成的损失。洪灾非经济损失包括受灾人口、灾害的政治社会影响、洪灾的生态环境影响等。

13.4.4　洪灾损失的计算方法

1. 洪灾直接经济损失的评估

洪灾直接经济损失评估主要是通过对承灾体灾前价值的估算和洪灾直接经济损失率的确定实现的。承载体的灾前价值评估可通过原始价格法、重置成本法、市场价格法来实现。洪灾损失率的确定主要是建立淹没水深、淹没时间等自变量与因变量损失率之间的关系，利用经验曲线法或参数统计模型来实现。目前应用较多的洪灾直接经济损失评估模型主要有：财产损失率模型、损失增长率模型、面上综合损失值模型。

（1）财产损失率模型 。洪灾损失率，即各类承灾体遭洪灾损失的价值量与灾前或正常年份各类承灾体原有或应有价值量之比，可表征承灾体易损性。损失率的计算方法如下

$$L=\frac{S_b-S_a+F}{S_b} \tag{13.11}$$

式中：L 为财产损失率；S_b 为承灾体的灾前价值；S_a 为承灾体的灾后价值；F 为某些承灾体受灾中进行抢救等额外费用。

按洪灾损失率计算的直接经济损失值为

$$S_D=\sum_{i=1}^{N}\sum_{j=1}^{M}\sum_{k=1}^{L}[\beta_{ijk}(h,t)\times V_{ijk}]=\sum_{j=1}^{M}S_{Dj} \tag{13.12}$$

式中：S_D 为按洪灾损失率计算的一次洪灾引起的直接经济损失值；S_{Dj} 为第 j 类财产的直接经济损失值；β_{ijk} 为第 k 种淹没程度下第 i 个经济分区内第 j 类财产的损失率，它是淹没深度 h 和淹没持续时间 t 的函数；V_{ijk} 为第 k 种淹没程度下第 i 个经济分区内第 j 类财产值；N 为淹没区内按经济发展水平划分的分区数；M 为第 i 个经济区内的财产种类；L 为淹没程度等级数。

该模型统计数据比较全面，但存在计算量大、实际操作复杂、数据精度不高等缺陷。

（2）损失增长率模型 。损失增长率模型是考虑资金的时间因素和财产值随时间的变化而对灾害损失进行的一种修正或折算。这样可把不同年份的洪灾损失换算到同一基准年，以便进行经济比较。

$$C_{in}=C_{i0}(1+Y_i)^n \tag{13.13}$$

式中：C_{in} 为第 i 种资产（或人口）在第 n 年的预测值；C_{i0}、Y_i 分别为第 i 种资产（人口）基准年的值和年均损失增长率。

该方法简便易行，但需要考虑洪灾损失的增长率问题。

（3）面上综合损失值模型。面上综合损失值模型有两种表示形式，即用某基准年的人均损失（元/人）和单位面积损失（元/hm^2）来预估相似地区的洪灾经济损失值。其计算

公式如下

$$R=AY(1+K)^n \text{（以人均损失表示）} \tag{13.14}$$

$$R=BW(1+K)^n \text{（以单位面积损失表示）} \tag{13.15}$$

式中：R 为典型地区需要评估的某次洪灾中的直接经济损失值；A 为洪灾受灾人口；Y 为该地区某次历史洪灾的人均损失值（洪灾经济损失/洪灾区受灾人口）；K 为物价上涨率；n 为距离调查历史洪灾的年数；B 为洪灾受淹面积；W 为历史洪灾的单位面积损失（洪灾经济损失/洪灾区受灾面积）。式（13.14）比较适合于计算城镇各行业的资产损失，式（13.15）比较适合计算农村地区的减产损失。面上综合损失值模型是目前国内应用较广泛的一种方法，简单易行、操作方便，但在洪灾损失的影响因素上考虑的不够详细，适合洪灾损失的宏观计算。

2. 洪灾间接经济损失的评估

洪灾间接经济损失主要有两种计算方法：直接调查估算法和经验系数法。直接调查估算法就是通过调查受灾区的社会经济情况、洪水的水深和淹没范围、洪水对各类承载体的影响等，在这些统计资料的基础上，运用数理统计的方法，估算出洪灾间接经济损失，但由于这种方法人为因素较多，情况比较复杂，所以估算误差较大，在实际评估中应用较少。经验系数法，即假定洪水给不同部门、行业造成的间接经济损失与其直接经济损失之间存在一定的比例关系，则洪灾间接经济损失就可通过直接经济损失与间接损失经验系数获得。该方法简易、时效性强，但计算较为粗略，损失经验系数的确定也需要进行科学合理的估算。

3. 洪灾非经济损失的评估

洪灾非经济损失评估主要包括人员伤亡、生态环境影响等，其评估模型也有一定的可行性，但因为影响因素较为抽象复杂，且计算方法均具有滞后性，因此不适合洪灾的实时评估，在实际计算中往往被粗略估算或者忽略不计。目前的评估模型中，直接应用遥感信息的还相对较少，但随着 RS、GIS、GPS 等空间信息技术的发展，它在洪灾损失评估中的作用将越来越受到重视。如朱强等根据洪水淹没范围分布不规则的特征，提出基于网格的洪水损失计算模型，网格不但包含有社会属性信息，还可以叠加洪水水深、流速、历时和土地分类等遥感信息，较精确地评估了洪水灾情；李纪人等利用遥感和空间展布式社会经济数据库，并考虑了水深、淹没历时以及预警时间体现的抗洪抢险行为的力度等，通过空间的匹配进行了分区分行业的精细化损失评估。因为洪灾损失涉及的范围比较广，目前还没有统一的评估模型来进行大范围的洪灾损失估算，且洪灾综合性评估较少，专题性评估相对较多，特别是业务应用中定性评估较多，定量评估相对较少。

13.5　研　究　展　望

随着遥感技术的飞速发展，各种卫星资源也较丰富，洪水遥感监测技术相对较为完善。随着卫星分辨率逐渐提高，对洪水灾害的监测也逐渐会向高分辨率的方向发展，监测和评估的精度会进一步提高。通过对不同遥感监测的分析以及在单一监测平台下，所提供洪水监测的遥感数据，在空间、时间分辨率上存在一定的不足。目前常用的空间分辨率较高的遥感资料有 SAR、TM 以及 SPOT 等，在洪水实际监测中可清晰地辨识出各种地物；时间分辨率较高的遥感资料主要有 NOAA/AVHRR 和 FY－1 以及 EOS/MODIS 资料等，能够及时反馈洪水发生的范围、灾情变化等资料。微波遥感因其具有全天候和不受空间及天气条件影响等优点，成为洪灾遥感监测应用中的一个热点，但成本较高，适合在特大洪水和较恶劣的环境条件下使用。

遥感洪水监测可以为灾后评估提供最基本且必需的评估数据，土地利用类型分布，洪水淹没水深、历时和范围等空间分布数据是遥感洪水监测和评估的重要部分，而 GPS 和 GIS 技术的发展更为洪水灾害的监测提供了准确的定位资料和丰富的下垫面背景信息，在洪涝灾害监测与评估中起着举足轻重的作用，因此充分发挥丰富的遥感数据为遥感的定量化、动态化和实用化奠定了基础，为汛情的动态监测提供直观的变化信息，使洪涝灾害的监测水平迈入一个新的台阶，综合利用 3S 技术是洪涝灾害动态监测发展的方向。

洪涝灾害监测评估是洪灾管理系统的核心内容，洪涝灾害遥感监测与评估已形成了以遥感信息为基本数据源，进行洪水淹没信息提取，并辅以地面水文信息和洪水演进模型，结合地面背景数据库，实现对洪水灾害进行实时监测与损失评估的技术体系。但是，洪涝灾情信息的提取精度以及洪灾评估的准确性和时效性永远是洪涝灾害监测与评估研究的核心内容，洪涝灾害遥感监测研究的难点和重点主要在于多源遥感数据的融合和水体信息的提取，特别是薄云覆盖条件下光学遥感数据水体信息的提取方法。洪涝灾害评估需综合考虑灾害系统的自然和社会经济属性，研究极大地受制于能否获取完整、准确的历史洪水资料信息，包括社会经济统计数据的获取及其空间化处理。洪涝灾害的评估指标模型是建立在完备指标信息的基础上，任何资料信息的缺失都将导致评估缺乏科学性，从而影响研究结论。可以说，洪涝灾害遥感监测评估的精度主要取决于多源遥感数据的获取、数据融合方法的选取、水体信息提取的精度、社会经济统计数据格网化处理和评估指标模型的建立。因此，未来应该加强以下方面的研究：

（1）增加可用遥感数据源，发展小卫星星座。随着遥感技术的发展，遥感数据源得到了极大的丰富。为了在有限的条件下取得最大的经济效益，应该加强与国际上的合作，共享卫星资源，以增加可用遥感数据源。在卫星研制方面，促进新技术的应用，发展小卫星星座可以有效解决单一遥感卫星在洪涝灾害监测方面的不足，提高地面监测覆盖率，缩短重访时间，适合洪涝灾害的快速监测评估；并且具有开发成本低，周期短的优势。

（2）加强遥感数据融合研究，提高遥感数据质量。由于遥感数据和融合模型的多样性，目前仍很难找到一种适合于各种类型数据之间、各种应用的融合算法，建立统一的数学融合模型。多源数据的融合现阶段比较重视融合的数学技术方法而忽略了融合的物理机制。因此，加强融合的物理机制研究，提高数据融合的精度和可信度，建立数据融合质量的评估体系是未来数据融合研究的发展方向。

（3）开发云去除算法，提取云干扰下的水体信息。云干扰下的水体信息提取研究十分重要，特别是薄云覆盖下光学遥感数据提取水体信息方法的研究是非常值得的。微波遥感影像虽然能够穿透云层，但数据需要提前预定，费用高昂。在无法获得微波遥感数据的情况下，如果可以在提取精度达到洪涝监测及评估的要求下，从云干扰的光学数据中提取水体信息，就可以解决时间和费用上的各种难题。

（4）积累基础资料，逐步完善地面信息数据库。地面基础资料的薄弱和不易获取性在很大程度上影响着洪涝灾害监测及评估技术的使用及精度。近年来，水利信息化工作不断推进，数据共享在一定范围内得以实现，但是仍不能满足洪涝灾害监测与评估对地面信息数据的要求，因此必须进一步打破数据垄断，实现大比例尺地形数据、气象数据、水文数据及社会经济统计数据的共享，逐步完善地面信息数据库，为基于 RS 与 GIS 的洪涝灾害监测评估提供基础数据。

（5）细化灾害系统基本单元，提高遥感数据与社会经济数据的匹配精度。洪涝灾害的自然属性决定着其在空间分布上的差异性，而社会经济数据则在行政单元内具有一定的均质分布，需要实现自然灾害数据与社会经济数据的匹配。由于致灾空间存在一些最小的均质空间单元，以这些基本单元为基础能够真实再现洪涝灾害的风险分布。因此需综合考虑基础行政单元及灾害本身的空间分布特征，细化灾害系统的基本单元，建立空间展布式社会经济数据库，以提高两者的匹配精度。

（6）加强洪涝损失预警研究，服务防灾减灾工程。洪涝灾害的监测与评估是实施防洪减灾决策的前提，因此洪涝灾害的监测评估如何更好地服务于防灾减灾工程是未来重要的研究方向。如洪涝遥感监测结果与洪水动力学的结合，将遥感实时监测结果与洪水演进过程匹配，实现洪涝灾害风险评估模型、损失评估模型与洪水预报模型、分布式水文模型等的结合，形成洪涝损失预警的关键技术，在洪涝灾害形成之前对可能出现的灾害损失做出预警，从而为相应的防灾减灾决策提供科学参考。

13.6 典 型 案 例

13.6.1 研究内容

该研究内容主要分为洪灾淹没范围提取以及在淹没信息提取成功的基础上进行农业洪涝灾害灾情评估两部分，技术流程如图 13.2 所示。

首先，对获取到的研究区灾前与灾后 OLI 遥感影像数据进行一系列预处理，主要包括图像融合、图像裁剪、辐射定标、大气校正；其次，基于预处理得到的数据结合望江县土地规划资料采用最大似然法进行监督分类，得到望江县的土地利用信息，进而得到望江县农业用地分布信息；再次，结合波谱特征分别对灾前、灾后洪水水体信息进行识别与提取，然后将正常水体信息与洪涝灾害发生后的水体分布信息做空间差值运算得到洪涝灾害淹没范围，从而利用 GIS 的空间叠加分析功能将洪水淹没范围与本底的行政区划图、农业用地分布图进行叠加分析，最后得到洪灾损害及其空间分布信息。

13.6.2 数据来源

望江县位于南部平原，全县总面积 1357.37km^2，耕地多分布在东南部平原地区。望江县降水量充沛，但季节和年际变化大，降水多集中于夏季。独特的地理条件、特定的气候条件以及频繁的人类活动共同作用，使得安庆市望江县成为农业洪涝灾害受灾严重的地区之一，对望江县的农业生产造成了极大危害。

选用数据包括云量较少、影像清晰的 2016 年洪灾前 Landsat 8 遥感数据和 2016 年灾

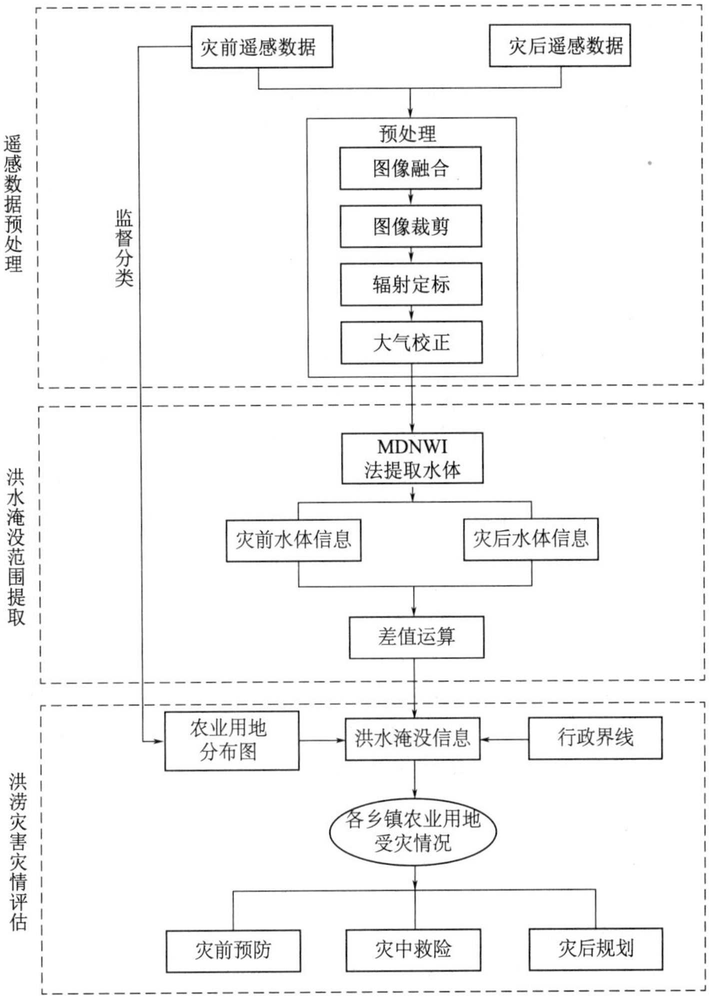

图 13.2 技术流程图

后 Landsat 8 数据。Landsat 8 在空间分辨率和光谱特性等方面与 Landsat 1～7 保持了基本一致，卫星一共有 11 个波段，波段 1～7、9～11 的空间分辨率为 30m，波段 8 为 15m 分辨率的全色波段，卫星每 16 天可以实现 1 次全球覆盖，Landsat 8 波段特性比较见表 13.2。

表 13.2 Landsat 8 波段特性比较

Landsat 8 _ OLI	波长/μm	空间分辨率/m	Landsat 8 _ OLI	波长/μm	空间分辨率/m
Band1 - Coastal	0.43～0.45	30	Band6 - SWIR1	1.57～1.65	30
Band2 - Blue	0.45～0.51	30	Band7 - SWIR2	2.11～2.29	30
Band3 - Green	0.52～0.59	30	Band8 - Pan	0.50～0.68	15
Band4 - Red	0.64～0.67	30	Band9 - Cirrus	1.36～1.38	30
Band5 - NIR	0.85～0.88	30			

13.6.3 数据预处理

（1）遥感数据预处理。Landsat 8 得到的数据为 Level1T 级别，已经过辐射校正和几何校正，所以一般情况下可以直接使用而不需要几何校正。所需预处理主要包括图像融合、图像裁剪、辐射定标、大气校正等。

（2）土地分类。为得出望江县农业用地分布图用于后期农业洪涝灾害评估，采用最大似然法进行监督分类，并结合望江县土地规划资料对望江县土地利用类型进行了划分，将其划分为水体、林地、建设用地、农业用地四类。

13.6.4 洪灾淹没范围提取

自然界中各类客体在电磁波波谱的各波谱段上反应的特征不尽相同。在近红外和中红外波段，水体反射的能量很少，相比之下，土壤、植被及城市在近红外波段反射的能量较高。由于水体的辐射水平比其他地物相对较低，因此在彩色遥感影像上的显示为暗色调。水体的这一光谱特征成为提取水体信息的重要理论支撑。基于此，可将预处理得到的数据结合波谱特征进行洪水水体信息的识别与提取。遥感技术对空间信息获取具有非常强的优势，目前所拥有的低、中、高等不同分辨率以及全色、多光谱、融合等不同种类的遥感数据可以在洪涝灾害评估的空间信息获取中发挥重要作用。水体提取中比较常用的方法主要有监督分类法、单波段法、多波段法。

监督分类法是根据已知训练区提供的水体样本，通过选择特征参数，求出特征参数作为决策规则，建立判别函数以对各待分类影像进行图像分类，该方法人为主观因素较强且耗时较多，因此不适用于该研究区域；单波段法利用水体与非水体在遥感影像上反射率或亮度值之间的差异，选定一定的阈值反复试验提取水体，该方法受阴影干扰比较大，难以提取较窄水体。考虑到望江县内存在山体地形以及众多细小支流，不采用该方法。多波段法主要利用遥感影像各波段之间的综合关系来提取水体信息，可分为谱间关系法和水体指数法，谱间关系法是通过分析地物在各光谱曲线上的特征，用逻辑判断提取出水体信息。水体指数法是利用水体同背景地物反射特性差异最大的两个波段进行代数运算，增大差异并通过阈值分析提取水体信息。目前，典型的水体指数有归一化水体指数（NDWI）、改进的归一化水体指数（MNDWI）、增强型水体指数（EWI）、新型水体指数（NWI）等。

各水体指数在水体信息提取方面都取得了较好的效果，但是每种指数方法都有其局限性与适用性。适用于该研究区域地形的应用较为广泛的主要是 Mcfeeters S. K. 提出的归一化差异水体指数和徐涵秋构建的改进型归一化差异水体指数。NDWI 法只考虑了植被因素，却忽略了土壤/建筑物这一重要地类，通过 NDWI 法提取出来的水体信息因为绿光反射率高于近红外波段，往往造成土壤/建筑物与水体信息混淆。徐涵秋针对该问题提出了改进的归一化差异水体指数 MNDWI 法，在归一化差异水体指数分析的基础上，对构成该指数的波长组合进行了修改，MNDWI 比 NDWI 更好地揭示水体细微特征。

基于上述认识并结合区域内地形情况，采用改进的归一化差异水体指数法进行水体的提取。改进的归一化差异水体指数 MNDWI 模型为

$$MNDWI=\frac{Green-MIR}{Green+MIR} \tag{13.16}$$

式中：*Green* 指绿色波段；*MIR* 指中红外波段，在 Landsat 8 OLI 影像中则分别为第 3 和 6 波段。与其他指数相比，MNDWI 指数的优势在于不仅能够通 NDWI 指数一样极化水体与植被之间的影像差异，而是因为利用了建筑物的反射率从近红外波段到中红外波段骤然转强、水体反射率则从近红外波段到中红外波段持续降低的特性，从而解决了水体提取中难以消除阴影的难题。

查阅资料以及实验比较显示，该研究使用 ENVI 5.3 软件采用改进的归一化差异水体指数对经过预处理的研究区遥感影像数据进行水体的增强，首先获得水体增强影像图，然后取阈值为 0 对 MNDWI 指数影像中的水体进行提取，最后将提取出的水体信息矢量化，提取的灾前水体与灾后水体结果如图 13.3 所示。

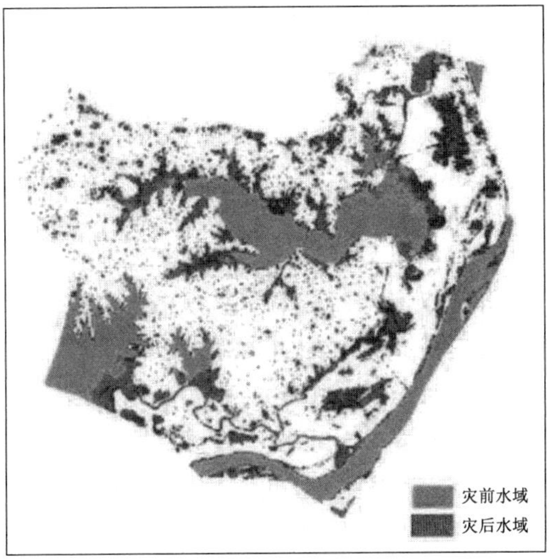

图 13.3　2016 年望江县灾前、灾后水域分布

13.6.5　洪灾范围计算与灾情评估

洪水淹没范围的确定是洪涝灾害进行损失评估的重要环节，快速准确地获取洪水淹没范围在救灾减灾工作中具有重要意义。洪水淹没按照淹没成因分为无源淹没和有源淹没，该研究采用无源淹没分析方法获取相应淹没范围。

将 ENVI 5.3 软件中提取出的灾前正常水体信息与灾后水体信息转换成矢量数据，在 ArcGIS 软件中对水体提取结果进行空间差值运算，从而得到洪水淹没的水体空间信息。将洪水淹没的水体空间信息与望江县行政区划图、望江县农业用地分布图进行叠加，得到洪水淹没信息提取的最终结果，用来评估洪涝灾害对乡镇农业的影响。洪灾淹没信息专题如图 13.4 所示。

根据叠加结果结合调查资料可知，截至 7 月 9 日望江县全县受灾人口约 2.5 万人，倒塌房屋 44 户 310 间。在本次洪涝灾害中整体经济损失超过 7.70 亿元，其中农业损失一项就超过 6.30 亿元。农作物受灾面积达到约 370km^2，受灾比例达到 43.23%。精度评价显示，研究提取得到的洪水淹没信息提取的总体精度为 92.17%。

通过 GIS 空间分析技术可直观地展示不同乡镇区域在洪涝方面的农业用地受灾程度，

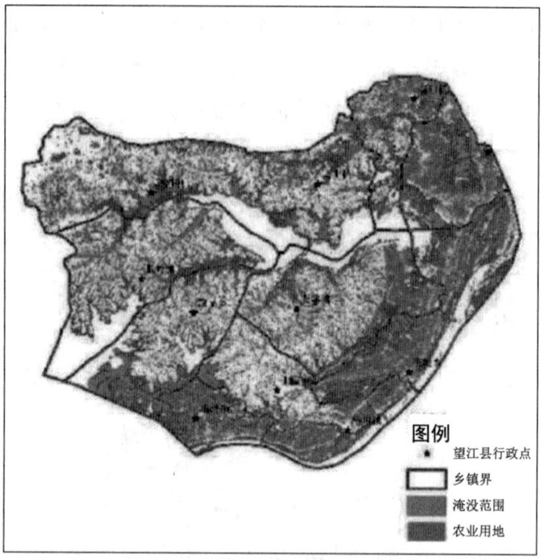

图 13.4　洪灾淹没信息专题

为不同区域在洪涝灾害的防御提供参考。漳湖镇、雷池乡、赛口镇等受灾较为严重的乡镇应加强对农业洪涝预防应急预案的制定，同时加强对各农业水利工程的建设，从而降低洪涝灾害带来的损失；另外，危险程度较低的乡镇也要紧密配合，从整体预防和规划的角度对洪涝进行治理，从而促进望江县农业的可持续发展。

望江县地形非常容易发生洪涝灾害，因此水利工程起到了至关重要的作用。1998 年长江中下游特大洪涝灾害后，望江县开始通过水利工程的建设改善洪涝状况，但当前的防洪抗涝设施仍远不能满足发展需求。调查发现，当地围湖垦田现象日趋严重，导致望江县抗洪形势严峻。望江县的洪涝灾害依旧对当地的农业发展以及人民的生活造成巨大影响。通过遥感技术与 GIS 技术的结合进行灾情评估，可以快速估算损失，参考类似地区的洪涝灾害情况并结合当地实际情况提出合适的抗洪救灾措施，在抗洪救险时明确目标任务，将灾中救援任务与灾后重建任务落到实处，从而减少洪涝灾害对农业生产带来的损失。

望江县是整个安庆地区脆弱性的高值区，以农业经济为主，医疗卫生条件差。因此，提高行洪排涝的能力、完善排水设施以减少田间积水、提高医疗卫生水平和及时的灾后物资补给对抗洪抢险至关重要。此外，应加大对农民技能培训、农业知识和农业保险知识宣传等，从而保障农户的灾后恢复能力。科学合理地处理农业洪涝灾害可以减少大量损失，在未来的抗洪救灾中，遥感技术与 GIS 技术应当被更加广泛地利用，从而更好地服务于洪灾的防治、监测与灾情评估。

13.6.6　结语

该研究采用 Landsat 8 OLI 影像，提取了 2016 年望江县地区农业洪灾淹没范围，并对乡镇级农业洪涝灾害灾情进行了评估，结果表明 MNDWI 水体指数法在小区域范围内的洪涝灾害水体信息提取方面表现出很好的适用性，可实现较高精度的洪水信息提取。但遥感与 GIS 技术的结合能准确、快速地呈现灾后洪水淹没范围，表现农业用地淹没状况。因此，该研究对小区域农业洪涝灾害的监测与评估具有一定的借鉴意义。目前国内外自然灾害风险的评估方法与技术手段等方面的研究仍未达成完全的共识，且评估资料有限，因此完全、精确地评估农业洪涝灾害存在一定的难度。

参 考 文 献

[1] 李小文，曹春香，常超一．地理学第一定律与时空邻近度的提出［J］．自然杂志，2007，29（2）：69－71.

[2] Hong Y，Gochis D，Cheng J T，et al. Evaluation of PERSIANN－CCS rainfall measurement using the NAME Event Rain Gauge Network［J］．Journal of Hydrometeorology，2007，8（3）：469.

[3] 曲伟，路京选，宋文龙，等．TRMM遥感降水数据在伊洛瓦底江流域的精度检验和校正方法研究［J］．地球科学进展，2014，29（11）：1262－1270.

[4] 程珂，朱祯，李铭，等．TRMM3B43降水产品在西藏地区的精度检验和应用［J］．水利水电技术，2014，45（1）：44.

[5] 曾红伟，李丽娟．澜沧江及周边流域TRMM3B43数据精度检验［J］．地理学报，2011，66（7）：994－1004.

[6] 郭瑞芳，刘元波．多传感器联合反演高分辨率降水方法综述［J］．地球科学进展，2015，30（8）：591－903.

[7] 刘文，赵玉金，张善君．GMS卫星遥感资料监测暴雨技术［J］．气象，2003，29（3）：49－52.

[8] 李培军，郭洪涛，黄建国，等．利用GMS卫星资料进行强对流降水估计［J］．解放军理工大学学报（自然科学版），2004，5（1）：88－92.

[9] 刘晓阳，Diallo T D，毛节泰，等．GMS－5卫星估计中国西部地区月降水［J］．大气科学，2005，29（4）：518－525.

[10] 徐晶，毕宝贵．卫星估计降水量产品的优化处理及分区检验［J］．气象，2005，31（2）：27－31.

[11] 李小青．星载被动微波遥感反演降水算法回顾［J］．气象科技，2004，32（3）：149－154.

[12] 吴庆梅．利用TRMM卫星资料研究我国降水的微波特征［J］．应用气象学报，2003，14（2）：206－214.

[13] 白爱娟，方建刚，张科翔．TRMM卫星资料对陕西及周边地区夏季降水的探测［J］．灾害学，2008，23（2）：41－45.

[14] 刘鹏．星载测雨雷达探测结果与地面雨量计观测结果之比较［D］．合肥：中国科学技术大学，2009.

[15] 穆振侠，姜卉芳．基于TRMM/TM的天山西部山区降水研究［J］．干旱区资源与环境，2010，24（7）：115－119.

[16] 霍明远．地下水资源系统勘探技术与综合评价方法［M］．北京：科学出版社，1992.

[17] 李延祺，张义彬．塔里木盆地水资源的遥感地质研究［J］．国土资源遥感，1998（4）：11－19.

[18] 郭华东．中国雷达遥感图像分析［M］．北京：科学出版社，1999.

[19] 王召海．遥感技术在鲁南地区水资源综合开发利用中的应用［J］．国土资源遥感，2000（1）：19－23.

[20] 牛宝茹，伍跃中，林峰，等．新生代玄武岩地区找水中遥感技术应用研究［J］．国土资源遥感，2000（2）：5－8.

[21] 万余庆，王飞跃，吴军虎．SAR图像处理方法及在干旱地区找水工作中的应用［J］．国土资源遥感，2000（4）：50－54.

[22] 王飞跃，王俊锋，万余庆．西部干旱区卫星雷达遥感找水试验研究［J］．国土资源遥感，2000（4）：14－18.

[23] 塔西甫拉提·特依拜，阿布都瓦斯提·吾拉木．绿洲-荒漠交错带地下水位分布的遥感模型研究

[J]. 遥感学报，2002，6 (4)：299 - 306.
[24] 阿布都瓦斯提·吾拉木．绿洲-荒漠交错带地下水位分布的遥感模型研究 [D]. 乌鲁木齐：新疆大学，2001.
[25] 周日平．遥感技术在西部生态环境建设和找水中的应用研究 [J]. 遥感技术与应用，2001，16 (1)：45 - 48.
[26] 籍传茂，王兆馨．地下水资源的可持续发展 [M]. 北京：地质出版社，1999.
[27] 李小文，汪骏发，王锦地，等．多角度与热红外对地遥感 [M]. 北京：科学出版社，2001.
[28] 徐希孺，庄家礼，陈良富．热红外多角度遥感和反演混合像元组分温度 [J]. 北京大学学报（自然科学版），2000，36 (4).
[29] 贾艳红，赵传燕，牛博颖．RS 与 GIS 技术在地下水研究中的应用 [J]. 地下水，2011，33 (1)：1 -3.
[30] 塔西甫拉提·特依拜，崔建永，丁建丽．热红外遥感技术探测干旱区绿洲-荒漠交错带地下水分布的方法研究 [J]. 干旱区地理，2005，28 (2)：252 - 257.
[31] 金晓媚，刘金韬．黑河下游地区地下水与植被生长的关系 [J]. 水利水电科技进展，2009，29 (1)：1 - 4.
[32] 孙宪春，金晓媚，万力．应用混合分布研究银川平原地下水埋深对植被的影响 [J]. 地学前缘，2008，15 (5)：344 - 348.
[33] 万峥．遥感技术在水文地质勘察中的应用 [D]. 呼和浩特：内蒙古农业大学，2008.
[34] 蒋宗立．遥感与 GIS 技术在固原县地下水资源勘查中的应用 [D]. 长沙：中南大学，2004.
[35] 宫辉力，赵文吉．地下水地理信息系统——设计、开发与应用 [M]. 北京：科学出版社，2006.
[36] 赵英时．遥感应用分析原理与方法 [M]. 北京：科学出版社，2003.
[37] 李小文．定量遥感的发展与创新 [J]. 河南大学学报（自然科学版），2005，35 (4)：49 - 56.
[38] 王飞跃，孙顺新．环境遥感信息分析法在干旱区找水中的应用——以内蒙古锡林浩特地区为例 [J]. 国土资源遥感，1999，39：36 - 42.
[39] 厉艳君，杨木壮．地下水水质评价方法综述 [J]. 地下水，2007，29 (5)：19 - 24.
[40] 阿布都瓦斯提·吾拉木，秦其明．地下水遥感监测研究进展 [J]. 农业工程学报，2004，20 (1)：184 - 188.
[41] 冯景泽，王忠静．遥感蒸散发模型研究进展综述 [J]. 水利学报，2012，43 (8)：914 - 925.
[42] 吴炳方，熊隽，闫娜娜．ETWatch 的模型与方法 [J]. 遥感学报，2011，15 (2)：224 - 239.
[43] 柳树福，熊隽，吴炳方．ETWatch 中不同尺度蒸散融合方法 [J]. 遥感学报，2011，15 (2)：255 - 269.
[44] 蔡锡填，徐宗学，苏保林，等．区域蒸散发分布式模拟及其遥感验证 [J]. 农业工程学报，2009，25 (10)：154 - 160＋365.
[45] 杨永民，冯兆东，周剑．基于 SEBS 模型的黑河流域蒸散发 [J]. 兰州大学学报（自然科学版），2008 (5)：1 - 6.
[46] 吴炳方，熊隽，闫娜娜，等．基于遥感的区域蒸散量监测方法——ETWatch [J]. 水科学进展，2008 (5)：671 - 678.
[47] 易永红，杨大文，刘钰，等．区域蒸散发遥感模型研究的进展 [J]. 水利学报，2008 (9)：1118 - 1124.
[48] 高彦春，龙笛．遥感蒸散发模型研究进展 [J]. 遥感学报，2008 (3)：515 - 528.
[49] 何延波，王石立．SEBS 模型在黄淮海地区地表能量通量估算中的应用 [J]. 高原气象，2006 (6)：1092 - 1100.
[50] 张晓涛，康绍忠，王鹏新，等．估算区域蒸发蒸腾量的遥感模型对比分析 [J]. 农业工程学报，2006 (7)：6 - 13.

[51] 许迪．灌溉水文学尺度转换问题研究综述［J］．水利学报，2006（2）：141－149.
[52] 崔亚莉，徐映雪，邵景力，等．应用遥感方法研究黄河三角洲地表蒸发及其与下垫面关系［J］．地学前缘，2005（S1）：159－165.
[53] 林朝晖，刘辉志，谢正辉，等．陆面水文过程研究进展［J］．大气科学，2008（4）：935－949.
[54] 杨启国，张旭东，杨兴国，等．旱作小麦农田实际蒸散量计算模式研究［J］．干旱地区农业研究，2005（1）：34－38.
[55] 袁文平，周广胜．干旱指标的理论分析与研究展望［J］．地球科学进展，2004（6）：982－991.
[56] 詹志明，冯兆东，秦其明．陇西黄土高原陆面蒸散的遥感研究［J］．地理与地理信息科学，2004（1）：16－19.
[57] 辛晓洲，田国良，柳钦火．地表蒸散定量遥感的研究进展［J］．遥感学报，2003（3）：233－240.
[58] 马柱国，魏和林，符淙斌．土壤湿度与气候变化关系的研究进展与展望［J］．地球科学进展，1999（3）：88－94.
[59] 陈镜明．现用遥感蒸散模式中的一个重要缺点及改进［J］．科学通报，1988（6）：454－457.
[60] 徐同仁．同化MODIS温度产品估算地表水热通量［D］．北京：北京师范大学，2008.
[61] 张生军，王天明，李钟汶，等．新疆植被遥感绿度指数与水、热关系的动态相关分析［J］．生态与农村环境学报，2009（2）：18－21.
[62] 吴炳方，熊隽，闫娜娜，等．基于遥感的区域蒸散量监测方法——ETWatch［J］．水科学进展，2008（5）：69－76.
[63] 马明国，宋怡，王雪梅．1973—2006年新疆若羌湖泊群遥感动态监测研究［J］．冰川冻土，2008，30（2）：189－195.
[64] 郭玉川，董新光．SEBAL模型在干旱区区域蒸散发估算中的应用［J］．遥感信息，2007，000（3）：75－78.
[65] 何延波，王石立．遥感数据支持下不同地表覆盖的区域蒸散［J］．应用生态学报，2007（2）：58－66.
[66] 谢贤群．遥感瞬时作物表面温度估算农田全日蒸散总量［J］．遥感学报，1991，6（4）：253－260.
[67] 杨何群．基于遥感和DEM的山区-平原地表水热通量估算及对比分析研究［D］．兰州：兰州大学，2006.
[68] 陈述彭．遥感大辞典［M］．北京：科学出版社，1990.
[69] 陈正宜．晋陕蒙接壤地区脆弱生态系统遥感监测与管理研究［M］．北京：宇航出版社，1994.
[70] 邸凯昌，李德仁，李德毅．基于空间数据发掘的遥感图像分类方法研究［J］．武汉测绘科技大学学报，2000（1）：42－48.
[71] 葛全胜，戴君虎．20世纪前、中期中国农林土地利用变化及驱动因素分析［J］．中国科学（地球科学），2005，35（1）：54－63.
[72] 葛全胜，戴君虎，何凡能，等．过去300年中国土地利用、土地覆被变化与碳循环研究［J］．中国科学（地球科学），2008，38（2）：197－210.
[73] 宫鹏．基于全球通量观测站的全球土地覆盖图精度检验［J］．自然科学进展，2009，19（7）：754－759.
[74] 哈斯巴干，马建文，李启青，等．基于小波融合的ASTER数据自组织特征映射神经网络分类研究［J］．中国科学（地球科学），2003，33（9）：895－902.
[75] 韩宗伟，黄魏，罗云，等．基于路网的土壤采样布局优化——模拟退火神经网络算法［J］．应用生态学报，2015，26（3）：891－900.
[76] 何凡能，葛全胜，戴君虎，等．近300年来中国森林的变迁［J］．地理学报，2007，62（1）：30－40.

[77] 申文明，王文杰，罗海江，等．基于决策树分类技术的遥感影像分类方法研究［J］. 遥感技术与应用，2007，22（3）：333－338.
[78] 李双成，郑度．人工神经网络模型在地学研究中的应用进展［J］. 地球科学进展，2003，18（1）：68－76.
[79] 廖小罕，施建成．全球生态环境遥感监测2013年度报告［M］. 北京：科学出版社，2014.
[80] 刘纪远，张增祥，庄大方，等．20世纪90年代中国土地利用变化时空特征及其成因分析［J］. 地理研究，2003，22（1）：1－12.
[81] 刘纪远．20世纪90年代中国土地利用变化的遥感时空信息研究［M］. 北京：科学出版社，2005.
[82] 刘纪远，张增祥，徐新良，等．21世纪初中国土地利用变化的空间格局与驱动力分析［J］. 地理学报，2009，64（12）：1411－1420.
[83] 刘纪远，匡文慧，张增祥，等．20世纪80年代末以来中国土地利用变化的基本特征与空间格局［J］. 地理学报，2014，69（1）：3－14.
[84] 刘小平，黎夏，何晋强，等．基于蚁群智能的遥感影像分类新方法［J］. 遥感学报，2008（2）：253－262.
[85] 骆剑承，王钦敏，马江洪，等．遥感图像最大似然分类方法的EM改进算法［J］. 测绘学报，2002（3）：234－239.
[86] 钱巧静，谢瑞，张磊，等．面向对象的土地覆盖信息提取方法研究［J］. 遥感技术与应用，2005（3）：338－342.
[87] 史泽鹏，马友华，王玉佳，等．遥感影像土地利用/覆盖分类方法研究进展［J］. 中国农学通报，2012，28（12）：273－278.
[88] 童小华，张学，刘妙龙．遥感影像的神经网络分类及遗传算法优化［J］. 同济大学学报（自然科学版），2008（7）：985－989.
[89] 夏朝旭，何政伟，于欢，等．面向对象的土地覆被变化检测研究［J］. 遥感技术与应用，2014，29（1）：106－113.
[90] 徐冠华．三北防护林地区再生资源遥感的理论及其技术应用［M］. 北京：中国林业出版社，1994.
[91] 张爽．贝叶斯专家系统分类器中专家知识的自动提取研究与应用［D］.
[92] 张增祥．西藏自治区中部地区资源环境遥感监测与综合评价研究［M］. 北京：宇航出版社，1998.
[93] 李广东，方创琳，王少剑，等．城乡用地遥感识别与时空变化研究进展［J］. 自然资源学报，2016，31（4）：703－718.
[94] 王克勇．论遥感技术在国土资源调查中的应用［J］. 资源信息与工程，2017，32（1）：118.
[95] 刘正军，王长耀，延昊，等．基于Fuzzy ARTMAP神经网络的高分辨率图像土地覆盖分类及其评价［J］. 中国图象图形学报，2003，8（2）：151－154.
[96] 刘旭拢，何春阳，潘耀忠，等．遥感图像分类精度的点、群样本检验与评估［J］. 遥感学报，2006，10（3）：366－372.
[97] 刘欢，刘荣高，刘世阳．干旱遥感监测方法及其应用发展［J］. 地球信息科学学报，2012，14（2）：232－239.
[98] 季国华，胡德勇，王兴玲，等．基于Landsat 8数据和温度-植被指数的干旱监测［J］. 自然灾害学报，2016，25（2）：43－52.
[99] 刘路广，崔远来，冯跃华．基于SWAP和MODFLOW模型的引黄灌区用水管理策略［J］. 农业工程学报，2010，26（4）：9－17.
[100] 王利民，刘佳，邓辉，等．我国农业干旱遥感监测的现状与展望［J］. 中国农业资源与区划，2008，29（6）：4－8.

[101] 刘振华，赵英时．遥感热惯量反演表层土壤水的方法研究［J］．中国科学（地球科学），2006，36（6）：552.

[102] 刘小磊，覃志豪．NDWI与NDVI指数在区域干旱监测中的比较分析——以2003年江西夏季干旱为例［J］．遥感技术与应用，2007，22（5）：608－612.

[103] 胡梅．江西省干旱及其对粮食生产的影响遥感研究［D］．南昌：江西师范大学，2008.

[104] 汪左，王芳，张运．基于CWSI的安徽省干旱时空特征及影响因素分析［J］．自然资源学报，2018，33（5）：135－148.

[105] 虞文丹，张友静，郑淑倩．基于作物缺水指数的土壤含水量估算方法［J］．国土资源遥感，2015（3）：85－91.

[106] 杨立娟，武胜利，张钟军，等．利用主被动微波遥感结合反演土壤水分的理论模型分析［J］．国土资源遥感，2011（2）：53－58.

[107] 袁成福，冯绍元，蒋静，等．咸水非充分灌溉条件下土壤水盐运动SWAP模型模拟［J］．农业工程学报，2014，30（20）：72－82.

[108] 刘宪锋，潘耀忠，朱秀芳，等．2000—2014年秦巴山区植被覆盖时空变化特征及其归因［J］．地理学报，2015，70（5）：705－716.

[109] 杨绍锷，吴炳方，熊隽，等．基于TRMM降水产品计算月降水量距平百分率［J］．遥感信息，2010（5）：62－66.

[110] 王兆礼，钟睿达，陈家超，等．TMPA卫星遥感降水数据产品在中国大陆的干旱效用评估［J］．农业工程学报，2017，33（19）：163－170.

[111] 王永前，施建成，蒋玲梅，等．利用遥感数据分析青藏高原水热条件对叶面积指数的影响［J］．国土资源遥感，2008（4）：81－86.

[112] Barrett B W，Dwyer E，Whelan P. Soil moisture retrieval from active spaceborne microwave observations：an evaluation of current techniques.［J］．Remote Sensing，2009，1（3）：210－242.

[113] 李震，郭华东，施建成．综合主动和被动微波数据监测土壤水分变化［J］．遥感学报，2002，6（6）：481－484.

[114] 李润林，姚艳敏，唐鹏钦，等．农产品产地土壤环境质量评价研究进展［J］．中国农学通报，2011，27（6）：296－300.

[115] 郭铌，雷建勤．用NOAA卫星可见光和红外资料估算甘肃省东部农田区土壤湿度［J］．应用气象学报，1997，8（2）：212－218.

[116] 张顺谦，卿清涛，侯美亭，等．基于温度植被干旱指数的四川伏旱遥感监测与影响评估［J］．农业工程学报，2007，23（9）：141－146.

[117] 齐述华，王长耀，牛铮，等．利用NDVI时间序列数据分析植被长势对气候因子的响应［J］．地理科学进展，2004，23（3）：91－99.

[118] 韩桂红．干旱区盐渍地极化雷达土壤水分反演研究［D］．乌鲁木齐：新疆大学，2013.

[119] 秦耀辰，钱乐祥，千怀遂．地球信息科学引论［M］．北京：科学出版社，2004.

[120] 孔云峰，林珲．GIS分析、设计与项目管理［M］．北京：科学出版社，2005.

[121] 钱乐祥．遥感数字影像处理与地理特征提取［M］．北京：科学出版社，2004.

[122] 孙长安．国内外应用“3S”技术开展水土流失监测的现状［J］．中国水土保持，2008（6）：54－57.

[123] 蔡崇法，丁树文，史志华．应用USLE模型与地理信息系统IDRISI预测小流域土壤侵蚀量的研究［J］．水土保持学报，2000，14（2）：19－24.

[124] 赵文武，傅伯杰，郭旭东．多尺度土壤侵蚀评价指数的技术与方法［J］．地理科学进展，2008，27（2）：47－52.

[125] 闫业超，张树文，李晓燕．黑龙江克拜黑土区多年来侵蚀沟时空变化［J］．地理学报，2005，60

(6)：1015 - 1020.

[126] 常庆瑞，蒋平安，周勇．遥感技术导论 [M]. 北京：科学出版社，2004.

[127] 徐涵秋，唐菲．新一代 Landsat 系列卫星：Landsat8 遥感影像新增特征及其生态环境意义 [J]. 生态学报，2013，33 (11)：3249 - 3257.

[128] 蔡继清，任志勇，李迎春．土壤侵蚀遥感快速调查中有关技术问题的商榷 [J]. 水土保持通报，2002，22 (6)：45 - 47.

[129] 薛利红，杨林章．遥感技术在我国土壤侵蚀中的研究进展 [J]. 水土保持学报，2004，18 (3)：186 - 189.

[130] 赵文武，傅伯杰，陈利顶．尺度推绎研究中的几点基本问题 [J]. 地球科学进展，2002，17 (6)：905 - 911.

[131] 张国平，张增祥，刘纪远．中国土壤风力侵蚀空间格局及驱动因子分析 [J]. 地理学报，2001，56 (2)：146 - 158.

[132] 田夏青，靳雅丽．青海省风力侵蚀遥感调查与数据库更新 [J]. 水利水电工程设计，2002，21 (2)：51 - 52.

[133] 韩晓燕，钱鞠，王磊，等．黄土高原土壤侵蚀（水蚀）多尺度过程与水土保持研究进展 [J]. 冰川冻土，2012，34 (6)：1487 - 1498.

[134] 赵文武，傅伯杰，吕一河，等．多尺度土地利用与土壤侵蚀 [J]. 地理科学进展，2006，25 (1)：24 - 33.

[135] 张宪奎，许靖华，卢秀琴，等．黑龙江省土壤流失方程的研究 [J]. 水土保持通报，1192，12 (4)：1 - 10.

[136] 滕明君，曾立雄，肖文发，等．长江三峡库区生态环境变化遥感研究进展 [J]. 应用生态学报，2014，25 (12)：3683 - 3693.

[137] 李德仁．论 RS，GPS 与 GIS 集成的定义、理论与关键技术 [J]. 遥感学报，1997，1 (1)：64 - 68.

[138] 刘海江，柴慧霞，程维明，等．基于遥感的中国北方风沙地貌类型分析 [J]. 地理研究，2008，27 (1)：109 - 118.

[139] 岳德鹏，王计平，刘永兵，等．GIS 与 RS 技术支持下的北京西北地区景观格局优化 [J]. 地理学报，2007，62 (11)：1223 - 1230.

[140] 董玉祥．中国北方沙漠化灾害危险度分区评价 [J]. 地理学报，1997，52 (2)：146 - 153.

[141] 赵峰，韩煜．基于 Region Manager 的北京土壤可风蚀性研究 [J]. 水土保持研究，2008，15 (6)：24 - 27.

[142] 高尚玉，张春来，邹学勇，等．京津风沙源治理工程效益 [M]. 北京：科学出版社，2008.

[143] 师华定，高庆先，齐永清，等．蒙古高原土壤风蚀危险度的 FCM 模糊聚类研究 [J]. 自然资源学报，2009，24 (5)：881 - 888.

[144] 黄富祥，牛海山，王明星，等．毛乌素沙地植被覆盖率与风蚀输沙率定量关系 [J]. 地理学报，2001，56 (6)：700 - 708.

[145] 周丹丹，董建林，高永，等．巴音温都尔沙漠表层土壤粒度特征及风蚀量估算 [J]. 干旱区地理，2008，31 (6)：933 - 939.

[146] 姚洪林，闫德仁，李宝军，等．多伦县风蚀地貌及风蚀量评价研究 [J]. 内蒙古林业科技，2002 (4)：3 - 7.

[147] 郑新江，陆文杰，罗敬宁．气象卫星多通道信息监测沙尘暴的研究 [J]. 遥感学报，2001，5 (4)：300 - 305.

[148] 唐华俊，吴文斌，杨鹏，等．农作物空间格局遥感监测研究进展 [J]. 中国农业科学，2010，43 (14)：2879 - 2888.

[149] 马丽，顾晓鹤，徐新刚，等．地块数据支持下的玉米种植面积遥感测量方法 [J]．农业工程学报，2009，25 (8)：147-151.

[150] 马丽．多源信息复合的 SVM 混合地块分解法提取玉米种植面积 [D]．西安：西安科技大学，2009.

[151] 孙华生．利用多时相 MODIS 数据提取中国水稻种植面积和长势信息 [D]．杭州：浙江大学，2009.

[152] 黄青，唐华俊，周清波，等．东北地区主要作物种植结构遥感提取及长势监测 [J]．农业工程学报，2010，26 (9)：218-223.

[153] 陈水森，柳钦火，陈良富，等．粮食作物播种面积遥感监测研究进展 [J]．农业工程学报，2005，21 (6)：166-171.

[154] 李静，柳钦火，刘强，等．基于波谱知识的 CBERS-02 卫星遥感图像棉花像元识别方法研究 [J]．中国科学（信息科学），2005，35 (增刊)：141-155.

[155] 贾坤，李强子．农作物遥感分类特征变量选择研究现状与展望 [J]．资源科学，2013，35 (12)：2507-2516.

[156] 贾坤，李强子，田亦陈，等．微波后向散射数据改进农作物光谱分类精度研究 [J]．光谱学与光谱分析，2011，31 (2)：483-487.

[157] 彭光雄，宫阿都，崔伟宏，等．多时相影像的典型区农作物识别分类方法对比研究 [J]．地球信息科学学报，2009，11 (2)：225-230.

[158] 张喜旺，秦耀辰，秦奋．综合季相节律和特征光谱的冬小麦种植面积遥感估算 [J]．农业工程学报，2013，29 (8)：154-163.

[159] 张健康，程彦培，张发旺，等．基于多时相遥感影像的作物种植信息提取 [J]．农业工程学报，2012，28 (2)：134-141.

[160] 何馨．基于多源数据融合的玉米种植面积遥感提取研究 [D]．南京：南京信息工程大学，2010.

[161] 蔡学良，崔远来．基于异源多时相遥感数据提取灌区作物种植结构 [J]．农业工程学报，2009，25 (8)：124-130.

[162] 熊勤学，黄敬峰．利用 NDVI 指数时序特征监测秋收作物种植面积 [J]．农业工程学报，2009，25 (1)：144-148.

[163] 郝卫平，梅旭荣，蔡学良，等．基于多时相遥感影像的东北三省作物分布信息提取 [J]．农业工程学报，2011，27 (1)：201-207.

[164] 李鑫川，徐新刚，王纪华，等．基于时间序列环境卫星影像的作物分类识别 [J]．农业工程学报，2013，29 (2)：169-176.

[165] 林文鹏，王长耀，储德平，等．基于光谱特征分析的主要秋季作物类型提取研究 [J]．农业工程学报，2006，22 (9)：128-132.

[166] 郝鹏宇，牛铮，王力，等．基于历史时序植被指数库的多源数据作物面积自动提取方法 [J]．农业工程学报，2012，28 (23)：123-131.

[167] 王久玲，黄进良，王立辉，等．面向对象的多时相 HJ 星影像甘蔗识别方法 [J]．农业工程学报，2014，30 (11)：145-151.

[168] 杨鹏，吴文斌，周清波，等．基于光谱反射信息的作物单产估测模型研究进展 [J]．农业工程学报，2008，24 (10)：262-268.

[169] 唐华俊，吴文斌，杨鹏，等．农作物空间格局遥感监测研究进展 [J]．中国农业科学，2010，43 (14)：2879-2888.

[170] 蔡超，夏建新，任华堂．基于蓝水资源的新疆农业种植结构调整分析 [J]．农业现代化研究，2015，36 (2)：265-269.

[171] 胡琼，吴文斌，宋茜，等．农作物种植结构遥感提取研究进展 [J]．中国农业科学，2015，48 (10)：1900-1914.

[172] 胡琼．基于时序 MODIS 影像的农作物遥感识别方法研究［D］．北京：中国农业科学院，2018.

[173] 宫诏健，刘利民，陈杰，等．基于 MODIS NDVI 数据的辽宁省春玉米物候期提取研究［J］．沈阳农业大学学报，2018，49（3）：257-265.

[174] 周思，何祺胜，刘宝柱．基于 MODIS 的黑龙江省农作物种植结构提取研究［J］．地理空间信息，2018，16（1）：79-82.

[175] 郭昱杉，刘庆生，刘高焕，等．基于 MODIS 时序 NDVI 主要农作物种植信息提取研究［J］．自然资源学报，2017，32（10）：1808-1818.

[176] 祝国瑞，王建华，江文萍．数字地图分析［M］．武汉：武汉测绘科技大学出版社，1999.

[177] 刘仁义，刘南．基于 GIS 的复杂地形洪水淹没区计算方法［J］．地理学报，2001（1）.

[178] 向素玉，陈军，魏文秋．基于 GIS 城市洪水淹没模拟分析［J］．地球科学，1995（5）.

[179] 覃士欢，袁艳斌，杜迎泽，等．洪水演进仿真系统河道边界搜索模型及算法分析［J］．水电能源科学，2001（9）.

[180] 刘仁义，刘南．一种基于数字高程模型 DEM 的淹没区灾害评估方法［J］．中国图象图形学报，2001，6（2）.

[181] 陈永良，刘大有．一种新的山脊线和山谷线自动提取方法［J］．中国图象图形学报，2001，6（12）.

[182] 李本纲，陶澍．用数字高程模型进行地表径流模拟中的几个问题［J］．水土保持通报，2000（6）.

[183] 李清河，李昌哲，齐实，等．流域降雨径流路径的数字模拟技术［J］．地理研究，2000，19（2）：209-216.

[184] 张俊，闵要武，陈新国．三峡水库动库容特性分析［J］．人民长江，2011，42（6）：90-93.

[185] 芦云峰，谭德宝，杨中华．基于空间信息技术的大型水库库容计算方法［J］．长江科学院院报，2010，127（1）：9-12.

[186] 张袁，付强，王斌．基于自由搜索的水库入库含沙量预测模型［J］．南水北调与水利科技，2012，10（3）：40-43.

[187] 李慧，黄强，秦大庸．水电站能量指标的影响因素分析［J］．南水北调与水利科技，2012，10（6）：97-99.

[188] 乔光建，梁韵，王斌．邢台百泉岩溶水库蓄水构造特征分析及功能评价［J］．南水北调与水利科技，2010，8（1）：139-143.

[189] 拉巴，陈涛，拉巴卓玛，等．基于 MODIS 影像的色林错湖面积变化及成因［J］．气象与环境学报，2011，27（2）：69-72.

[190] 白洁，陈曦，李均力，等．1975—2007 年中亚干旱区内陆湖泊面积变化遥感分析［J］．湖泊科学，2011，23（1）：80-88.

[191] 熊波，陈学华，宋孟强，等．基于 RS 和 GIS 的沙漠湖泊动态变化研究［J］．干旱区资源与环境，2009，23（8）：91-98.

[192] 吴素霞，常国刚，李凤霞，等．近年来黄河源头地区玛多县湖泊变化［J］．湖泊科学，2008，20（3）：364-368.

[193] 刘瑞霞，刘玉洁．近 20 年青海湖湖水面积变化遥感［J］．湖泊科学，2008，20（1）：135-138.

[194] 毛德华，何梓霖，贺新光，等．洪灾风险分析的国内外研究现状与展望（Ⅰ）——洪水危害风险分析研究现状［J］．自然灾害学报，2009，8（1）：139-149.

[195] 郑伟．多源卫星遥感协同监测洪涝的理论与方法研究——以淮河流域为例［D］．北京：中国科学院地理科学与资源研究所，2008.

[196] 杜云艳，周成虎．水体的遥感信息自动提取方法［J］．遥感学报，1998，2（4）：264-269.

[197] 李景刚，黄诗峰，李纪人．ENVISAT 卫星先进合成孔径雷达数据水体提取研究——改进的最大类间方差阈值法［J］．自然灾害学报，2010，19（3）：139-145.